普通高等教育"十四五"规划教材

机械制图习题集（第三版）

西华大学机械基础教学部编

主　编　　汪　勇　　王和顺
副主编　　陈　坤　　张　全

西南交通大学出版社
·成都·

内 容 提 要

本习题集是编者根据教育部高等学校工程图学教学指导委员会最新制定的高等学校工程图学课程教学基本要求的精神，结合学生学习"机械制图"课程的认知特点，通过培养学生手工绘图、仪器绘图、计算机绘图等三个环节安排教学内容。本书习题题型多样，题量大，内容由浅入深，符合高等院校机械类、近机类、非机类各专业本、专科生的教学要求，对难点内容提供立体模型、部分内容提供了数字资源，便于学生练习时正确理解图与空间的对应关系，同时设计了过程考核方式与内容。主要内容为：制图基础知识、画法几何、机械图样的表达方法、标准件与常用件、零件图、装配图、AutoCAD、工程制图测绘（课程设计）指导、阶段性测试试题等。

本习题集可供高等院校机械类、近机类、非机类各专业本、专科生的教学使用，也可供成人教育、高职高专、技校培训选用。

图书在版编目（CIP）数据

机械制图习题集 / 汪勇，王和顺主编. —3 版. —
成都：西南交通大学出版社，2022.5（2025.7 重印）
ISBN 978-7-5643-8667-2

Ⅰ. ①机… Ⅱ. ①汪… ②王… Ⅲ. ①机械制图 – 高等学校 – 习题集 Ⅳ. ①TH126-44

中国版本图书馆 CIP 数据核字（2022）第 073142 号

机械制图习题集（第三版）

主编 汪 勇 王和顺

*

责任编辑 张华敏
特邀编辑 唐建明 杨开春 陈正余
封面设计 何东琳设计工作室

西南交通大学出版社出版发行
四川省成都市二环路北一段 111 号西南交通大学创新大厦 21 楼
邮政编码：610031 发行部电话：028-87600564
http://www.xnjdcbs.com
成都市新都华兴印务有限公司印刷

*

成品尺寸：370 mm × 260 mm 印张：19
字数：475 千字
2013 年 8 月第 1 版 2017 年 9 月第 2 版 2022 年 5 月第 3 版
2025 年 7 月第 14 次印刷
ISBN 978-7-5643-8667-2
定价：46.00 元

图书如有印装质量问题 本社负责退换
版权所有 盗版必究 举报电话：028-87600562

第 三 版 前 言

《机械制图习题集(第三版)》是在2017年《机械制图习题集(第二版)》的基础上，根据教育部高等学校工程图学教学指导委员会修订的最新"普通高等学校工程图学课程教学基本要求"及近年来新发布的《机械制图》《技术制图》等相关国家标准，总结教材使用的反馈意见与建议，引入近几年来教研、教学改革成果，结合应用型人才培养的具体情况，参考国内外相关教材修订而成的。

与第二版相比，本习题集在内容和结构体系上进行了一定的调整，既便于学生理解，又方便学生自学。采用最新国家标准，增加了工程制图测绘（课程设计）指导、阶段性测试等内容；同时，对部分内容增加数字资源并修订了第二版中的错误。

本习题集由西华大学汪勇、王和顺主编，陈坤、张全为副主编。参加编写的有汪勇（第一章、第八章、第十一章、第十三章、第十六章）、徐红（第二章、第十七章）、程萍（第三章、第十七章）、陈坤（第四章、第五章、第十七章）、张全（第六章、第九章、第十二章、第十七章）、黎玉彪（第七章、第十五章、第十七章）、王和顺（第十章、第十四章、第十七章）、王银芝（第十七章）、王宇（第十七章）。在编写过程中，参阅了许多兄弟院校的同类习题集，在此表示感谢。

由于编者水平有限，选编的习题难免存在不足之处，恳请使用本习题集的师生和读者批评指正。

编者
2022年1月

第 二 版 前 言

《机械制图习题集(第二版)》是在2013年第一版的基础上,根据教育部高等学校工程图学教学指导委员会修订的最新"普通高等学校工程图学课程教学基本要求"及近年来新发布的《机械制图》《技术制图》等相关国家标准,总结教材使用的反馈意见与建议,引入近几年来教研、教学改革成果,结合应用型人才培养的具体情况,参考国内外相关教材修订而成的。

本习题集由西华大学汪勇、王和顺主编,陈坤、张全为副主编。参加编写的有张明荣(第一章)、徐红(第二章)、程萍(第三章)、陈坤(第四章、第五章)、张全(第六章、第九章、第十二章)、黎玉彪(第七章、第十五章)、汪勇(第八章、第十一章、第十三章)、王和顺(第十章、第十四章)。在编写过程中,参阅了许多兄弟院校的同类习题集,在此表示感谢。

由于编者水平有限,选编的习题难免存在不足之处,恳请使用本习题集的师生和读者批评指正。

编者
2017年6月

第 一 版 前 言

　　本习题集是编者根据教育部高等学校工程图学教学指导委员会2005年制定的"高等学校工程图学课程教学基本要求"的精神，按照最新的《技术制图》与《机械制图》国家标准相关规定，在多年致力于"机械制图"教学改革的基础上编写而成的。书中汲取了近几年来多所高校工科"工程图学"教学中教研教改的经验，是一本面向21世纪的现代机械制图习题集。

　　本习题集编者基于多年"机械制图"教学经验，结合学生学习"机械制图"课程的认知特点，通过培养学生徒手绘图、仪器绘图、计算机绘图三个环节来安排教学内容。书中加强了基本理论的应用、绘图方法的练习及画图技能的提高等有关内容，注重将仪器绘图、徒手绘图和计算机绘图有机结合，内容实用，重点突出，习题题型多样，内容由浅入深，题量充足。其主要内容包括：制图的基本知识、画法几何、机械图样的表达方法、标准件与常用件、零件图、装配图、AutoCAD等。本习题集适合高等院校机械类、近机类各专业本、专科生的教学使用。

　　本习题集由西华大学汪勇、王和顺主编，陈坤、张全为副主编。参加编写的有张明荣（第一章）、徐红（第二章）、程萍（第三章）、陈坤（第四章、第五章）、张全（第六章、第九章、第十二章）、黎玉彪（第七章、第十五章）、汪勇（第八章、第十一章、第十三章）、王和顺（第十章、第十四章）。在编写过程中，参阅了许多兄弟院校的同类习题集，在此表示感谢。

　　由于编者水平有限，选编的习题难免存在不足之处，恳请使用本习题集的师生和读者批评指正。

编者

2013年6月

目　录

1　制图的基本知识和基本技能 …………… 1
　　1.1　字体练习 ………………………… 1
　　1.2　几何作图 ………………………… 2
　　1.3　尺寸标注基础 …………………… 5
　　1.4　第一次大作业　基本练习 ……… 6
2　点、线、面的投影 …………………… 7
　　2.1　点的投影 ………………………… 7
　　2.2　直线的投影 ……………………… 8
　　2.3　平面的投影 ……………………… 12
　　2.4　直线与平面的相对位置 ………… 15
3　投影变换 ……………………………… 17
　　3.1　换面法 …………………………… 17
　　3.2　换面法综合题 …………………… 19
4　基本体的投影与三视图 ……………… 21
　　4.1　平面体的投影和表面取点、作线 … 21
　　4.2　曲面体的投影和表面取点、作线 … 22
　　4.3　简单体的三视图识图与画图 …… 23
　　4.4　第二次大作业　简单体的三视图 … 24
5　平面、直线与立体相交 ……………… 26
　　5.1　平面、直线与平面立体相交 …… 26
　　5.2　平面、直线与曲面立体相交 …… 28
6　立体与立体相交 ……………………… 32
　　6.1　平面立体与平面立体相交 ……… 32
　　6.2　平面立体与回转体相交 ………… 32
　　6.3　回转体与回转体相交 …………… 34
　　6.4　相贯线选择题（自测） ………… 38
　　6.5　多个立体相交、不完整形体相交 … 39
7　轴测图 ………………………………… 40
　　7.1　轴测图的基础知识 ……………… 40
　　7.2　正等轴测图 ……………………… 41

7.3　斜二轴测图 ………………………… 42
7.4　轴测草图 …………………………… 43
8　组合体 ………………………………… 44
　　8.1　已知组合体的立体图，补画组合体的三视图 … 44
　　8.2　第三次大作业　组合体的三视图 … 45
　　8.3　组合体的读图与画图方法 ……… 47
　　8.4　组合体的读图与画图方法　补画视图上所缺的线 … 49
　　8.5　组合体的读图与画图方法　选择题 … 52
　　8.6　已知组合体的两个视图，画出第三视图 … 53
　　8.7　组合体的构型设计 ……………… 60
9　工程曲线与曲面的投影 ……………… 61
　　9.1　工程曲线 ………………………… 61
　　9.2　工程简单曲面 …………………… 62
10　机件图样的画法 ……………………… 63
　　10.1　视图 ……………………………… 63
　　10.2　剖视图 …………………………… 64
　　　10.2.1　单一剖切平面 ……………… 64
　　　10.2.2　几个相交的剖切平面 ……… 69
　　　10.2.3　几个平行的剖切平面 ……… 70
　　　10.2.4　组合的剖切平面 …………… 70
　　10.3　第四次大作业　组合体的剖视图 … 71
　　10.4　断面图 …………………………… 73
　　10.5　规定、简化画法 ………………… 74
　　10.6　第三角投影 ……………………… 74
　　10.7　表达方法综合题 ………………… 75
　　10.8　第五次大作业　机件的表达方法 … 77
11　尺寸标注 ……………………………… 79
　　11.1　组合体的尺寸标注 ……………… 79
　　11.2　零件的尺寸标注 ………………… 81
12　标准件和常用件的画法 ……………… 83

12.1　螺纹的规定画法、代号、标记 …… 83
12.2　螺纹紧固件的画法及标注 ……… 84
12.3　螺纹紧固件连接的画法 ………… 85
12.4　键、键联结的画法 ……………… 87
12.5　圆柱齿轮的画法 ………………… 88
12.6　销、滚动轴承和弹簧的画法 …… 89
13　零件图 ………………………………… 90
　　13.1　第六次大作业　测绘零件的零件图 … 90
　　13.2　零件图的技术要求 ……………… 93
　　13.3　读典型零件的零件图 …………… 94
14　装配图 ………………………………… 100
　　14.1　第七次大作业　由零件图画装配图 … 100
　　14.2　第八次大作业　读装配图及拆画零件图 … 107
　　14.3　读装配图拆画零件图的作业指示 … 108
15　计算机绘图 …………………………… 113
16　工程制图测绘（课程设计）指导 …… 122
17　阶段性测试 …………………………… 133

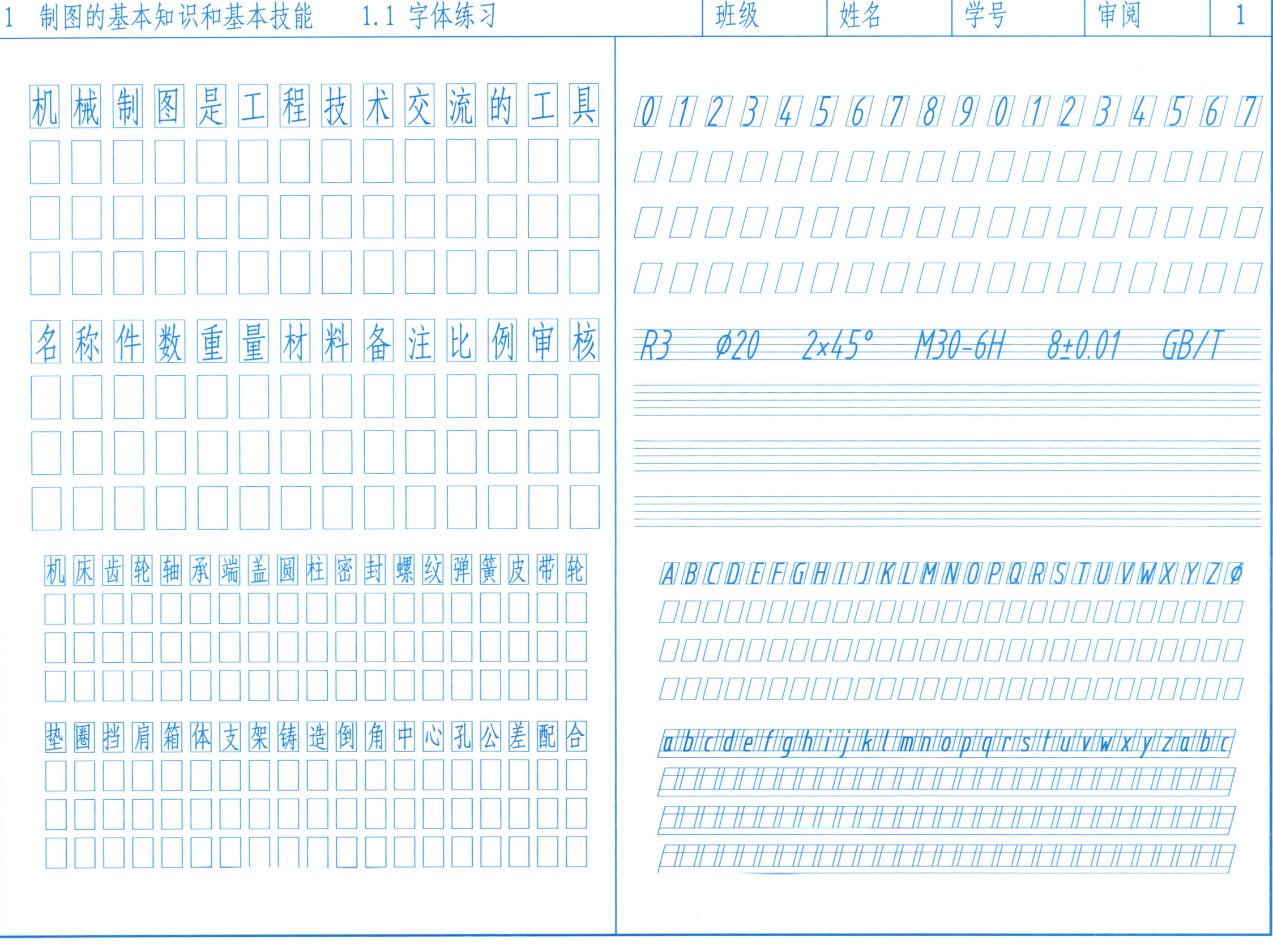

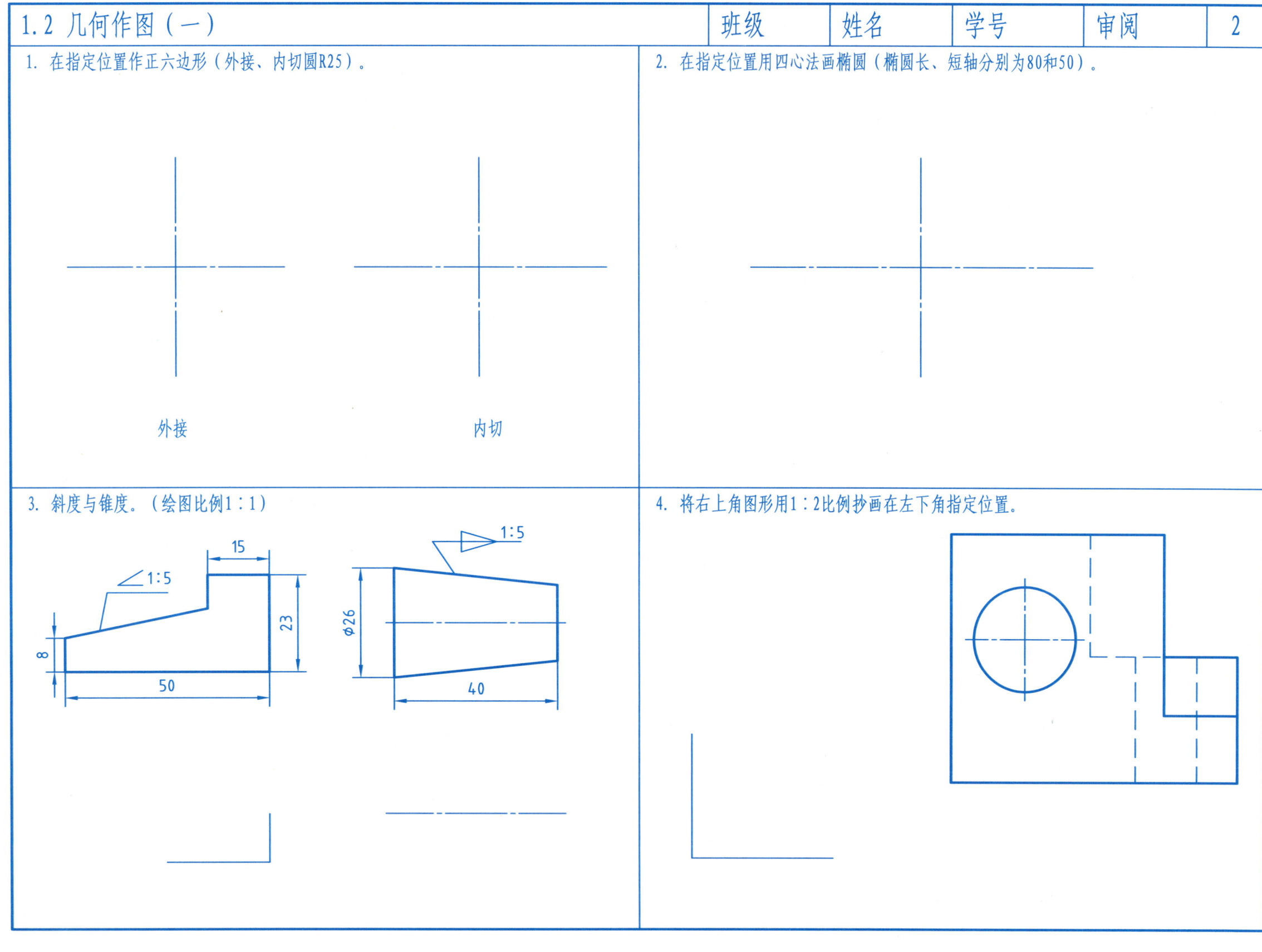

| 1.2 几何作图（二） | 班级 | 姓名 | 学号 | 审阅 | 3 |

5. 用半径为R的圆弧，参照题中图样完成连接。

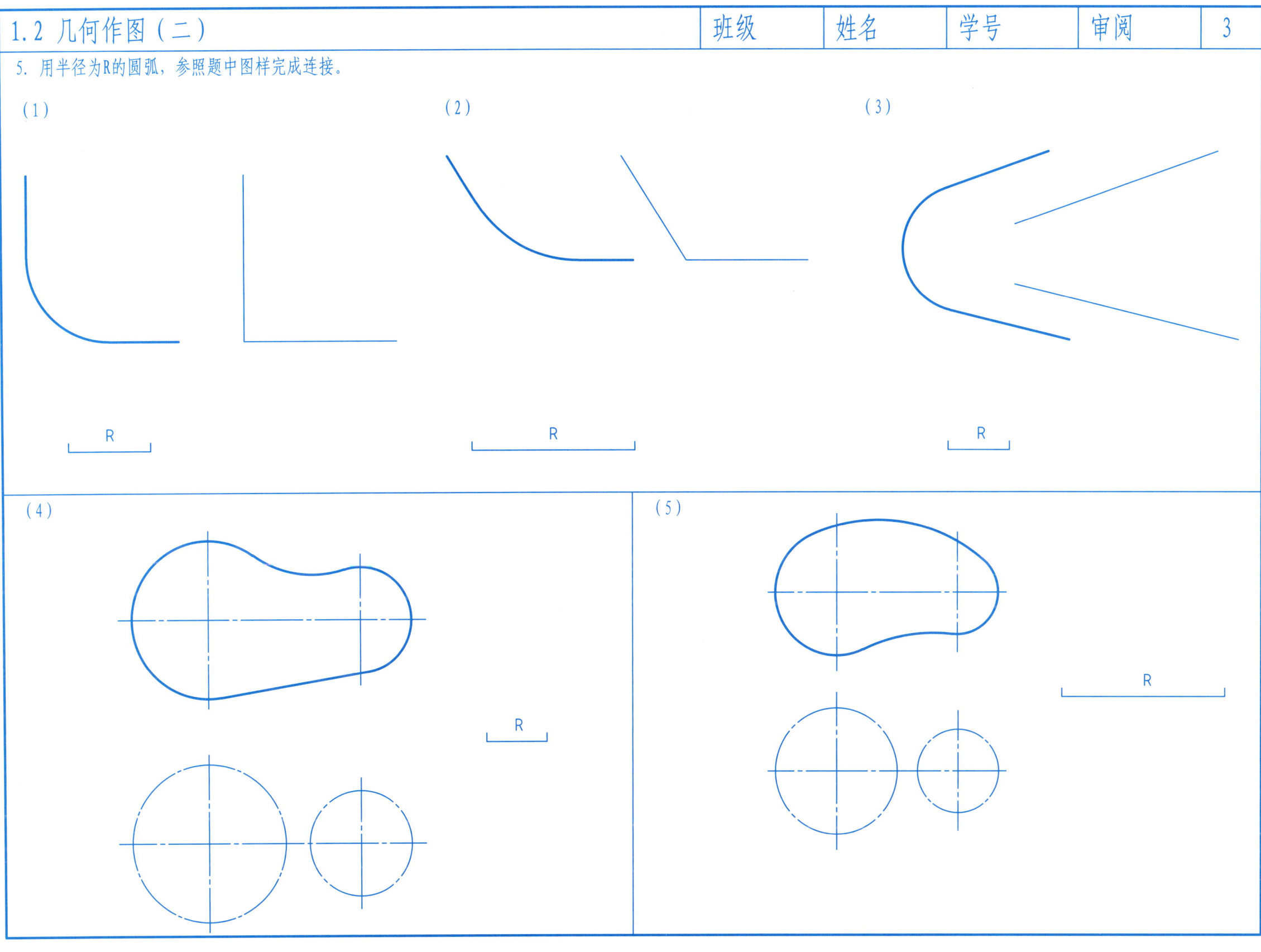

1.2 几何作图（三）

6. 徒手绘图（在右边的方格纸上徒手绘制下面的图形，不标注尺寸）。

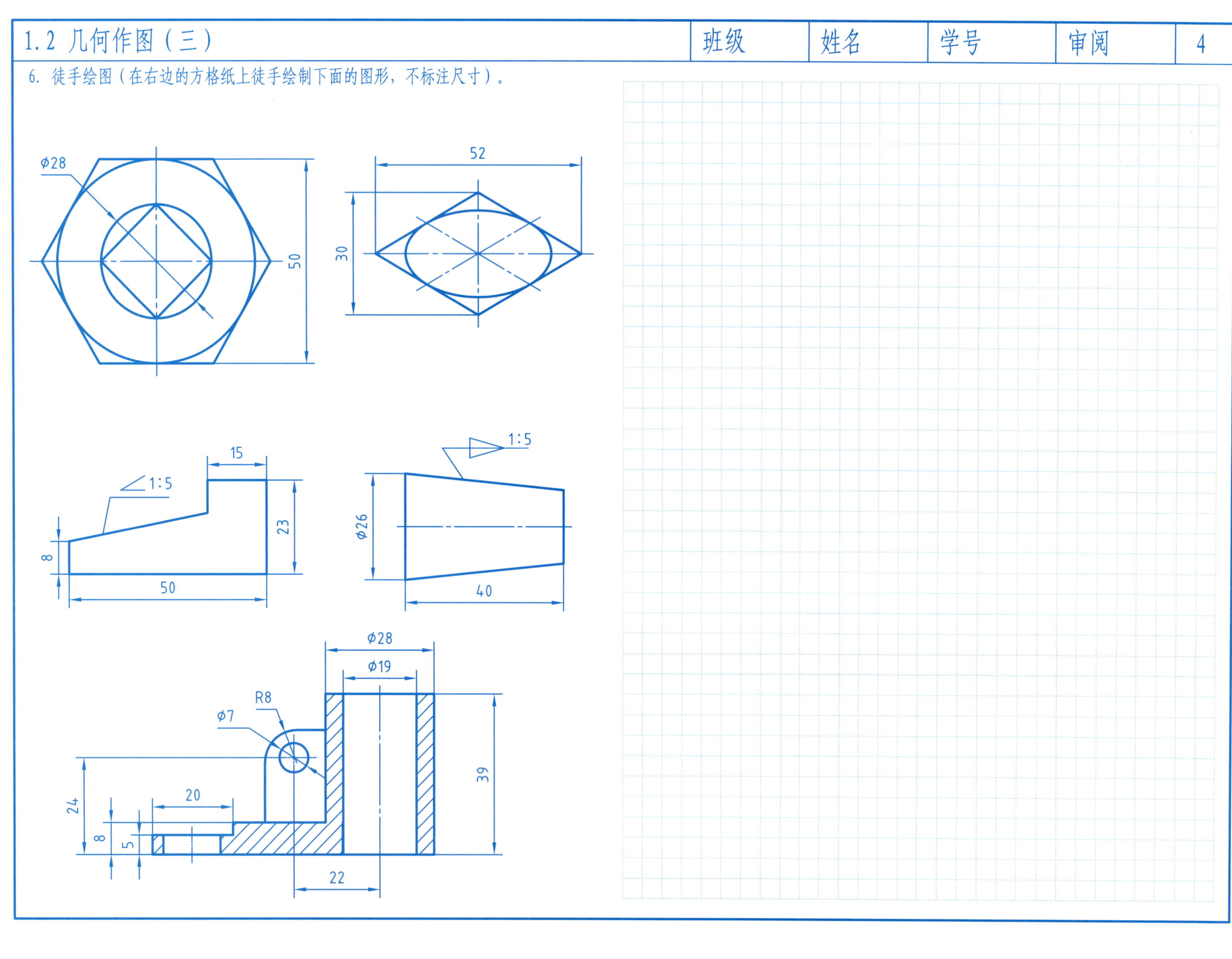

| 1.3 尺寸标注基础 | | 班级 | 姓名 | 学号 | 审阅 | 5 |

1. 标注图中尺寸，尺寸数字按1:1度量(取整数)。

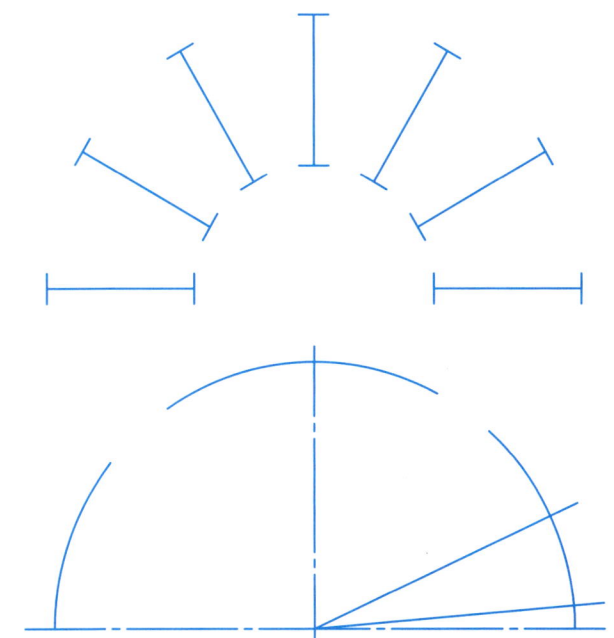 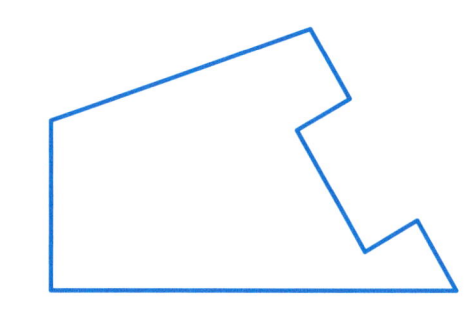 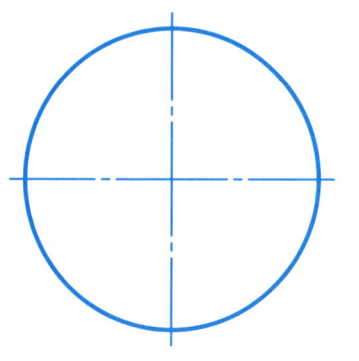 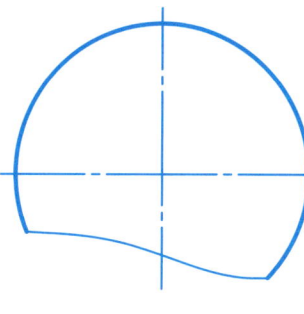

 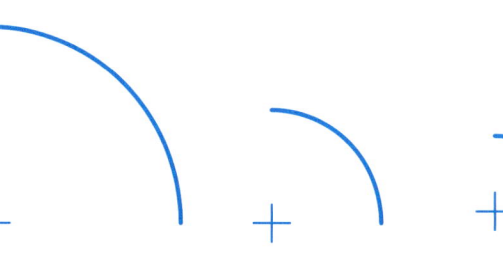 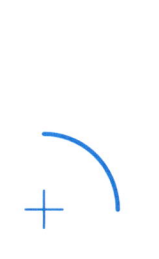 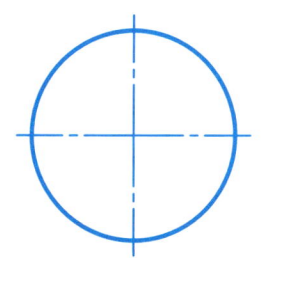 

2. 在平面图形上按1:1度量并标注尺寸(取整数)。

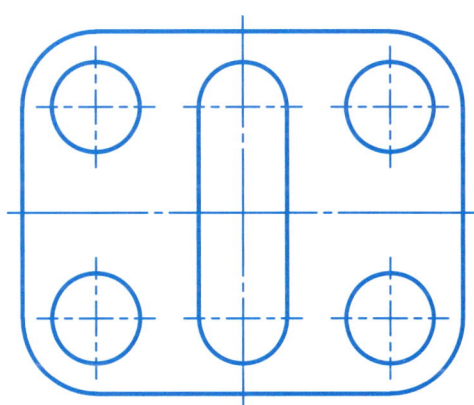

3. 在平面图形上按1:1度量后，标注尺寸(取整数)。

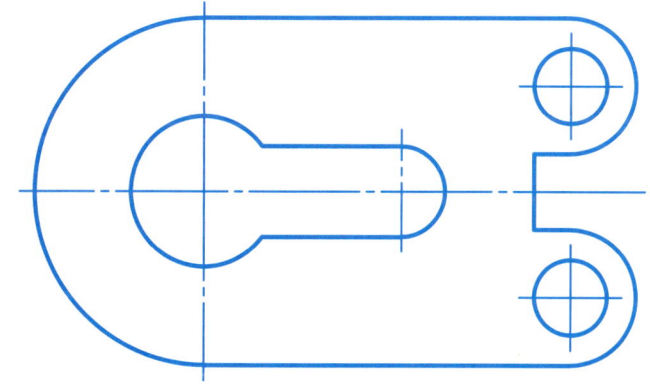

1.4 第一次大作业 基本练习

一、作业内容 基本作图及圆弧连接。（抄画右图）

二、作业目的
1. 初步掌握国家标准《机械制图》的有关内容。
2. 学会绘图仪器和工具的使用方法。
3. 掌握圆弧连接作图方法；学习平面图形的尺寸分析、线段分析及作图方法。

三、作业要求
1. 遵守国家标准《机械制图》中关于图幅、图线、字体、比例的规定，要求同类图线全图粗细一致，字体工整。
2. 根据零件图轮廓图上的尺寸来分析画图顺序。运用圆弧连接作图方法，正确画出零件轮廓上的每一线段。
3. 图形正确，布置适当，连接光滑，图面整洁。
4. 绘图仪器和工具的使用正确、方法简捷、量取尺寸和等分尺寸要准确。
5. 遵守国标中关于尺寸标注的规定，正确、清晰标注尺寸。全图尺寸数字、箭头的大小一致。尺寸数字的字号为3.5。
6. 自觉树立严肃认真、耐心细致的工作作风，培养一丝不苟、精益求精的画图习惯。

四、作业指示
1. 图纸幅面。采用A3图纸，横放，摆正，用胶带纸固定在图板上。
2. 绘图比例。采用1：1绘图比例；合理布图（注意留尺寸标注位置）；参看右图。
3. 画底稿。用H的绘图铅笔画底图。吊钩的画图步骤：
   （1）分析图形尺寸，确定已知线段、中间线段、连接线段。
   （2）画出全部已知线段；再画出全部中间线段；最后画出全部连接线段。
   （3）把圆弧连接的连接点（切点）和连接圆弧中心用细实线准确标出，以便描深时使用。
4. 描深。底图完成后，应擦去多余的线条，清洁图面，再描深（粗实线用B的绘图铅笔，线宽0.7 mm，细实线用HB的绘图铅笔，线宽0.35 mm）。
   （1）描深粗实线：① 描深所有圆或圆弧；② 用丁字尺从上到下描深所有的水平线；③ 用丁字尺配合三角板从左到右描深所有的垂直线；④ 描深斜线。
   （2）描深细虚线。
   （3）修正、描深细实线、细点画线。
5. 抄注尺寸。带括号的尺寸不抄注。
6. 填写标题栏。名称栏填"基本练习"，用10号字；日期用3.5号字，其余用5号字；图号填"01"；比例栏填"1：1"。

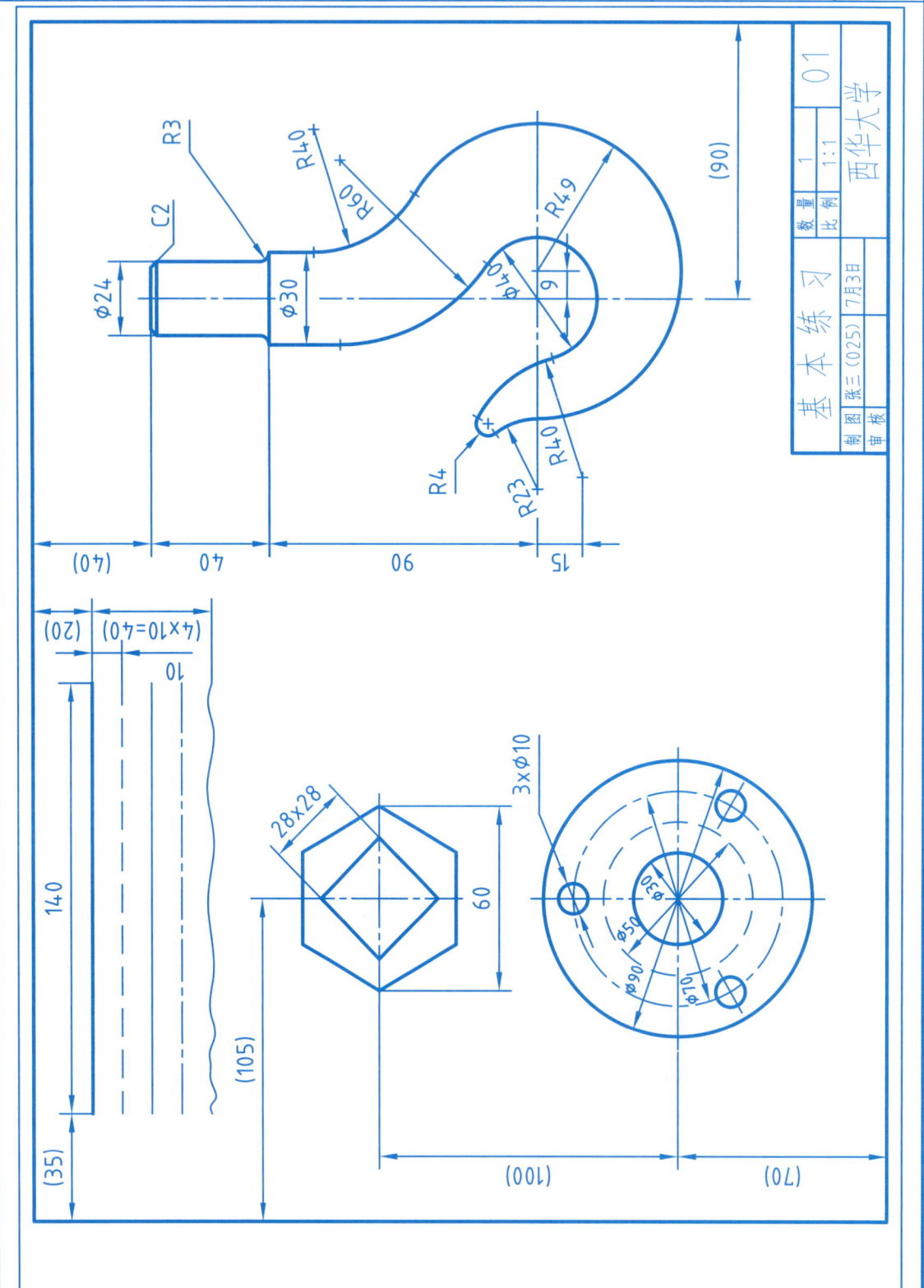

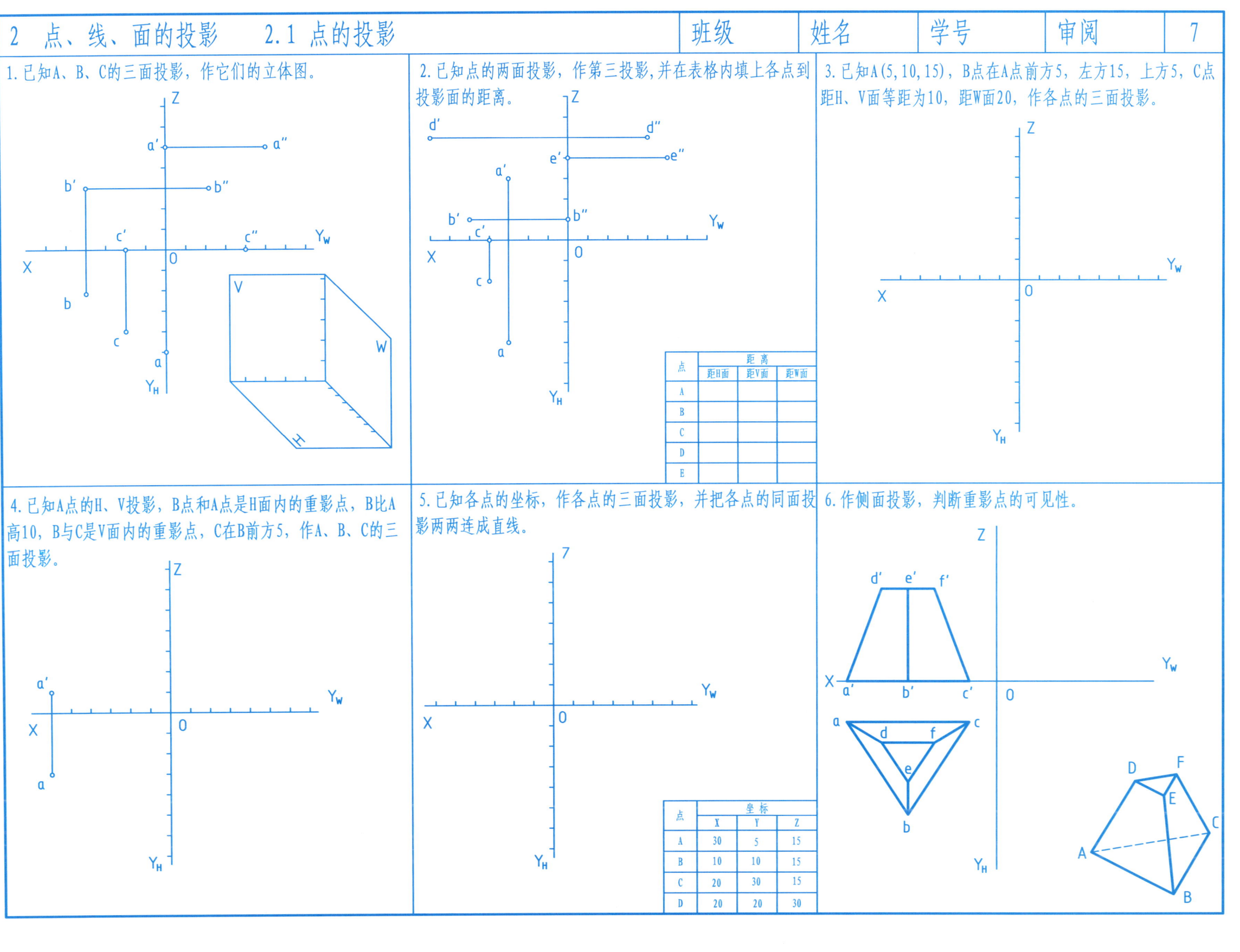

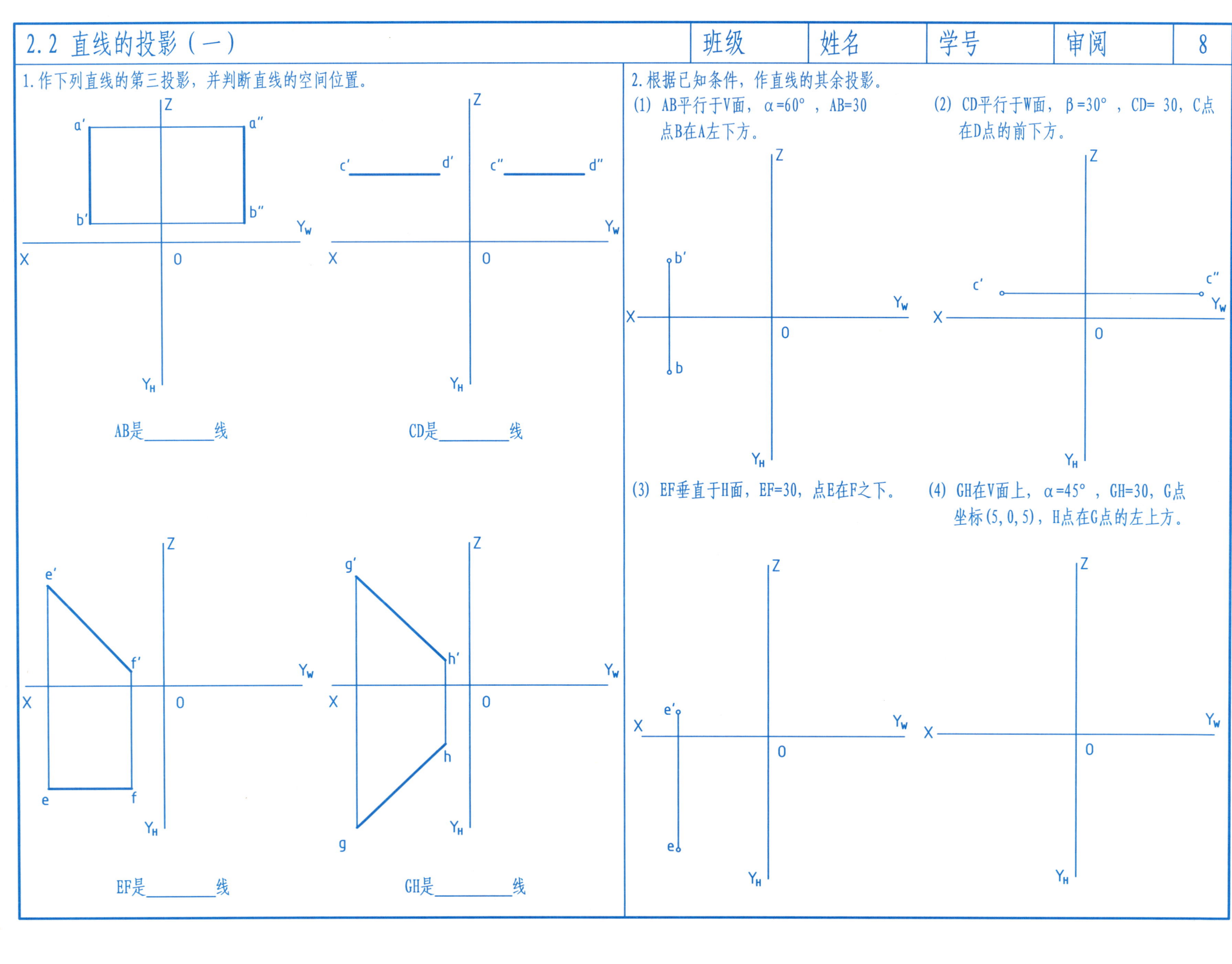

2.2 直线的投影（二） 班级 姓名 学号 审阅 9

3. 已知直线AB=BC，作BC的水平投影bc。

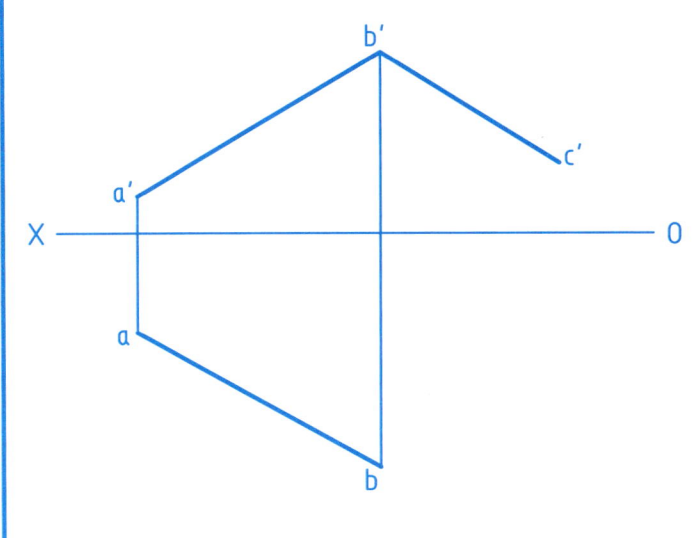

4. 已知A(40,0,0)，B(10,15,20)，作AB直线的三面投影，求AB的实长和α（或β）。

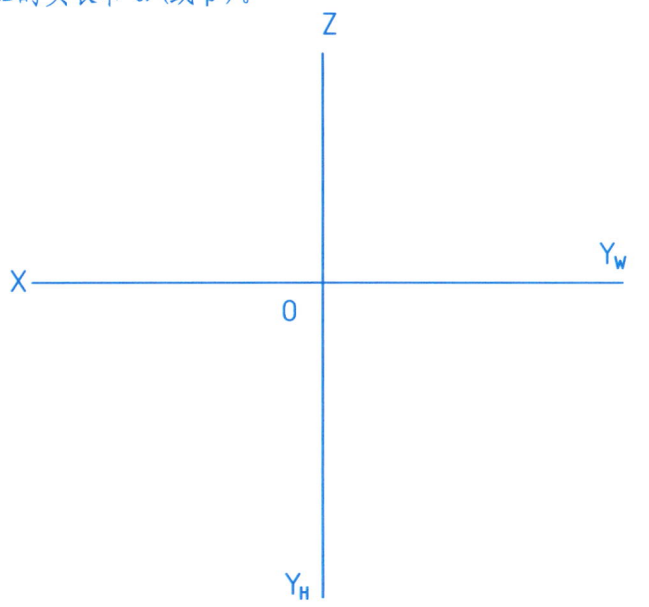

5. 已知直线AB与V面所成角β=30°，作直线AB的水平投影ab。

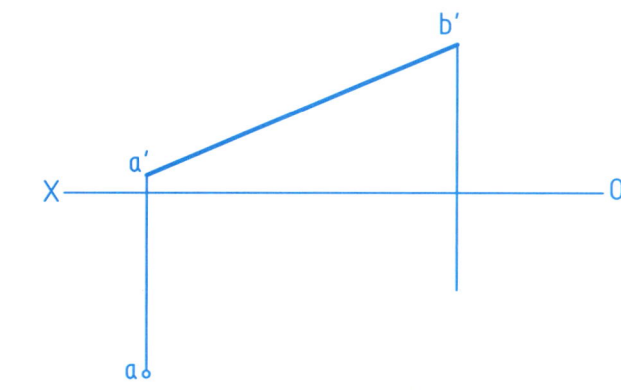

6. 作图判断K点是否在直线AB上；M在直线AB上，求出m'。

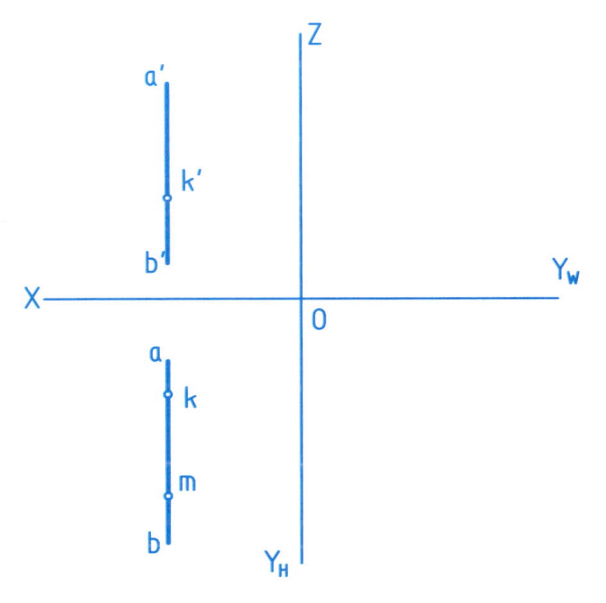

7. 已知C点在直线AB上，按下面给定条件作C点的两面投影。
(1) AC：CB=2：3　　　　(2) AC=15

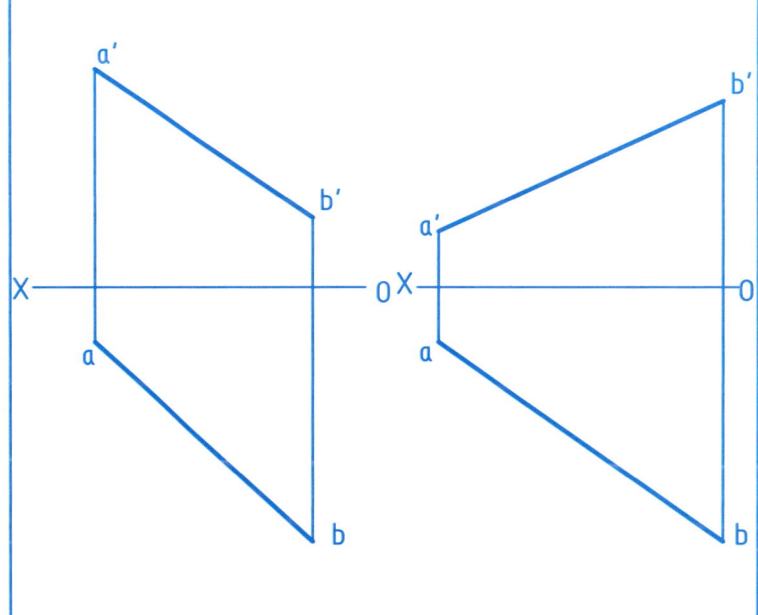

8. 在已知直线AB上找一点M与H、V面等距。

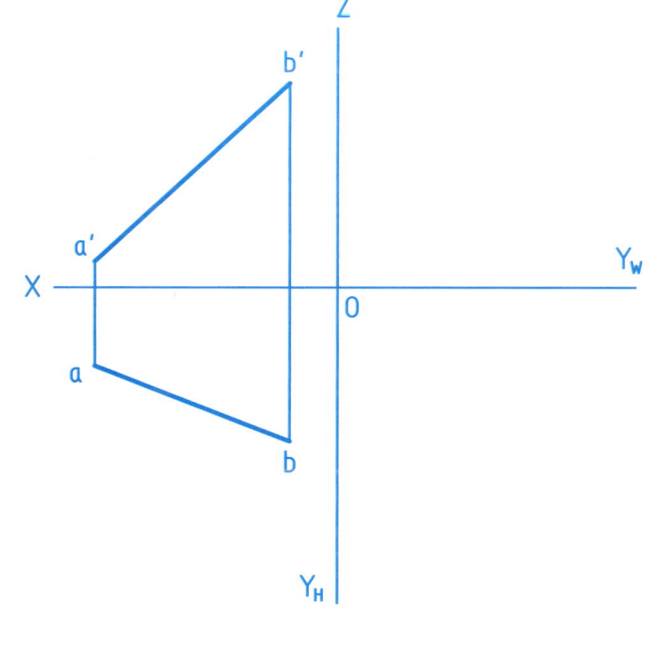

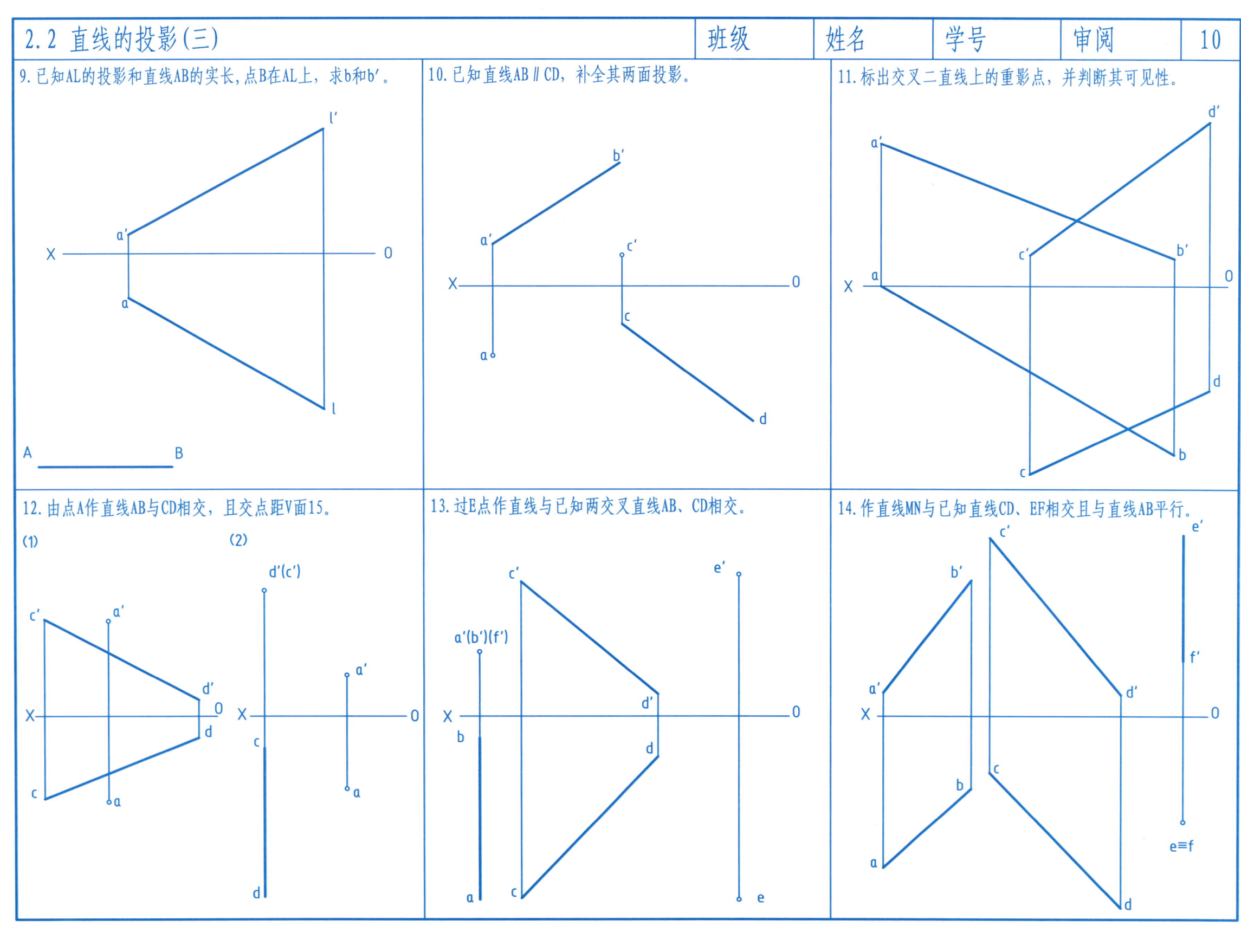

| 2.2 直线的投影（四） | 班级 | 姓名 | 学号 | 审阅 | 11 |

15. 判断AB、CD两直线的相对位置。

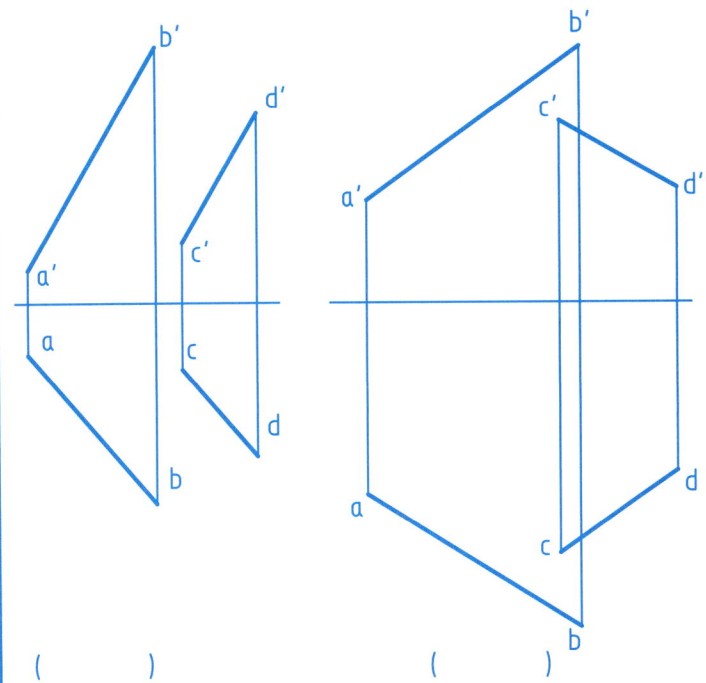 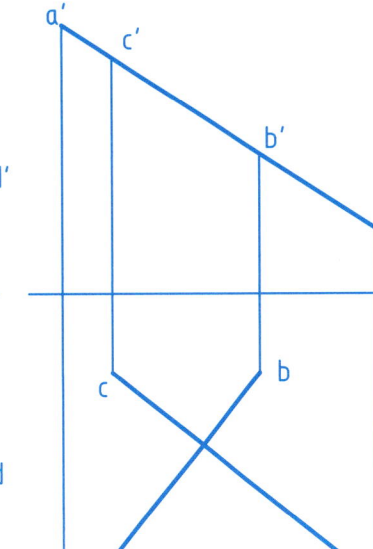 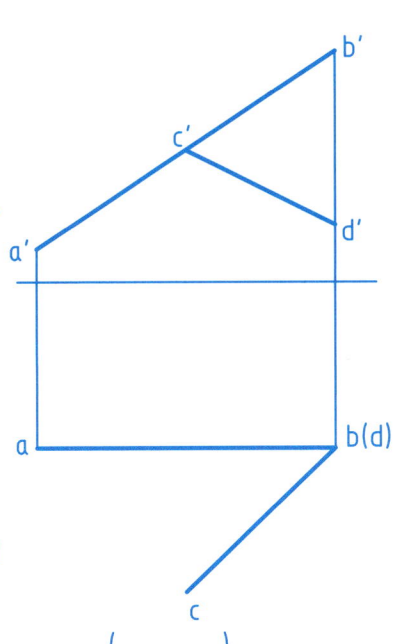 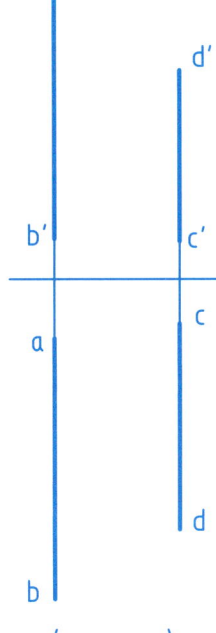 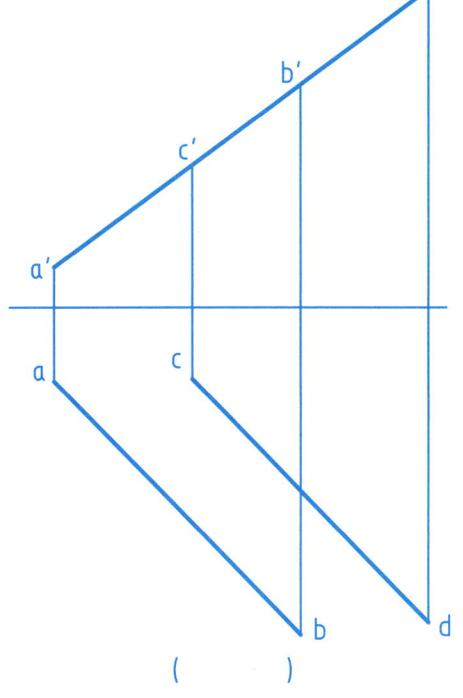

( ) ( ) ( ) ( ) ( ) ( )

16. 作交叉二直线AB、CD公垂线的两面投影。

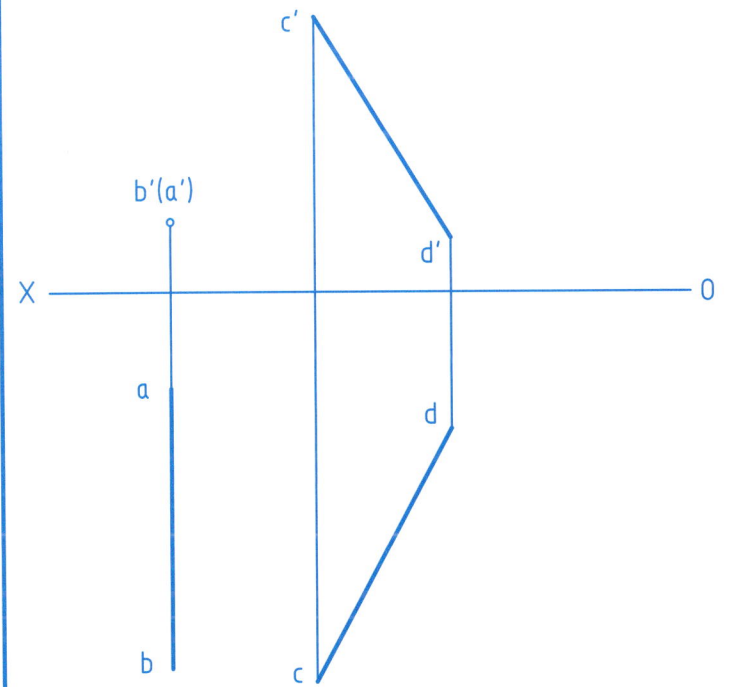

17. 已知正方形ABCD的对角线BD在MN上，完成正方形ABCD的两面投影。

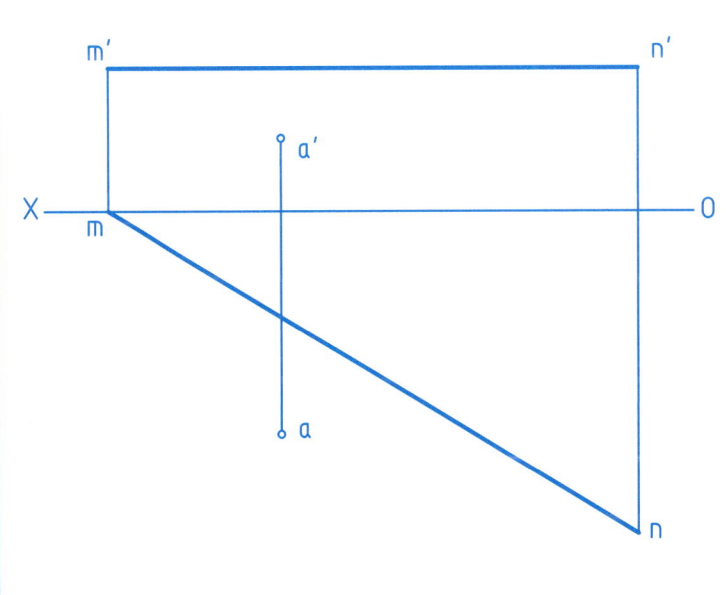

18. 已知正方形ABCD的顶点B在EF上，顶点D在AL上，补全此正方形的两面投影。

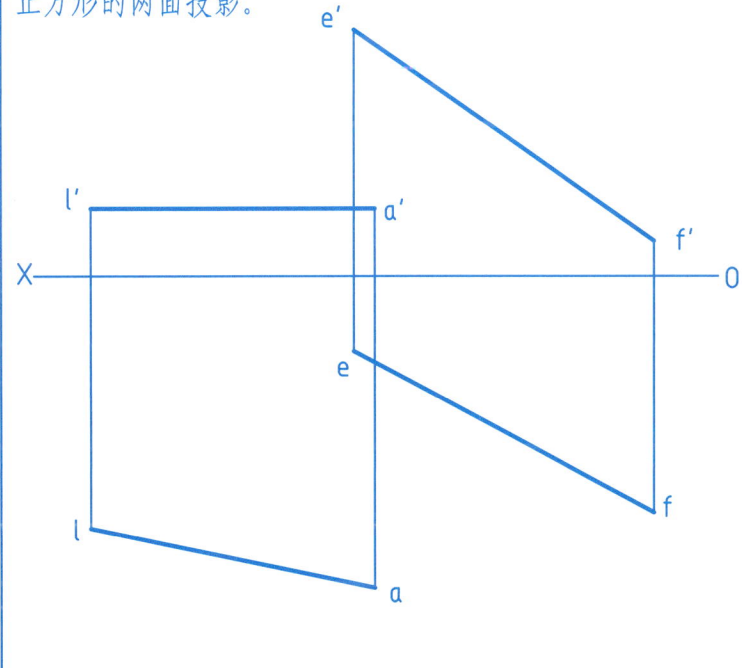

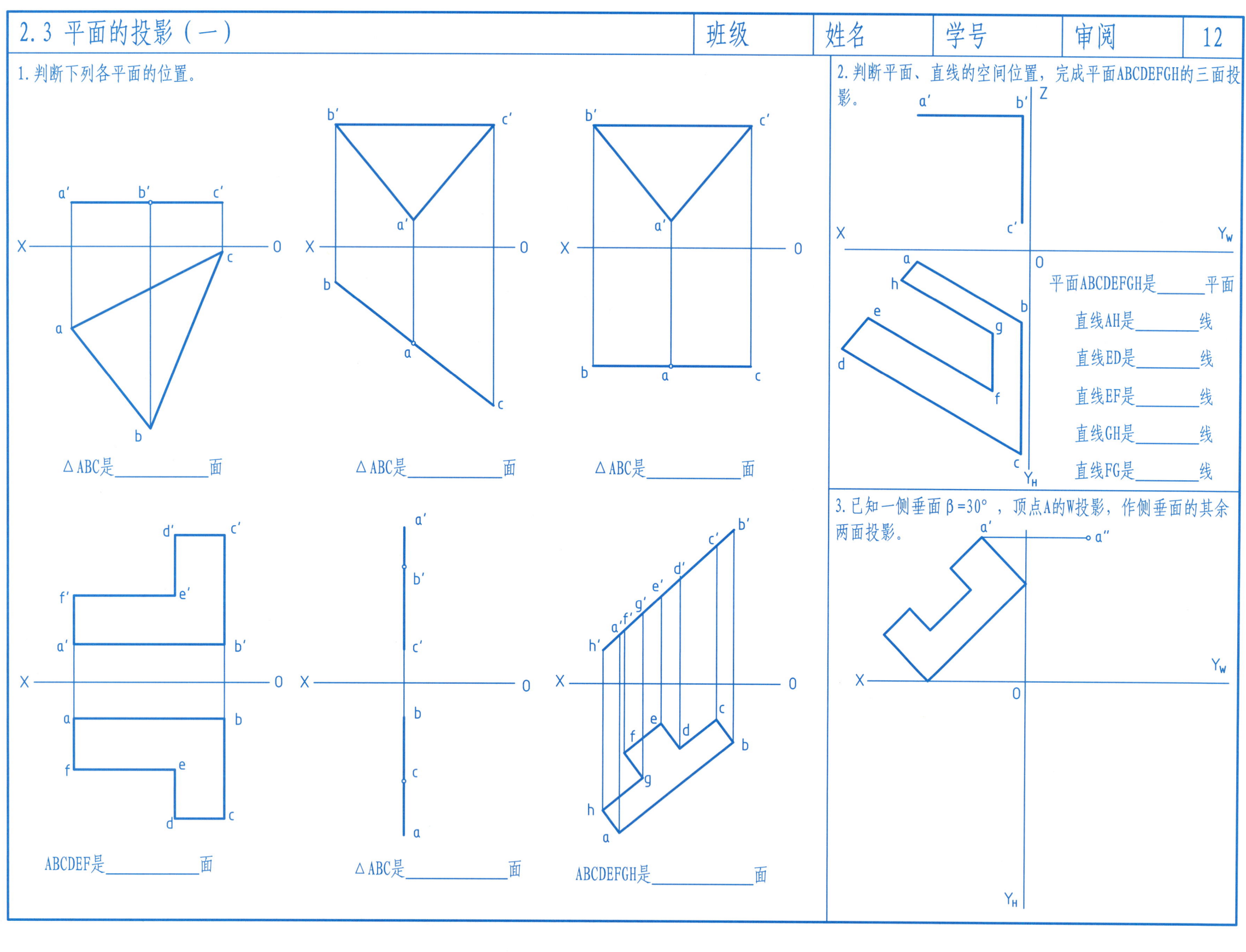

2.3 平面的投影（二）

4. 过A作矩形ABCD，其短边AB=20且垂直于H面，长边AD=40，β=30°。作矩形ABCD的投影。

5. 已知K在两相交直线AB、CD确定的平面上，EF在△MNS上，作K和EF的另一投影。

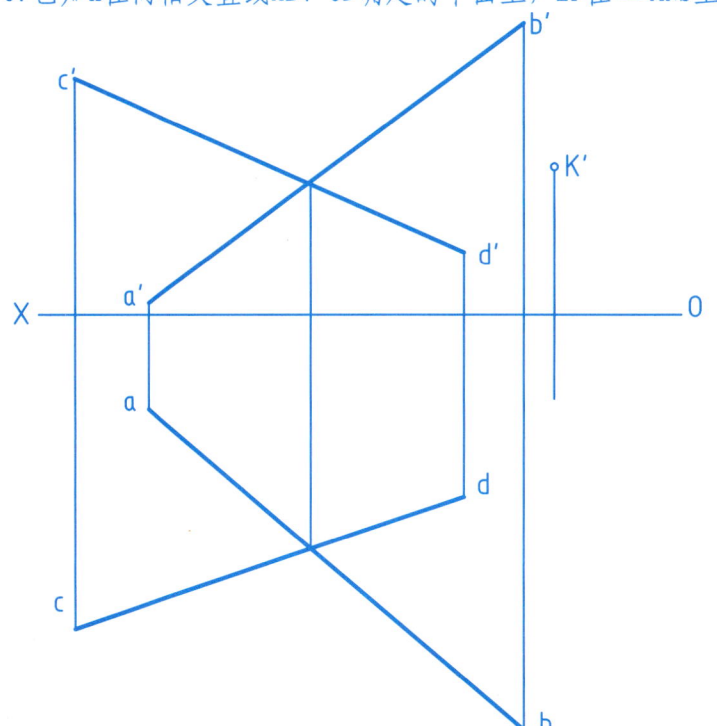
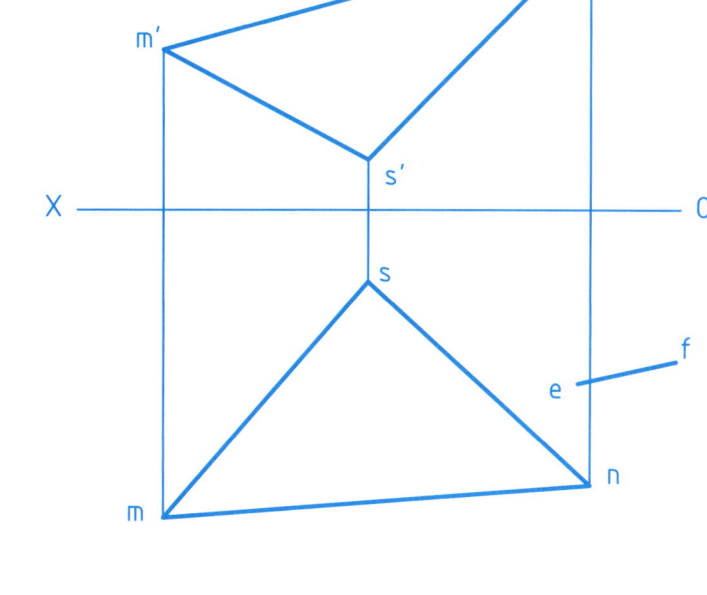

6. 在△ABC平面上作投影面平行线。
（1）在△ABC平面上作水平线。
（2）在△ABC平面上作正平线。

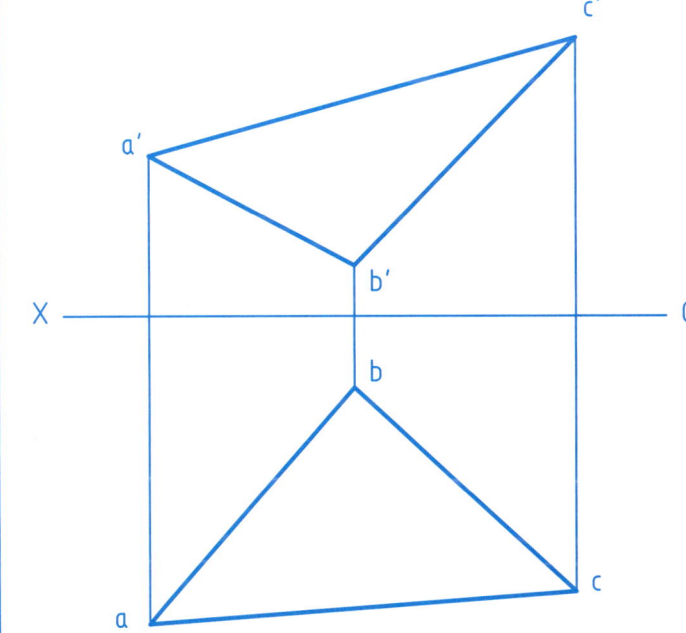
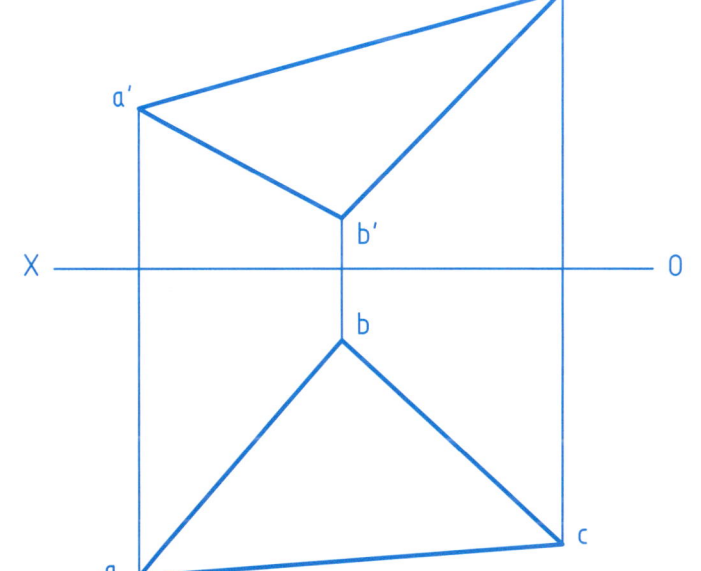

7. 在△ABC平面上找一点M使它比B点低15，比B点前15。

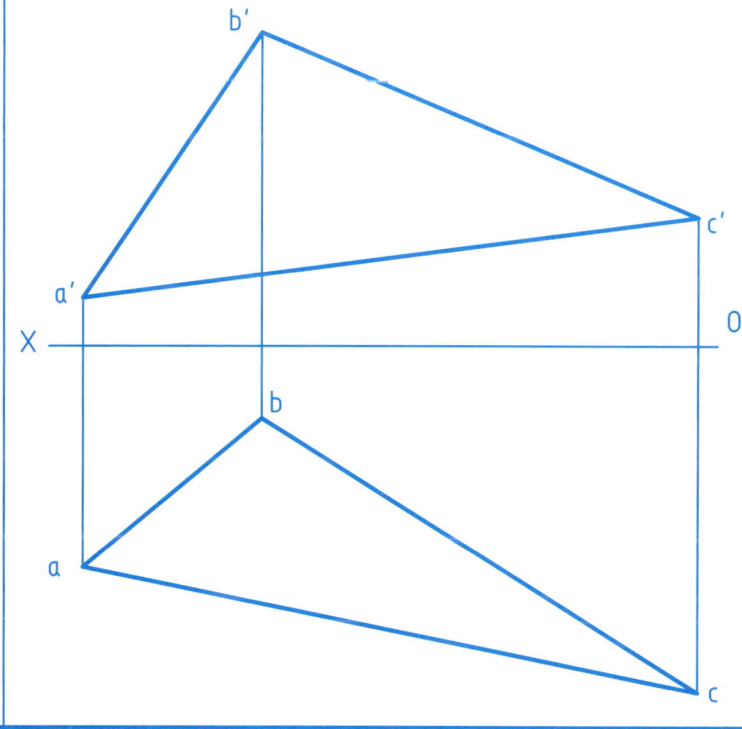

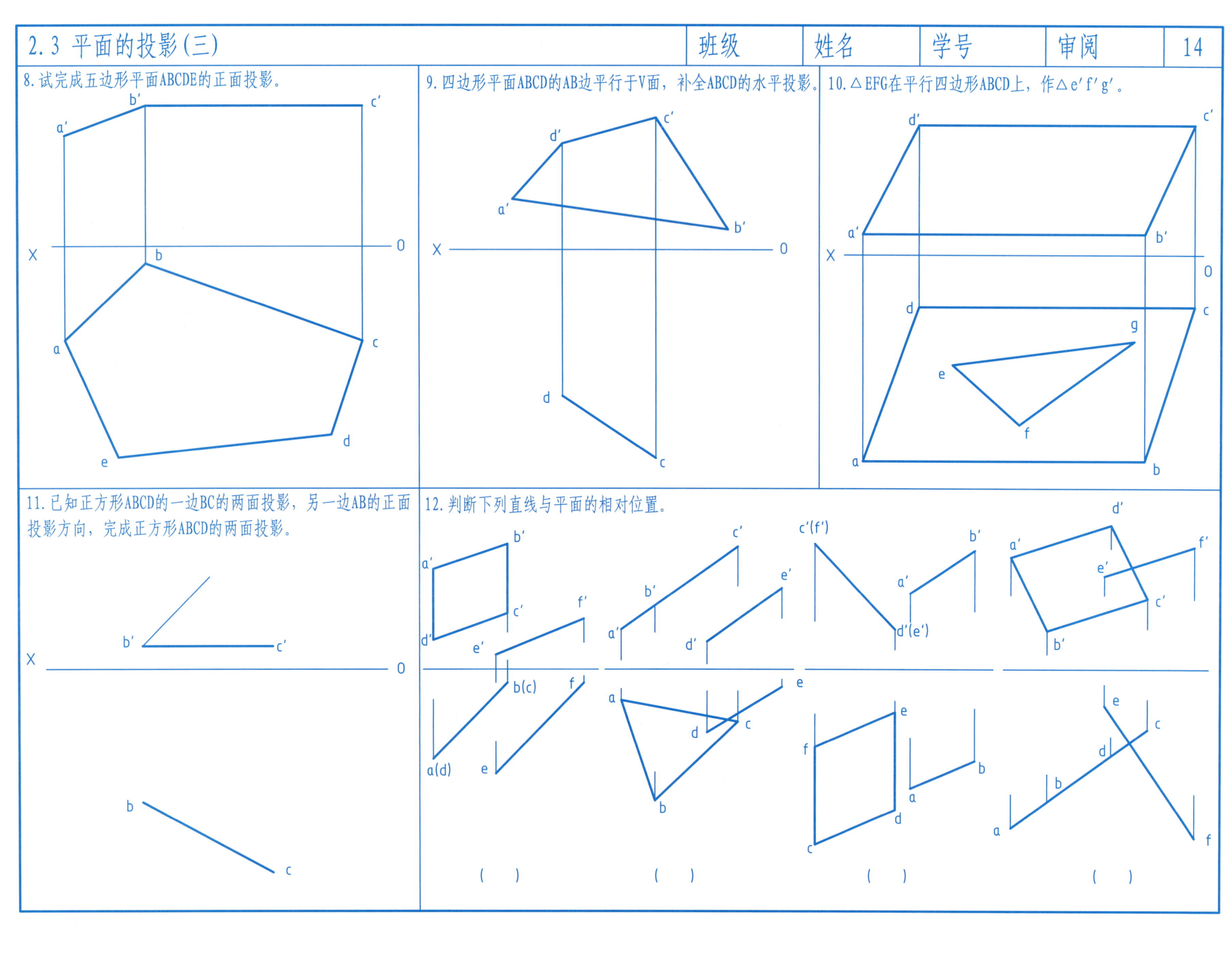

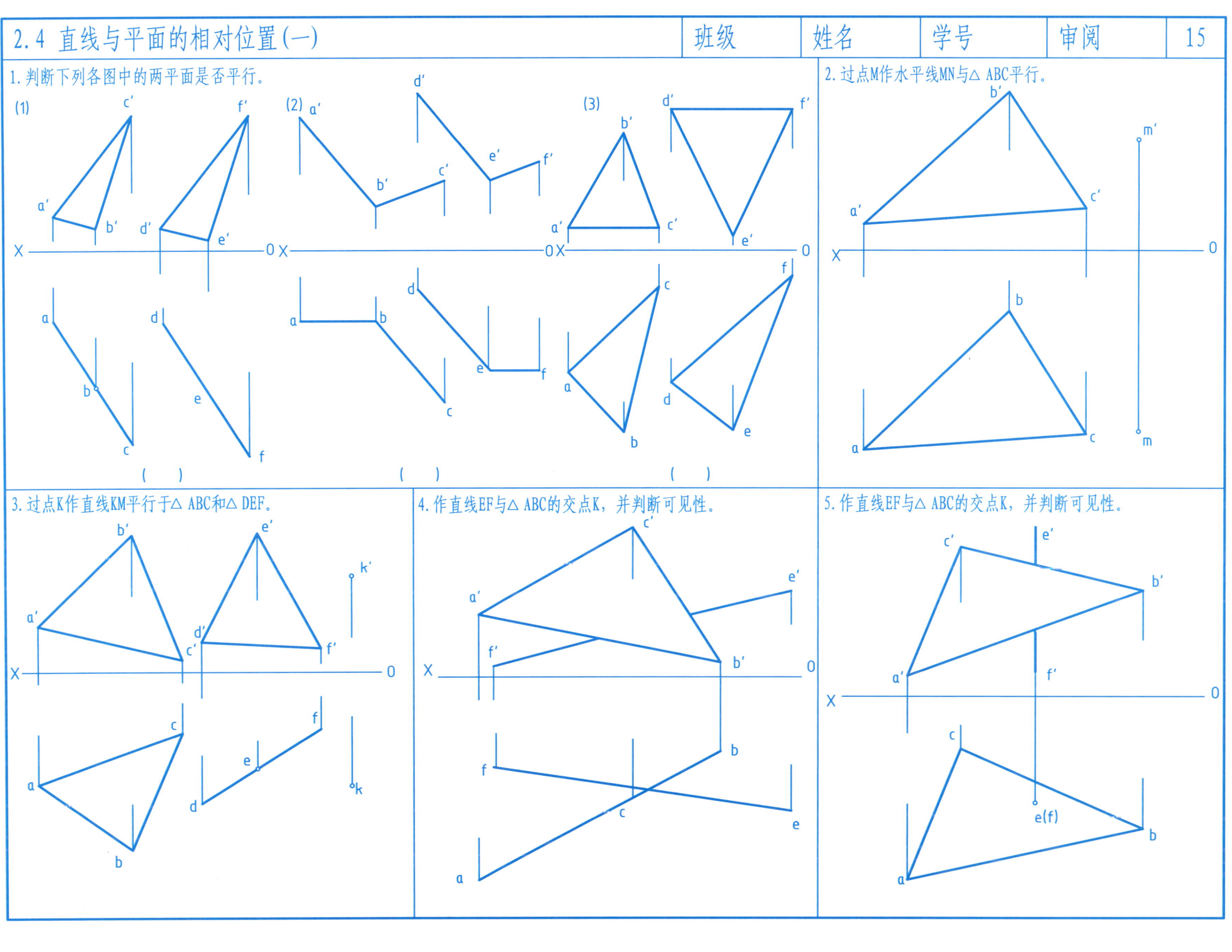

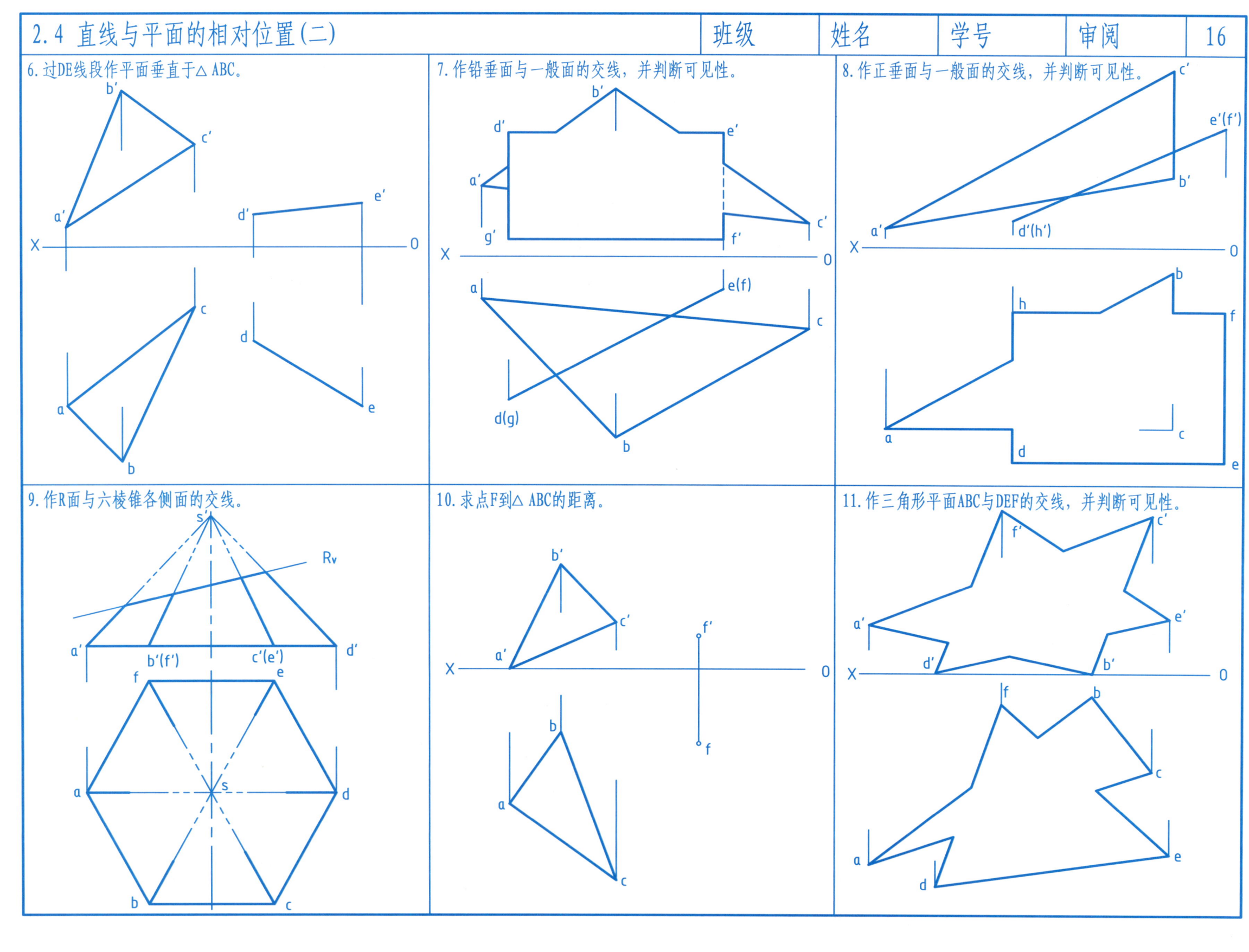

3 投影变换　　3.1 换面法（一）

1. 把一般位置直线AB变成投影面平行线。

2. 把一般位置直线AB变成投影面垂直线。

3. 将一般位置平面△ABC换成V1面垂直面。

4. 把一般位置平面△ABC变换成投影面平行面。

5. 用换面法求直线AB的实长及其倾角α、β。

6. 已知直线AB的实长为45 mm，作水平投影ab（只作一解）。

3.1 换面法（二） 班级 姓名 学号 审阅 18

7. 求点M到直线AB的距离。

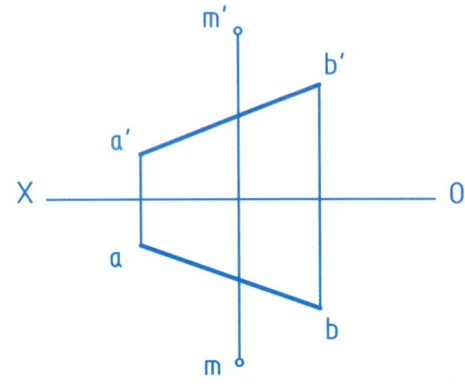

8. 求△ABC对V面的倾角。

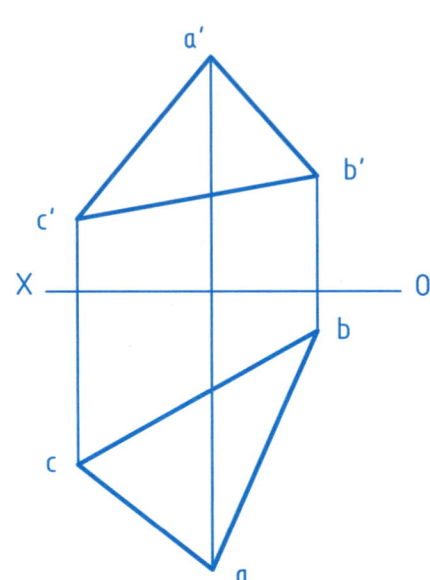

9. 求点M到△ABC的距离，并作垂足K的投影。

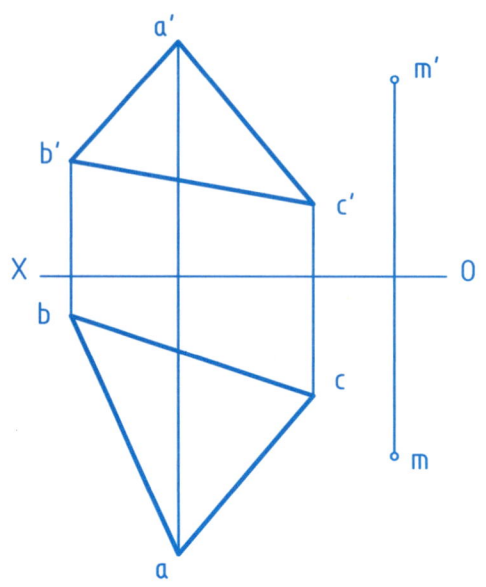

10. 求平行二直线AB、CD的距离。

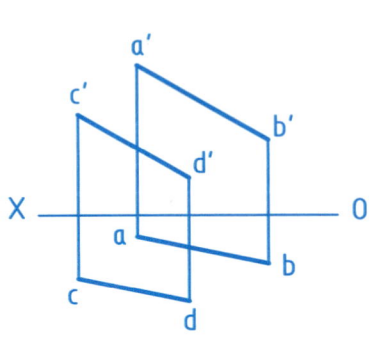

11. 作平行四边形ABCD的真实形状。

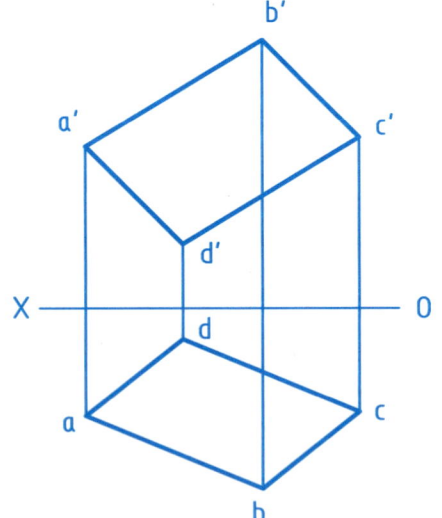

12. 求∠ABC的真实角度。

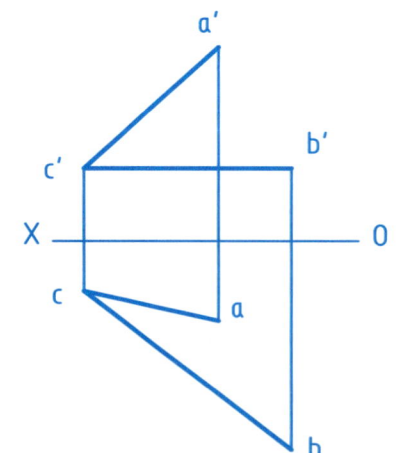

3.2 换面法综合题（一）

1. 根据铅垂面的水平投影和反映真形的V₁面投影，作出它的正面投影。

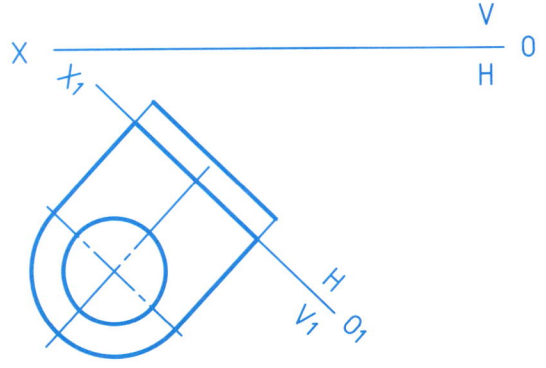

2. 正平线AB是正方形ABCD的边，点C在B的前上方，正方形对V的倾角β=45°，补全正方形的两面投影。

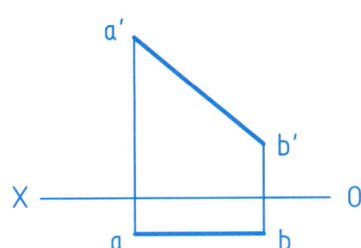

3. 已知等腰△ABC的高CD=30 mm，且△ABC对H面的夹角为30°，点C在点A之前，完成△ABC的投影。

4. 求交叉二直线AB、CD之间的最短距离，并作出该距离的两面投影。

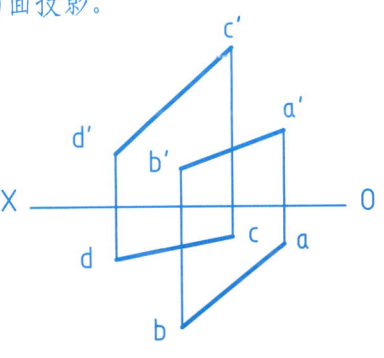

5. 已知AB是等腰△ABC的底边，补全△ABC的水平投影。

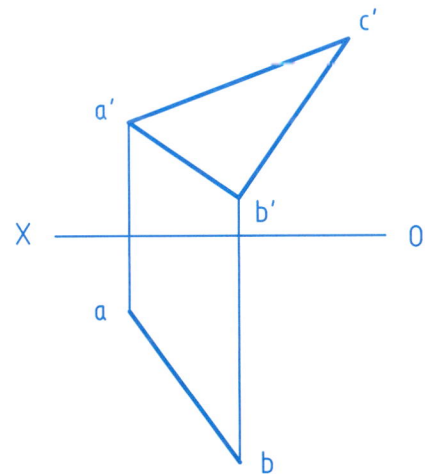

6. 已知直线AB平行CD，且相距为15 mm，作出CD的正面投影。

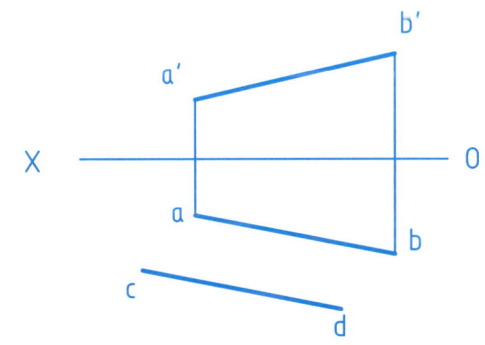

3.2 换面法综合题（二）

7. 作△ABC内切圆的圆心。

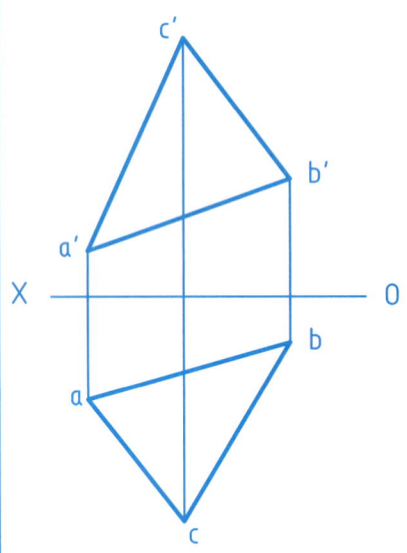

8. 正方形ABCD的点A在直线EF上，点C在BG上，完成其投影。

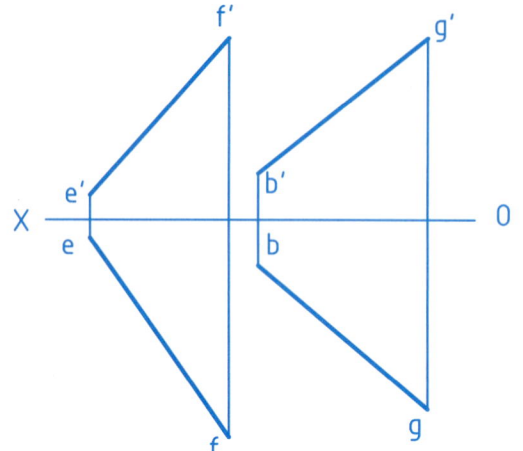

9. 过点M作直线MN平行于△ABC，并与直线EF交于点N。

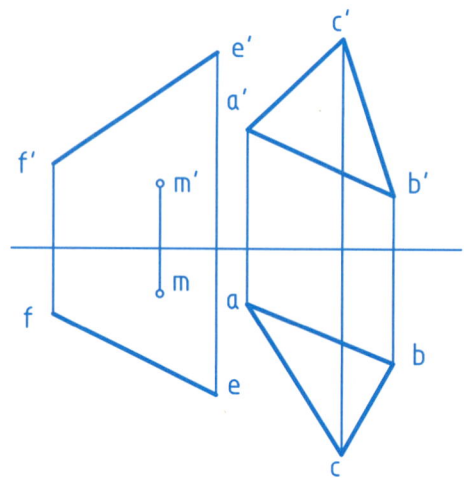

10. 求平面ABCD与平面CDEF的真实夹角θ₁；求平面CDEF与平面EFGH的真实夹角θ₂。

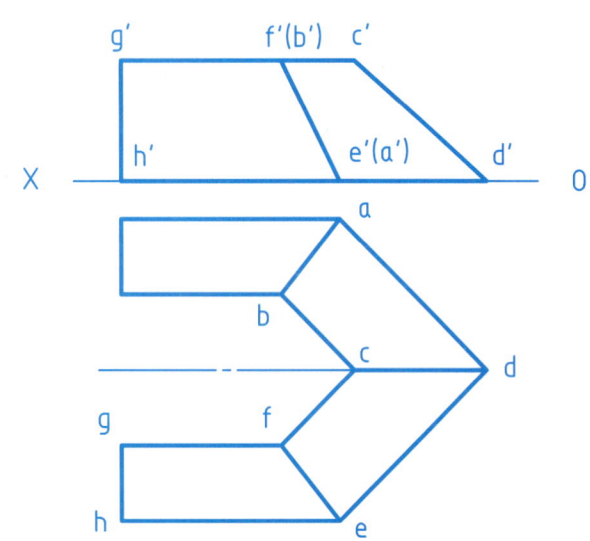

11. 求直线EF与平面△ABC的真实夹角θ。

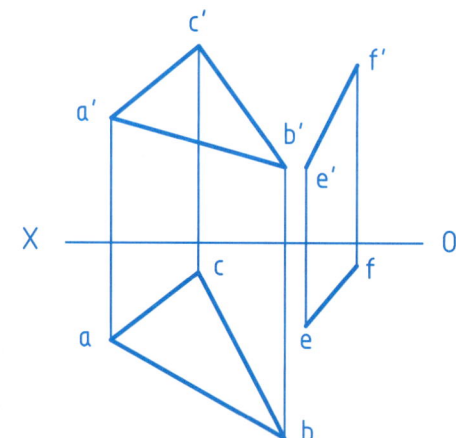

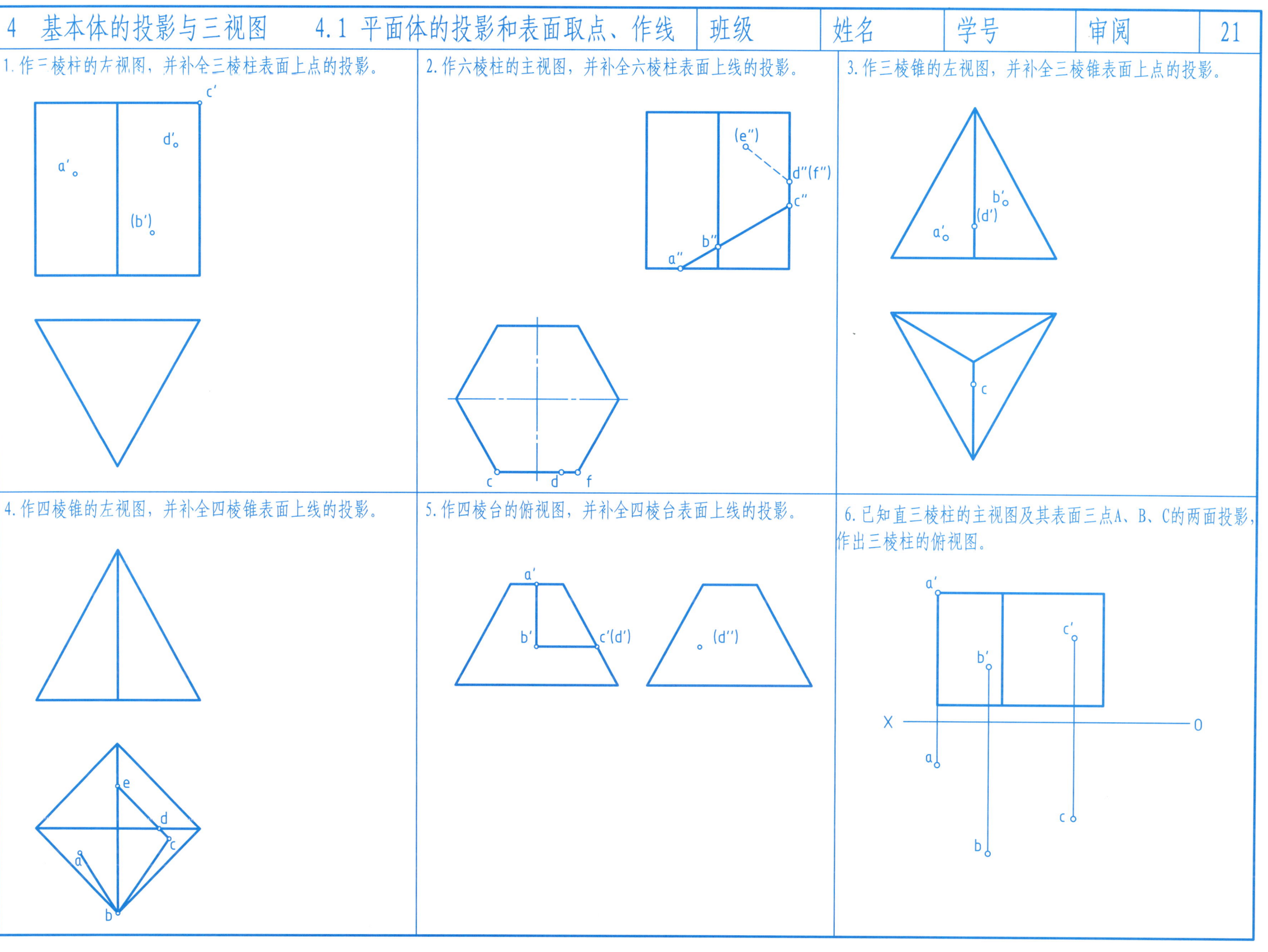

4.2 曲面体的投影和表面取点、作线

1. 作圆柱的俯视图，并补全圆柱表面上点的投影。

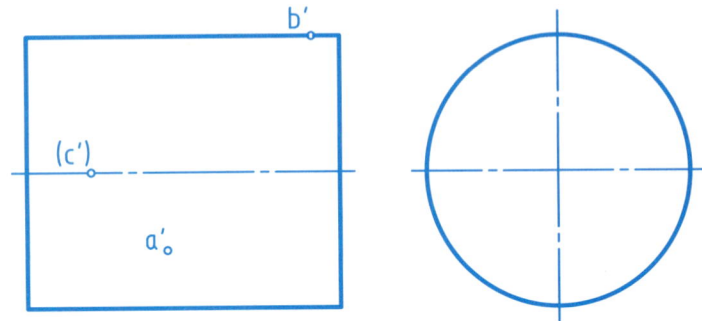

2. 作圆锥的俯视图，并补全圆锥表面上点的投影(纬圆法)。

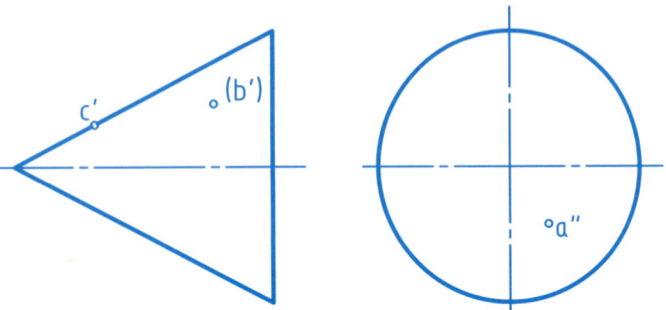

3. 作圆锥的俯视图，并补全圆锥表面上点的投影。

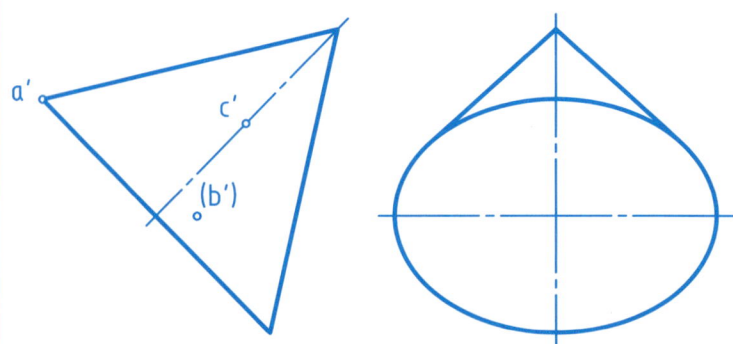

4. 作半圆球的左视图，并补全半圆球表面上点的投影。

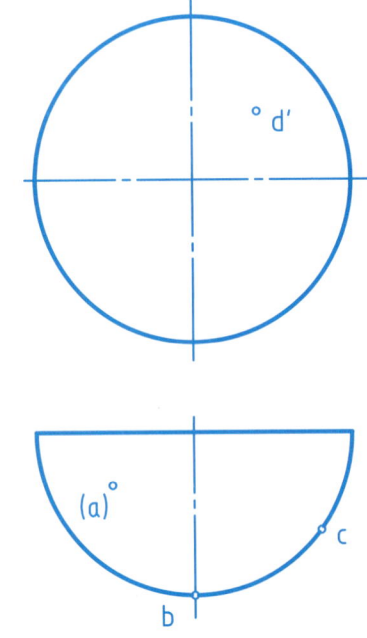

5. 补全圆环表面上点的投影。

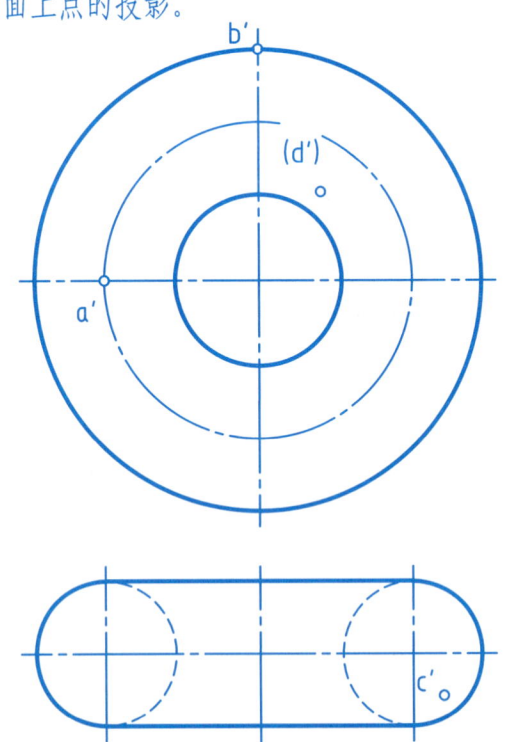

6. 作立体的俯视图。

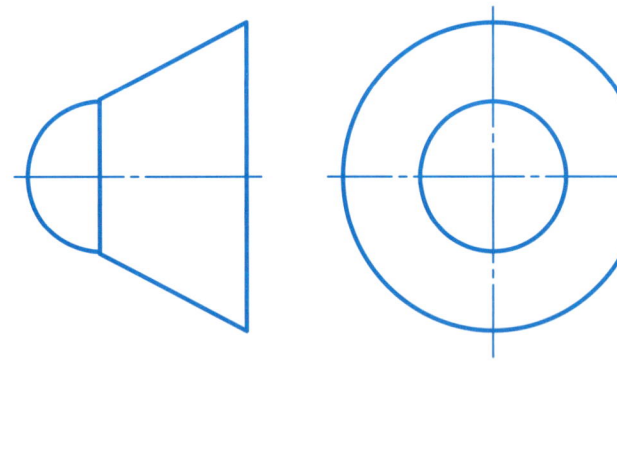

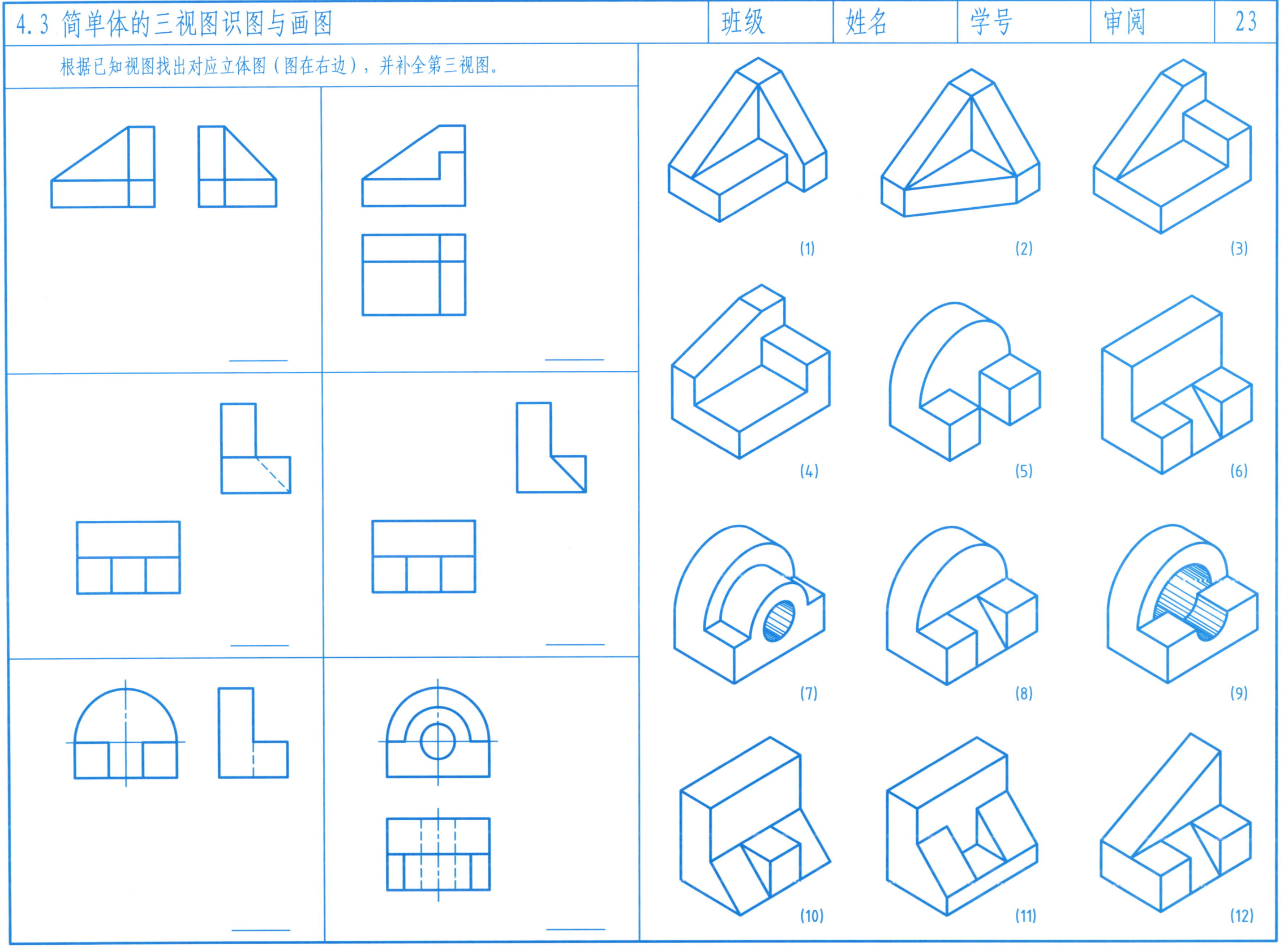

4.4 第二次大作业 简单体的三视图（一）

一、作业内容　根据立体的轴测图绘制立体三视图（轴测图在第24、25页）。

二、作业目的

1. 初步理解与掌握简单体的"三视图"，建立"图"与"物"之间的对应关系，正确绘制简单体的"三视图"。

2. 初步运用形体分析法分析物体由哪些形体组成，并用形体分析法画出其三视图。

三、作业要求

1. 用绘图仪器绘制。

2. 正确绘制"三视图"，保证满足"长对正、高平齐、宽相等"的三视图三等关系。

3. 布图合理，符合国标，图面整洁。

四、作业指示

1. 模型分析。首先分析立体的组成及形状特征；以图2-1所示的立体为例，它由左右两个长方体、四棱柱组成，正前方从上到下开了一个正方形通槽，该形体左右对称。

2. 确定主视图。立体摆正，将反映立体形状特征最多的视图作为主视图，其它两个视图按三视图的投影规则投影。（见图2-2）

3. 绘图比例为1:1。

4. 图纸幅面及布图。采用A3图纸，横放，摆正，用胶带纸固定在图板上。布图时应考虑三视图间隔要均匀，视图间要留有足够标注尺寸的位置。一般先量取立体长、宽、高外形尺寸，再根据所选图纸幅面尺寸进行计算。

　　主、左视图间的左、中、右间隔=[图框长−（立体长+立体宽）]/3

　　主、俯视图间的上、中、下间隔=[图框宽−（立体高+立体宽）]/3

5. 画底稿。用H的绘图铅笔画底图，画各个视图的基准线。再运用形体分析，逐一画出各组成形体的三视图，画每一个形体三视图时应从积聚性最多的视图画起。画图步骤："长方体"画图顺序为主-俯-左；"四棱柱"画图顺序为主-左-俯；"正方形通槽"画图顺序为左-主-俯。注意：P面的投影。

6. 检查、描深。底图完成后，应擦去多余的线条，清洁图面，再描深（粗实线用B的绘图铅笔，线宽0.7mm，细实线用HB的绘图铅笔，线宽0.35mm）。检查时应注意：各部分形体表达是否完整、是否符合三视图的投影关系；整体形状表达是否完整、是否符合三视图的投影关系，有无多余线条；各个平面投影是否符合"类似形法则"。如P面的三个投影。

7. 填写标题栏。名称栏填"平面立体"，用10号字；日期用3.5号字，其余用5号字；图号填"02"；比例栏填"1:1"。

图2-1

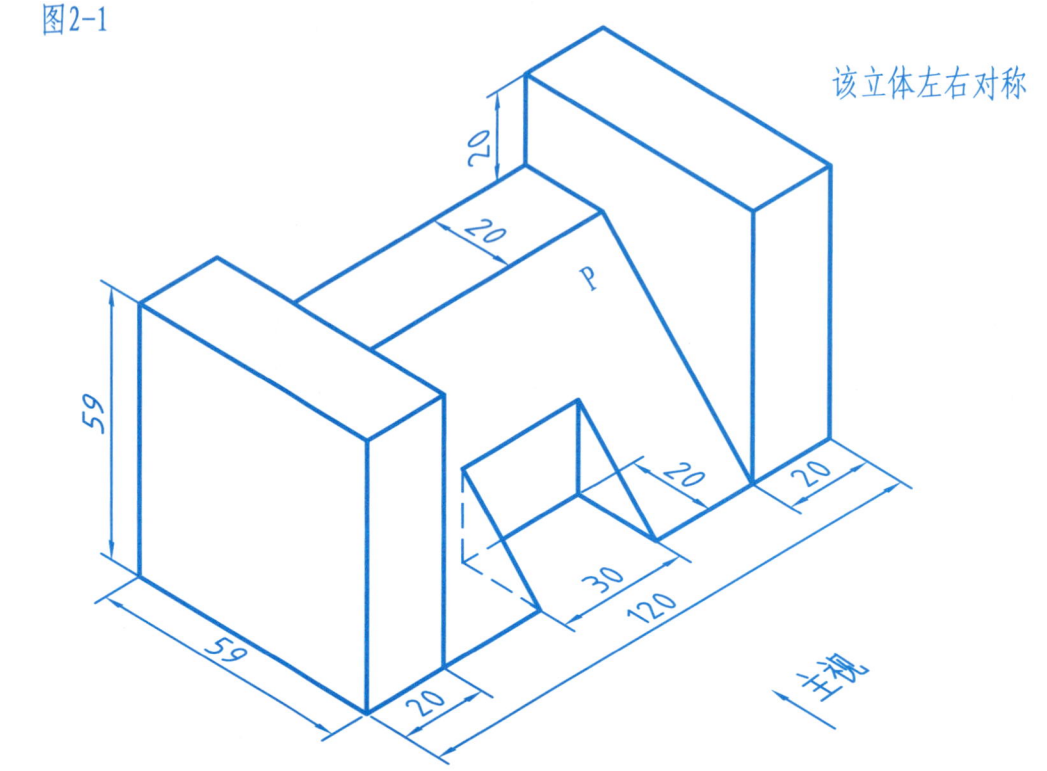

该立体左右对称

图2-2

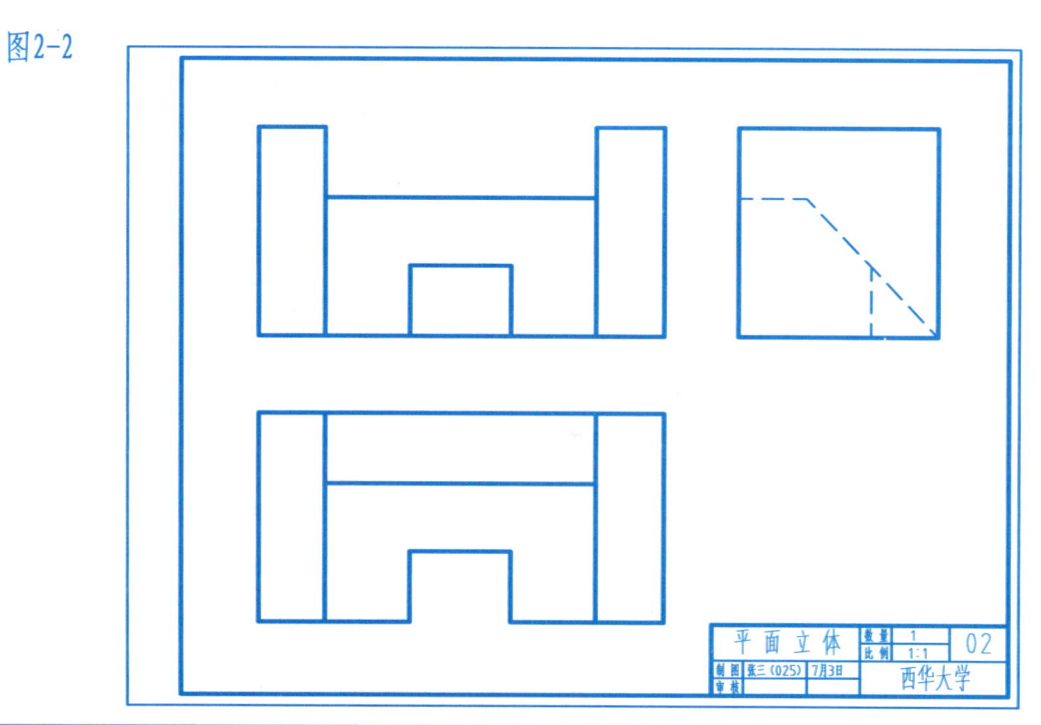

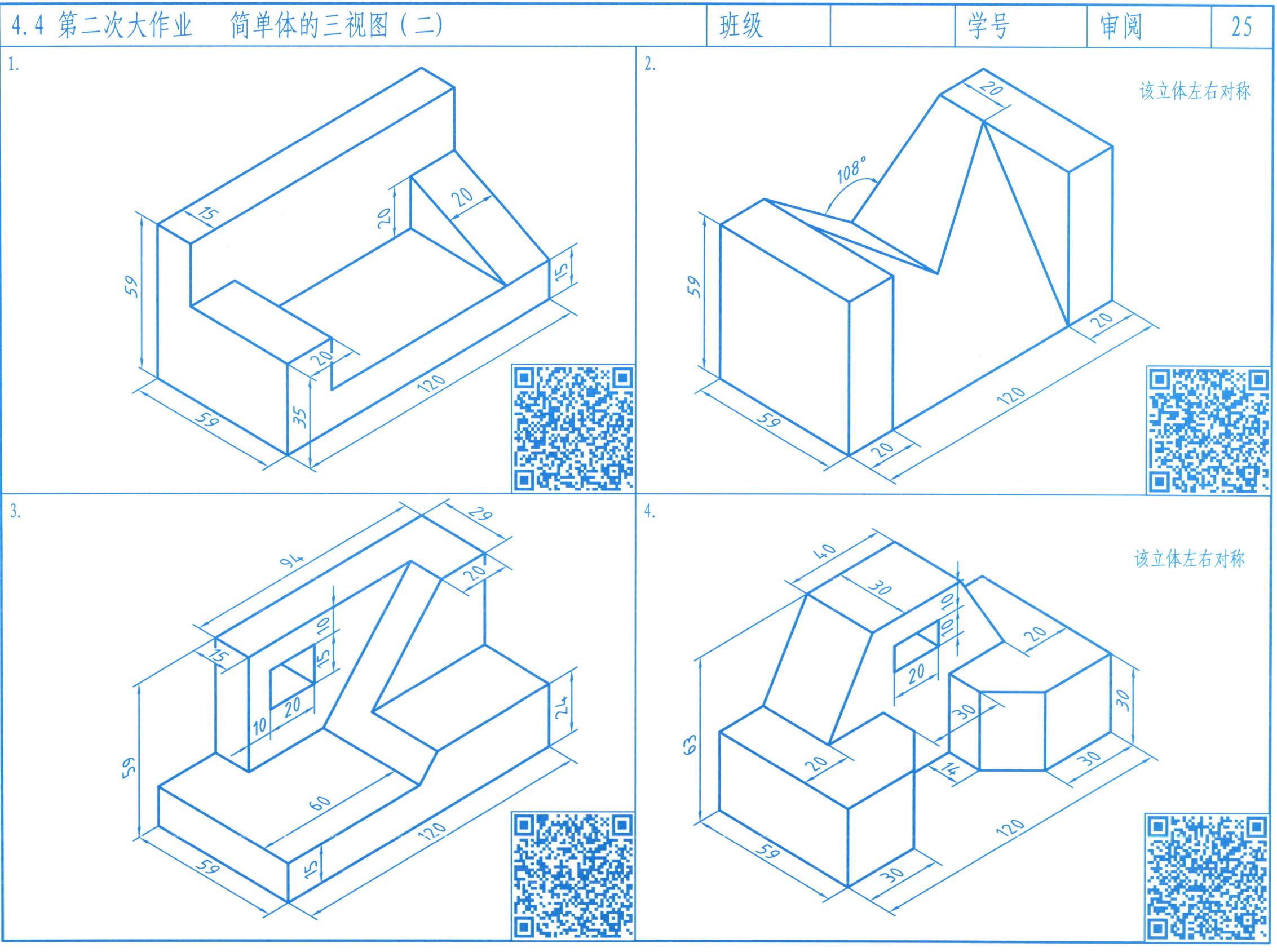

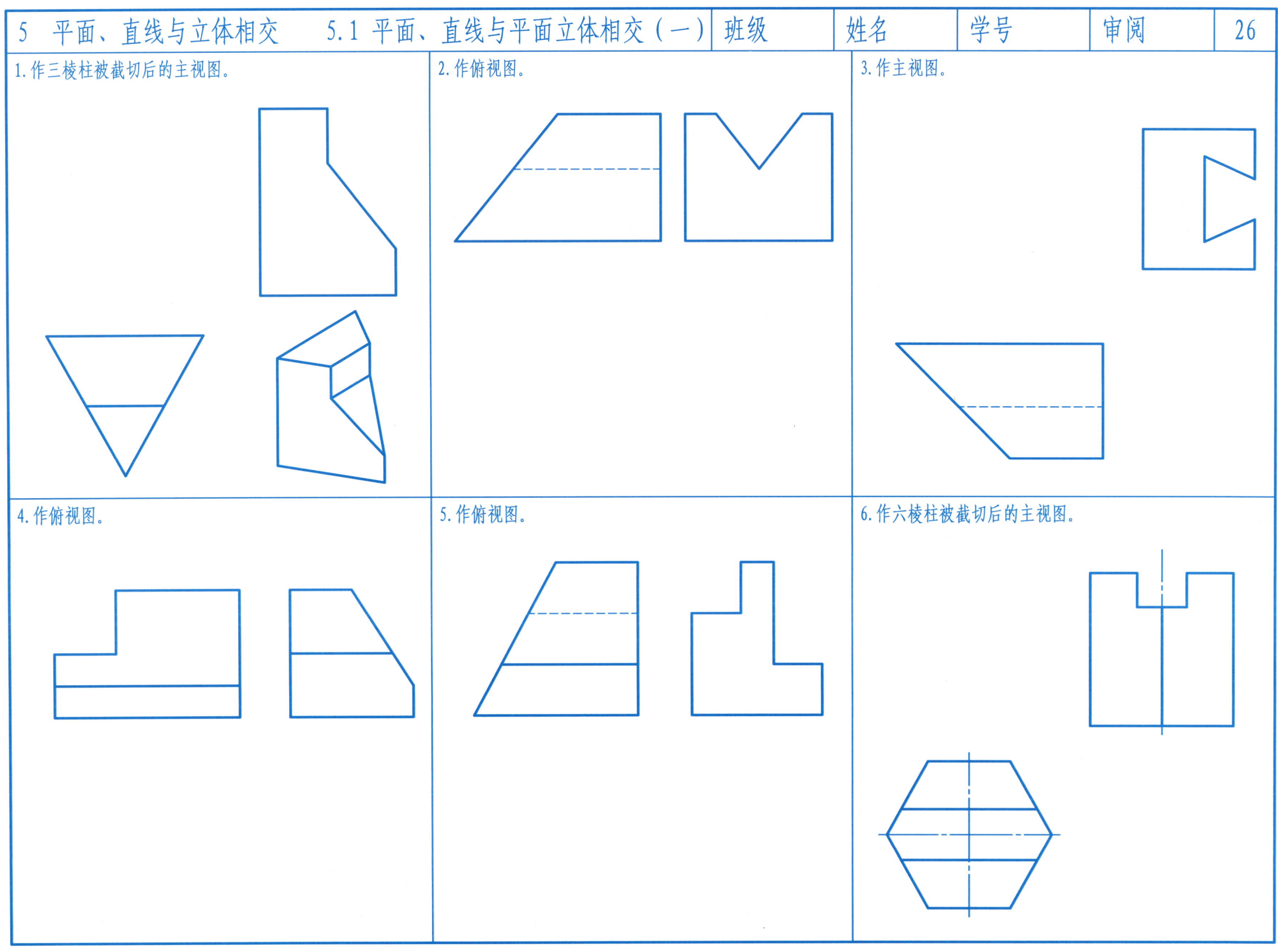

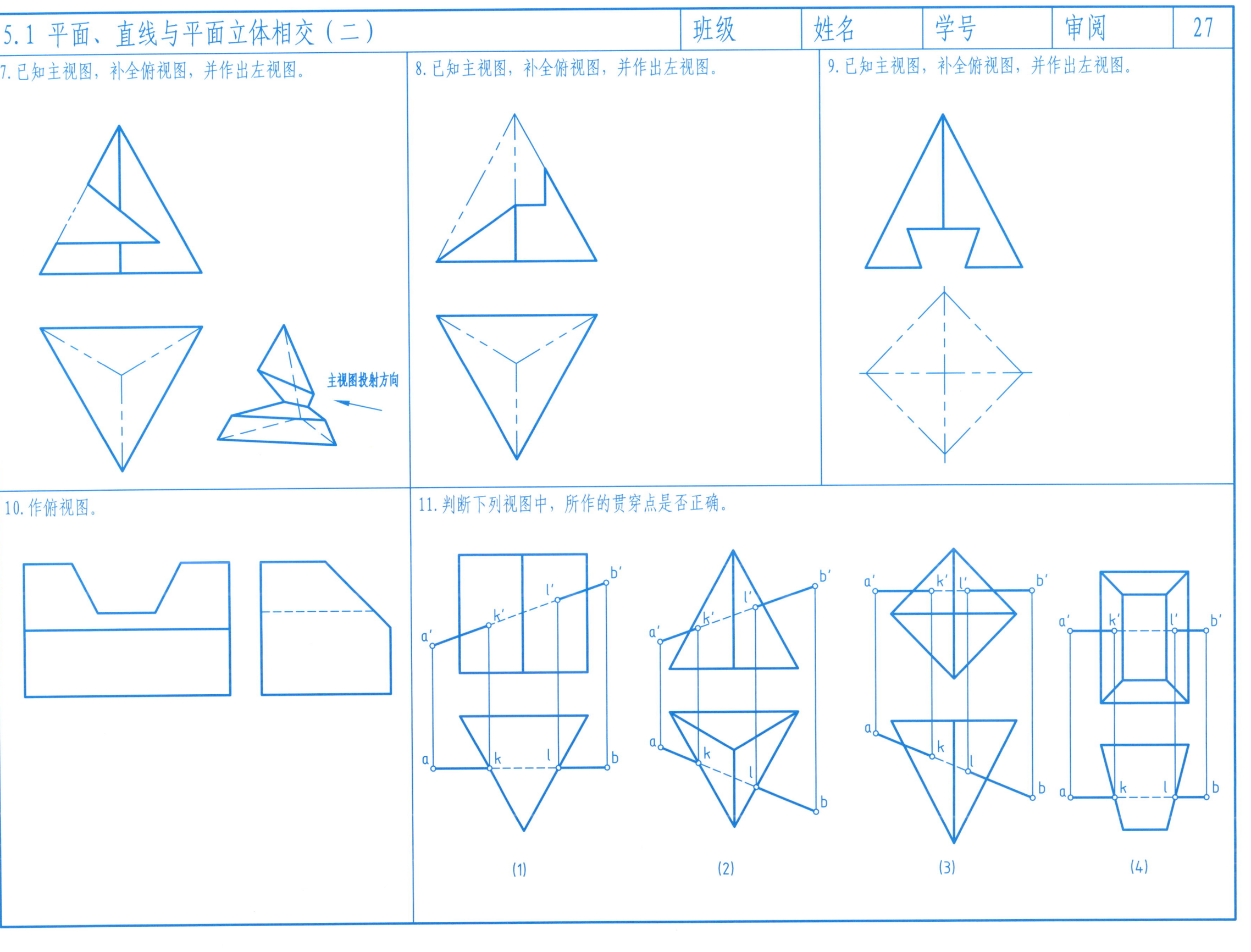

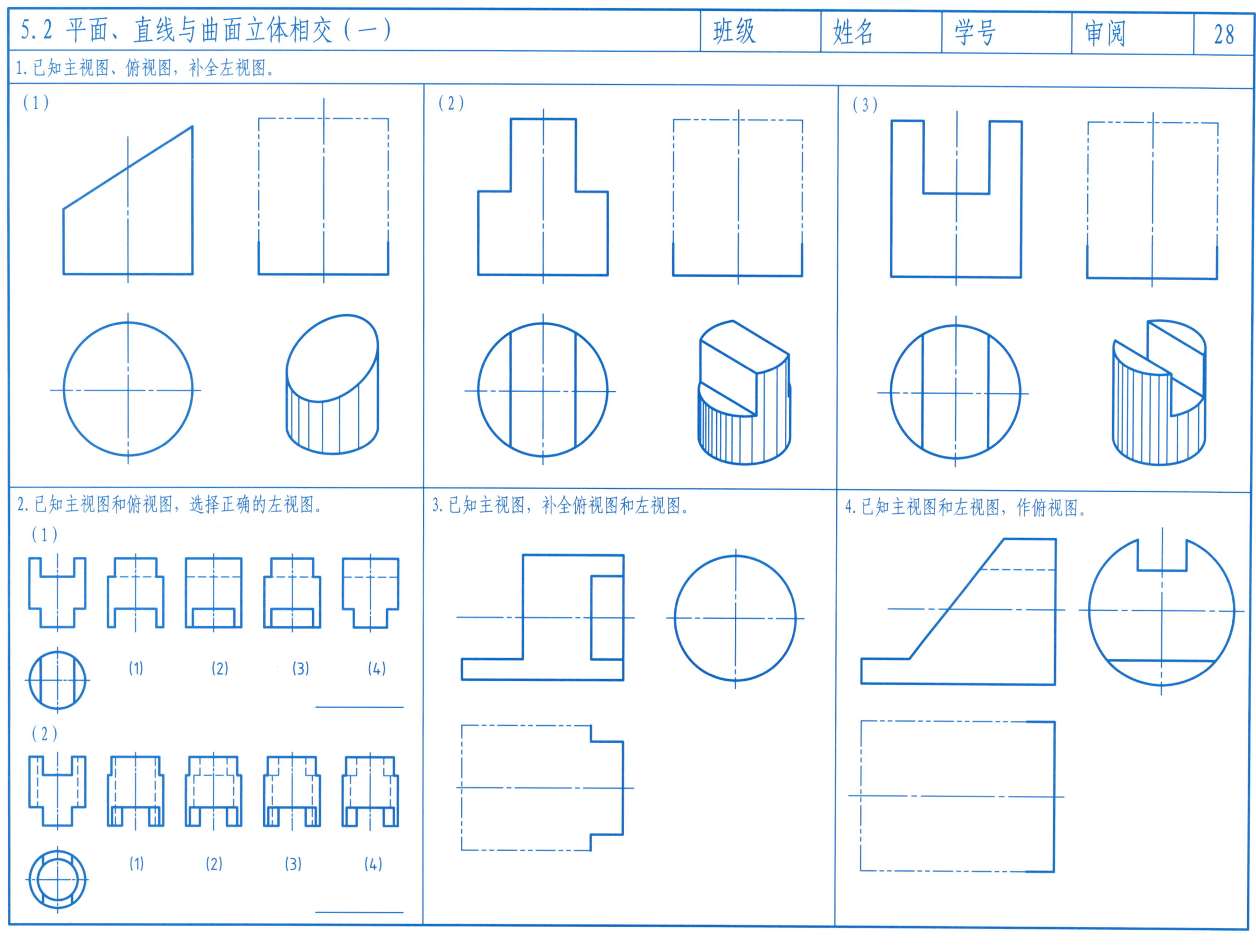

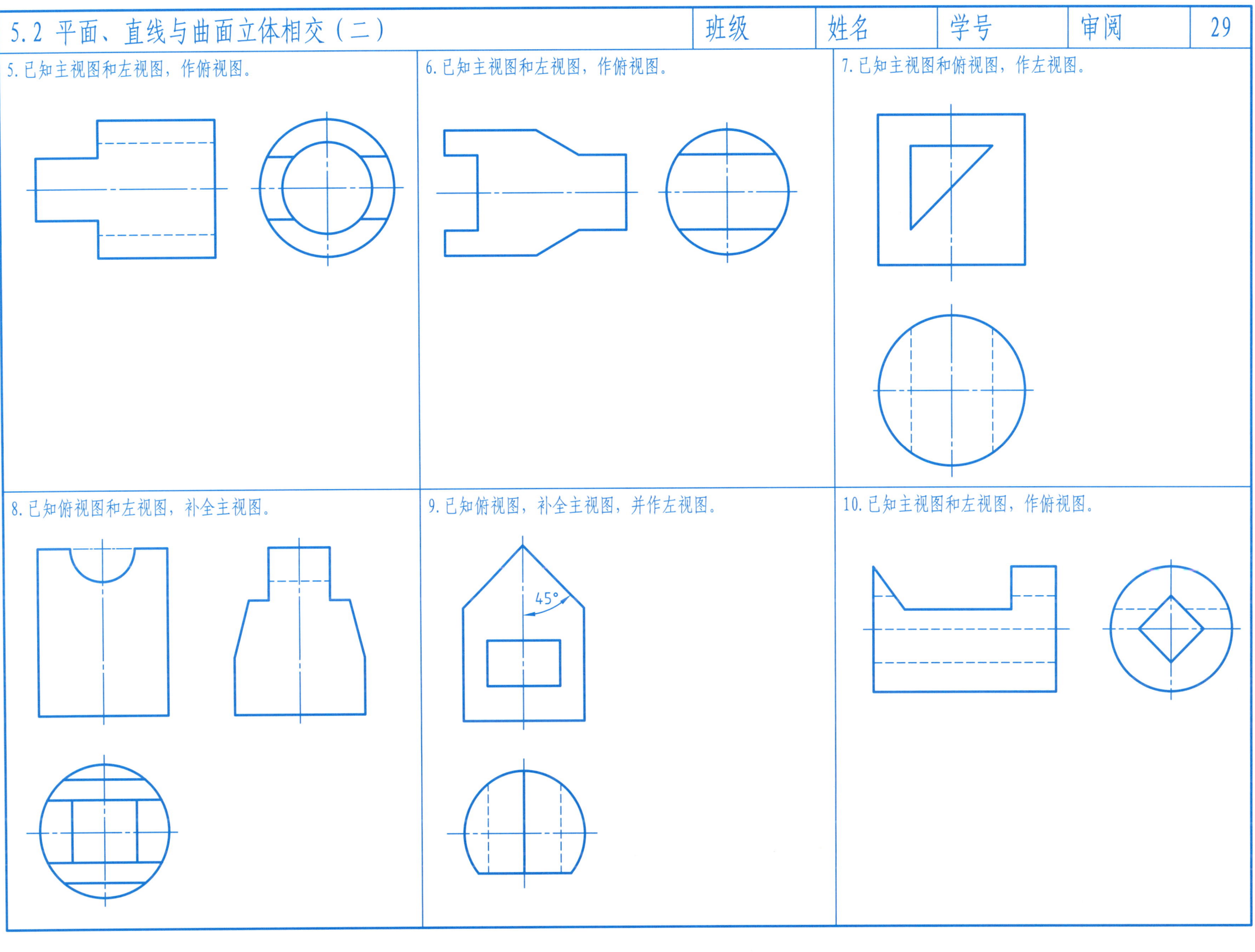

5.2 平面、直线与曲面立体相交（三）

11. 已知主视图，作出圆锥被截后的左视图和俯视图。

12. 已知主视图，作出圆锥被截后的左视图和俯视图。

13. 已知主视图，作出圆锥被截后的左视图和俯视图。

14. 已知主视图，作出圆球被截后的左视图和俯视图。

15. 已知左视图，作出圆球被截后的主视图和俯视图。

16. 已知主视图，作出圆球被截后的左视图和俯视图。

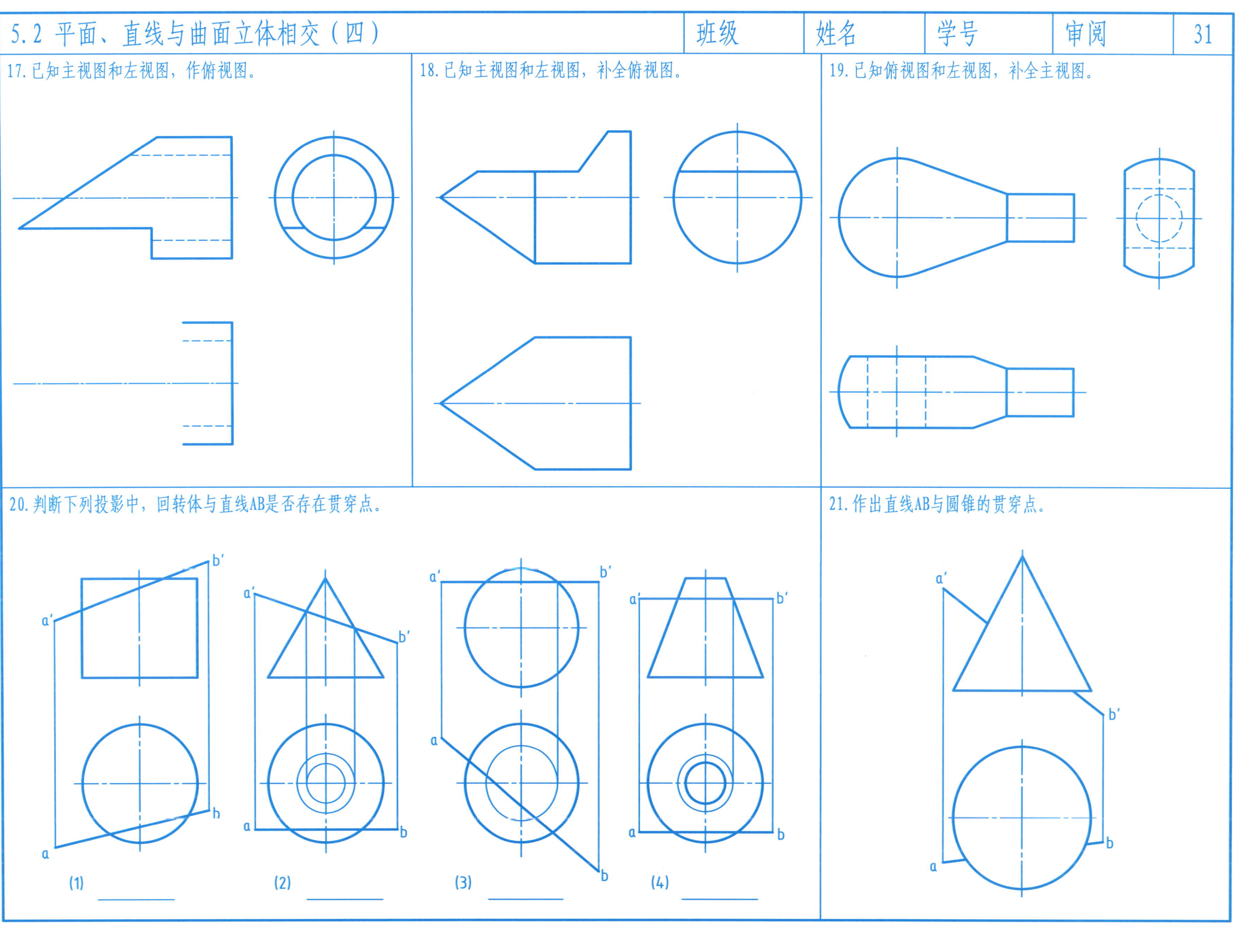

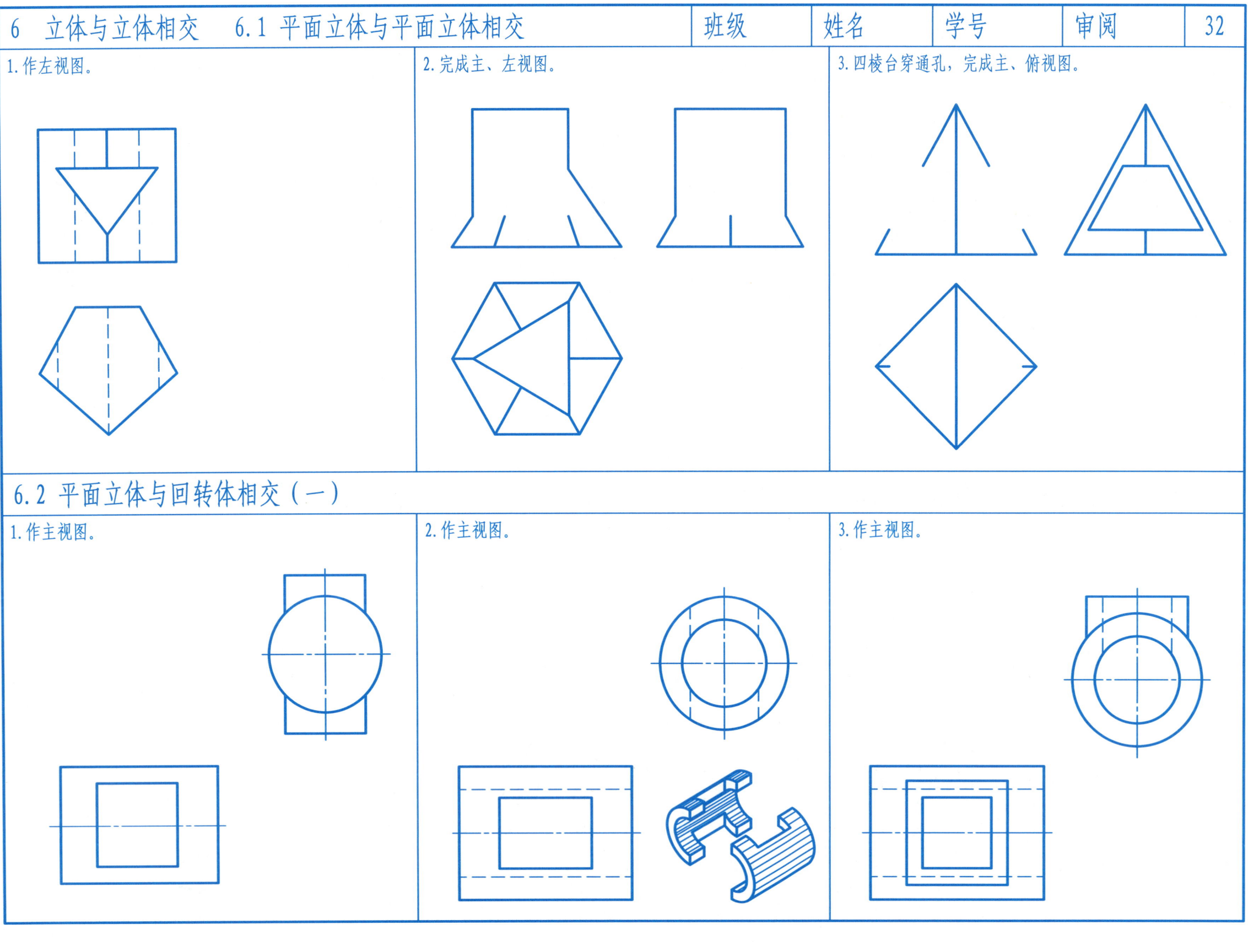

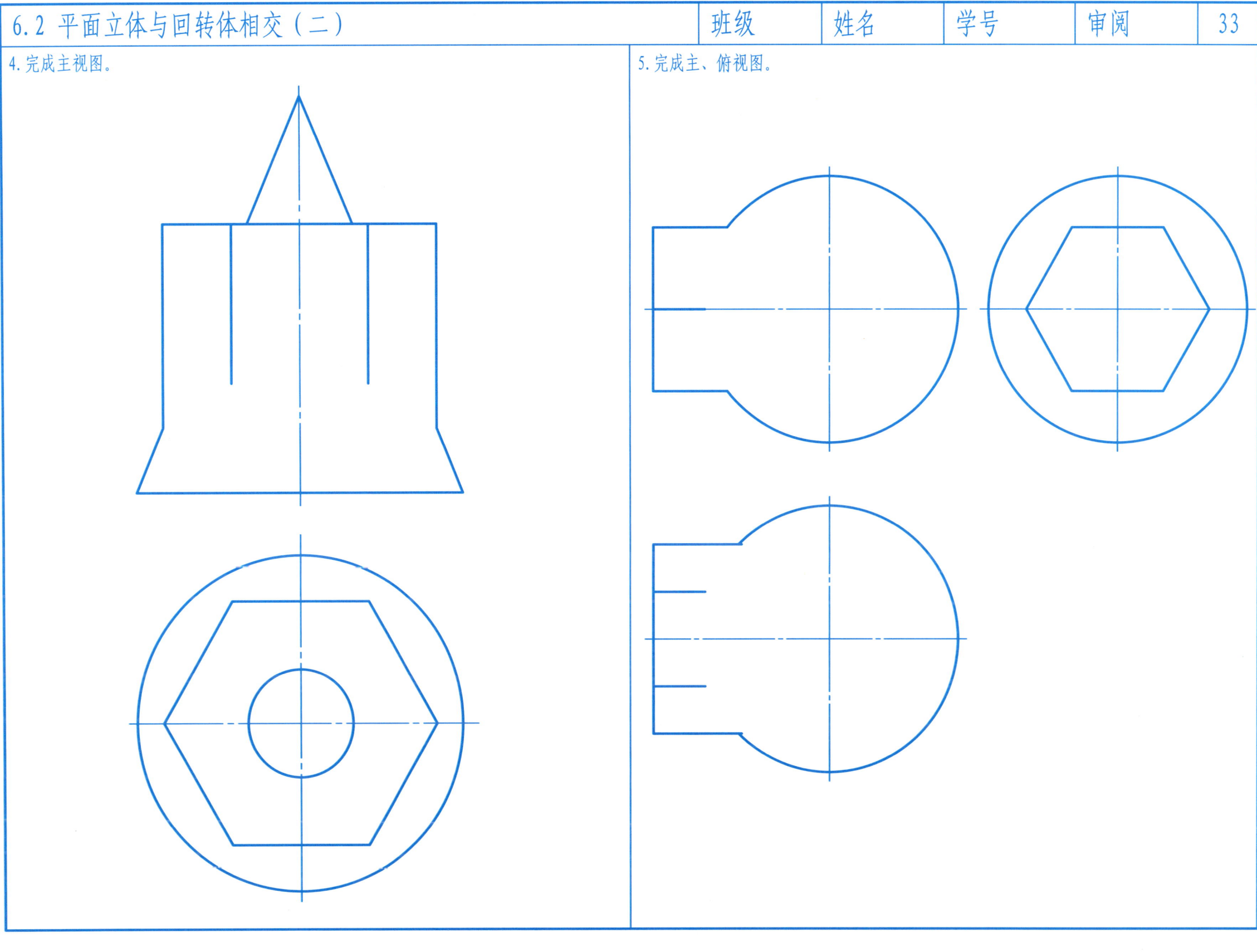

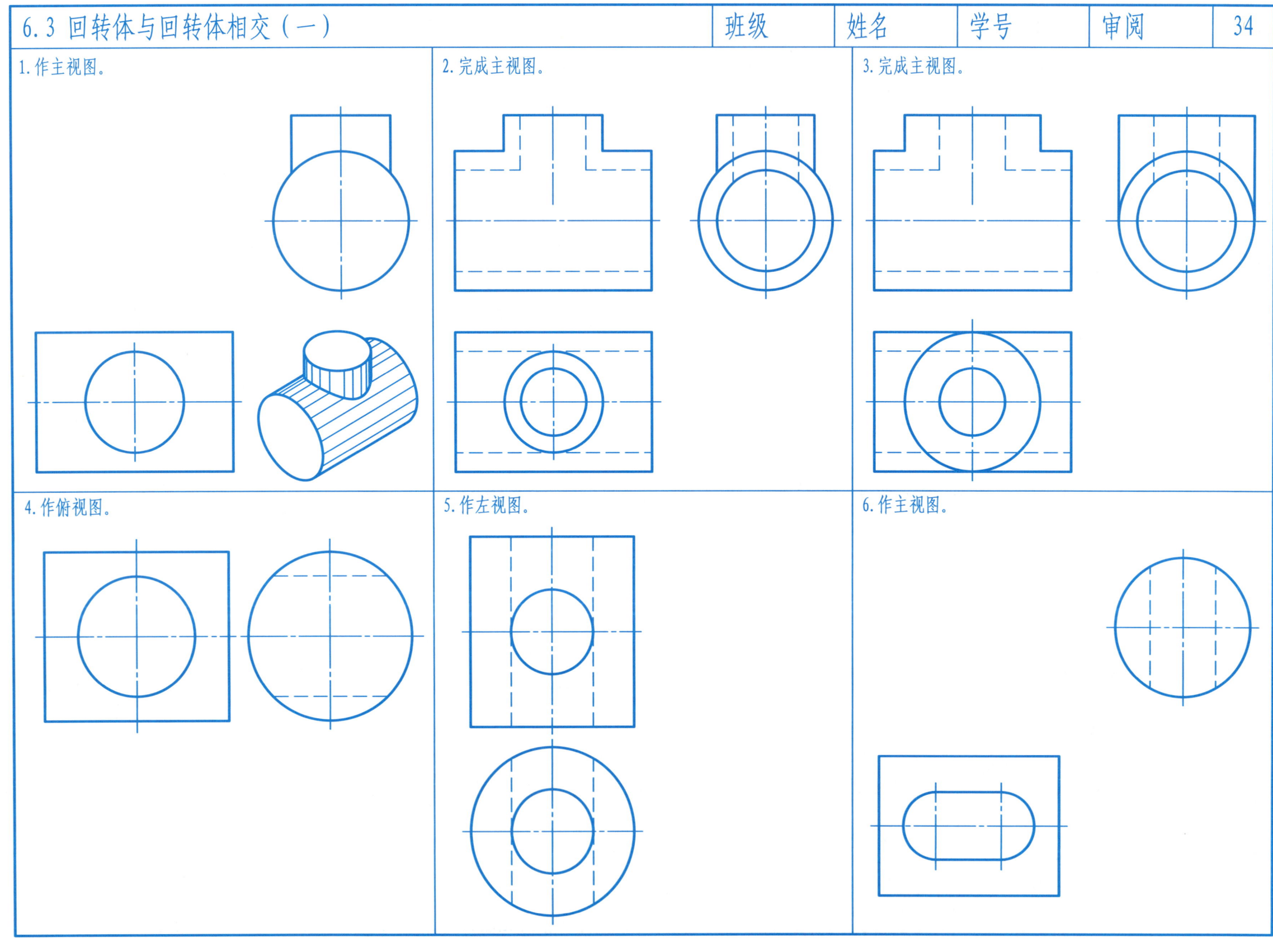

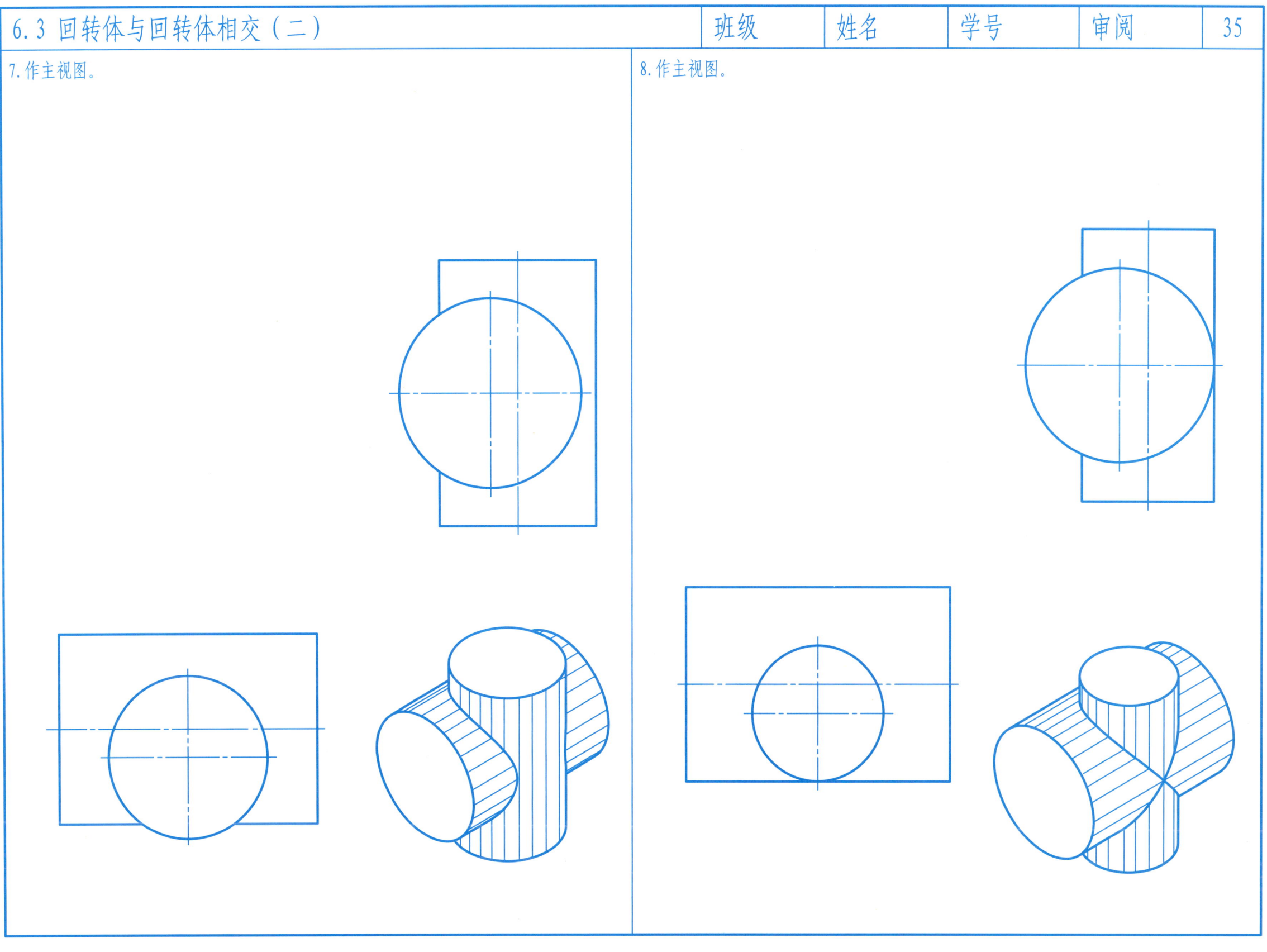

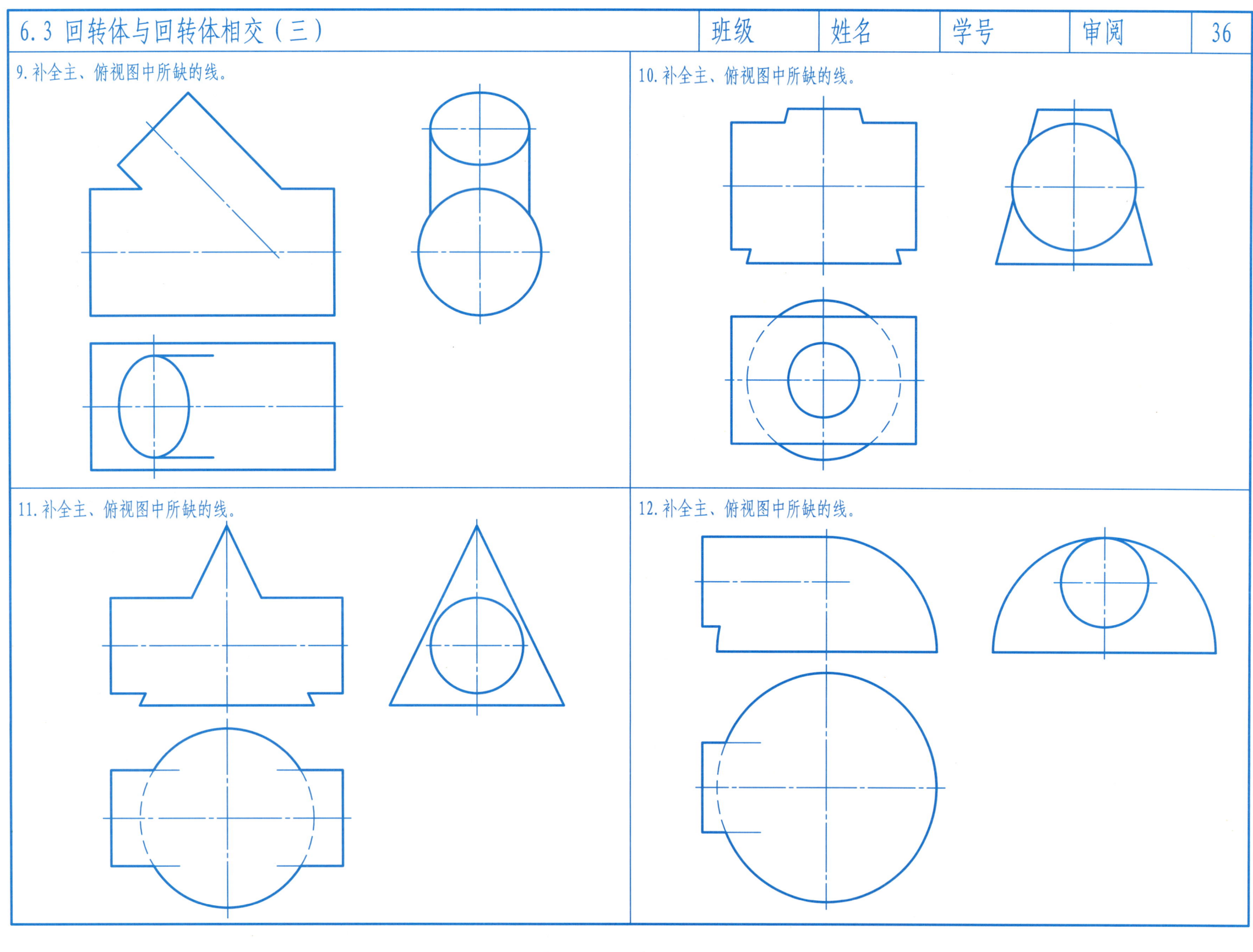

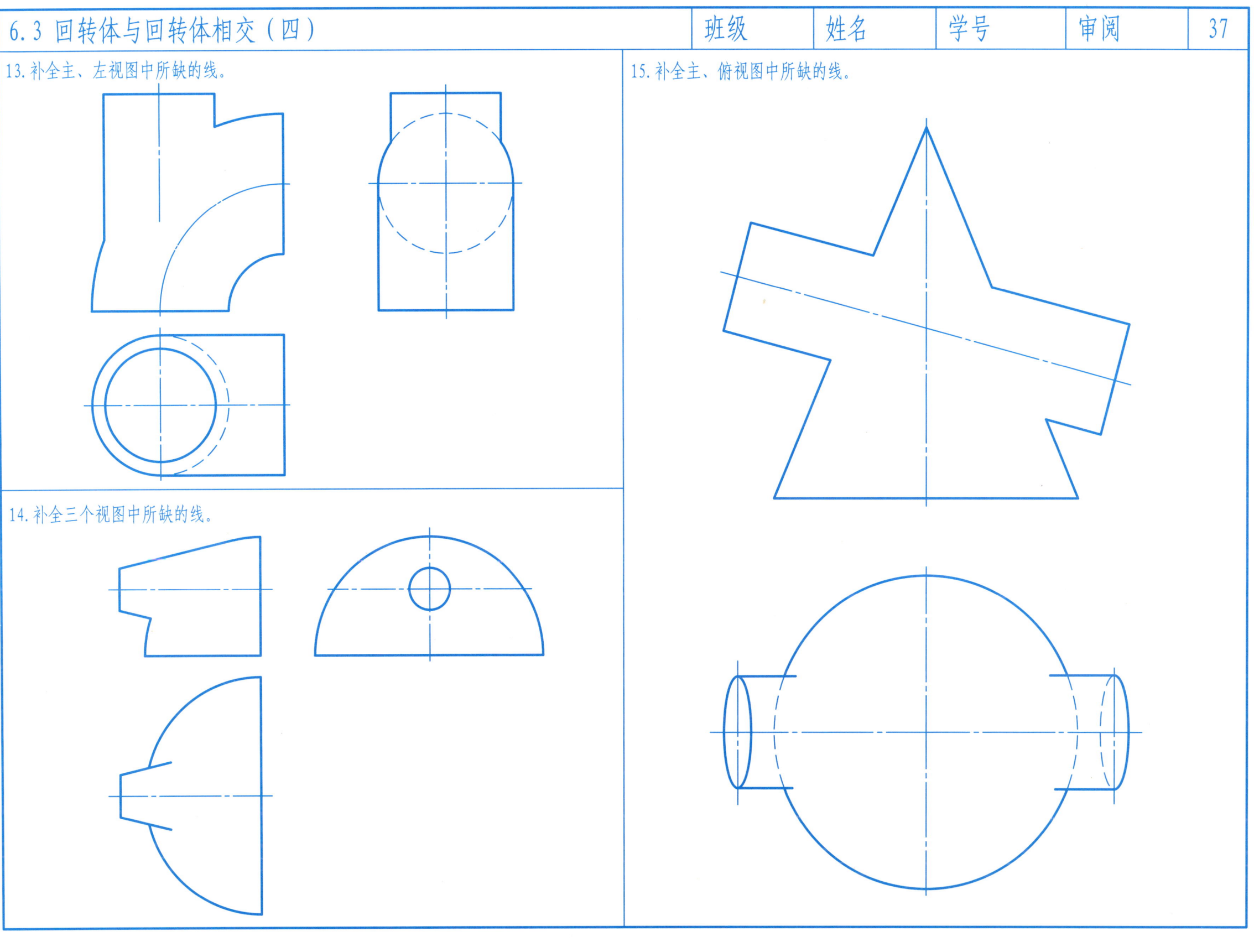

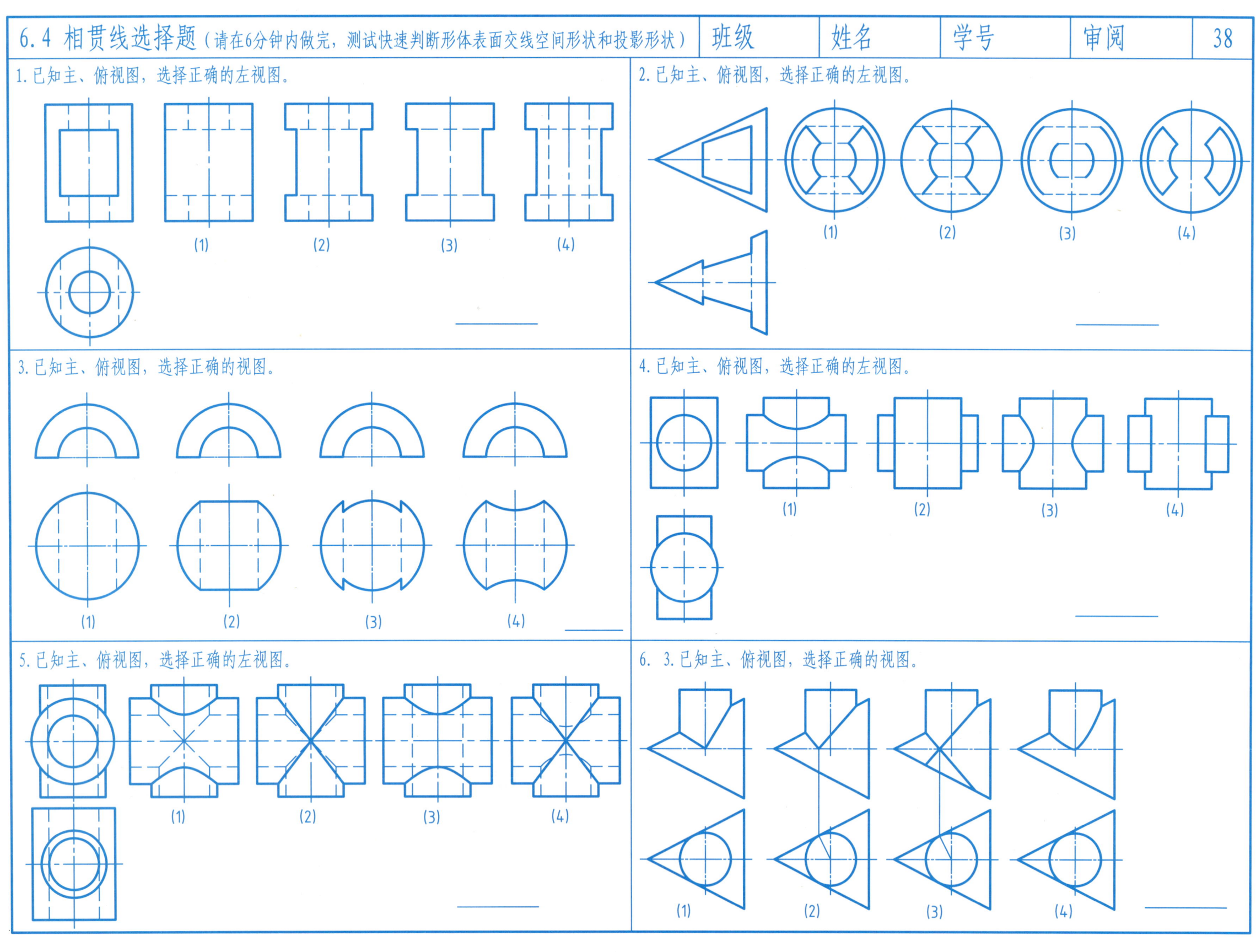

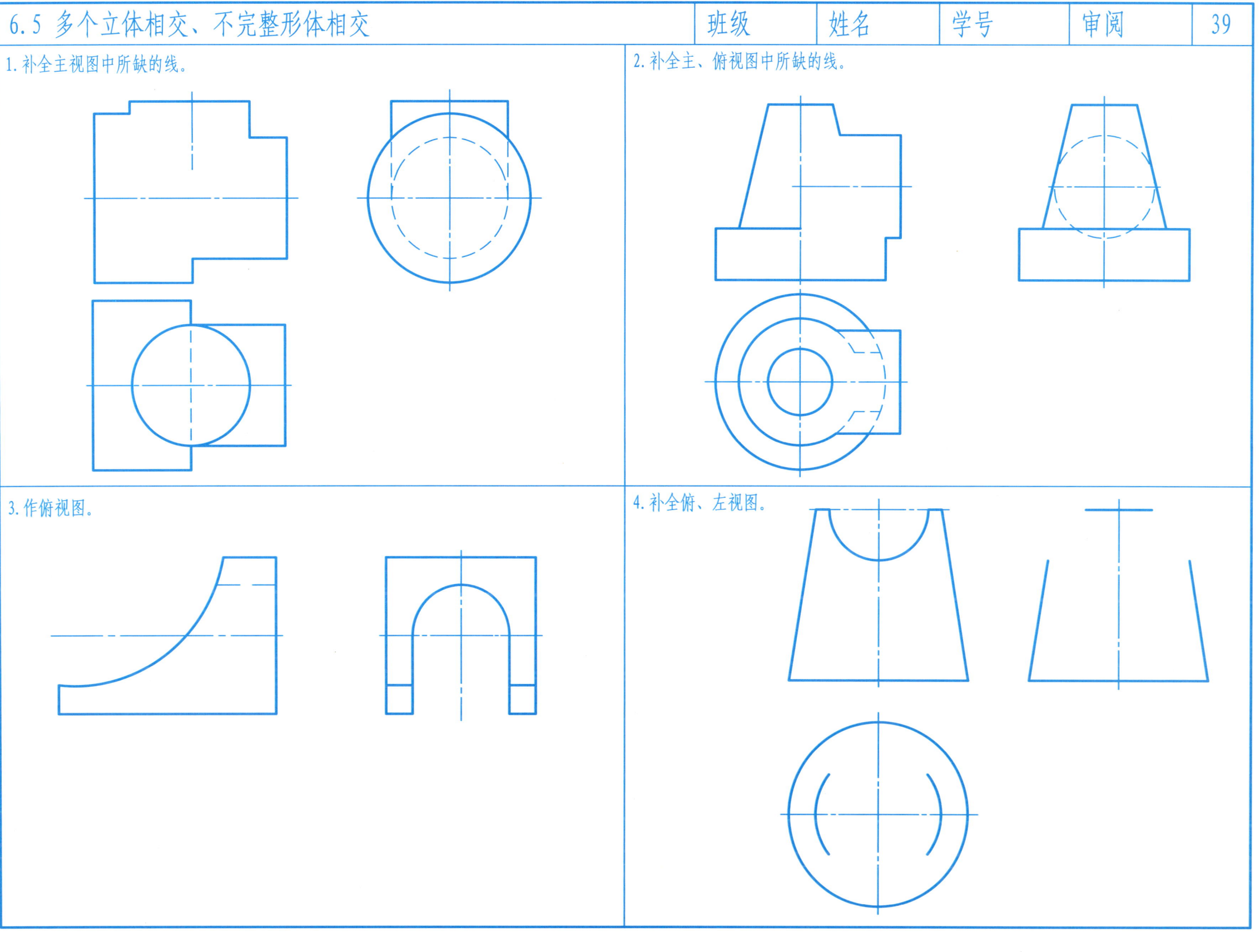

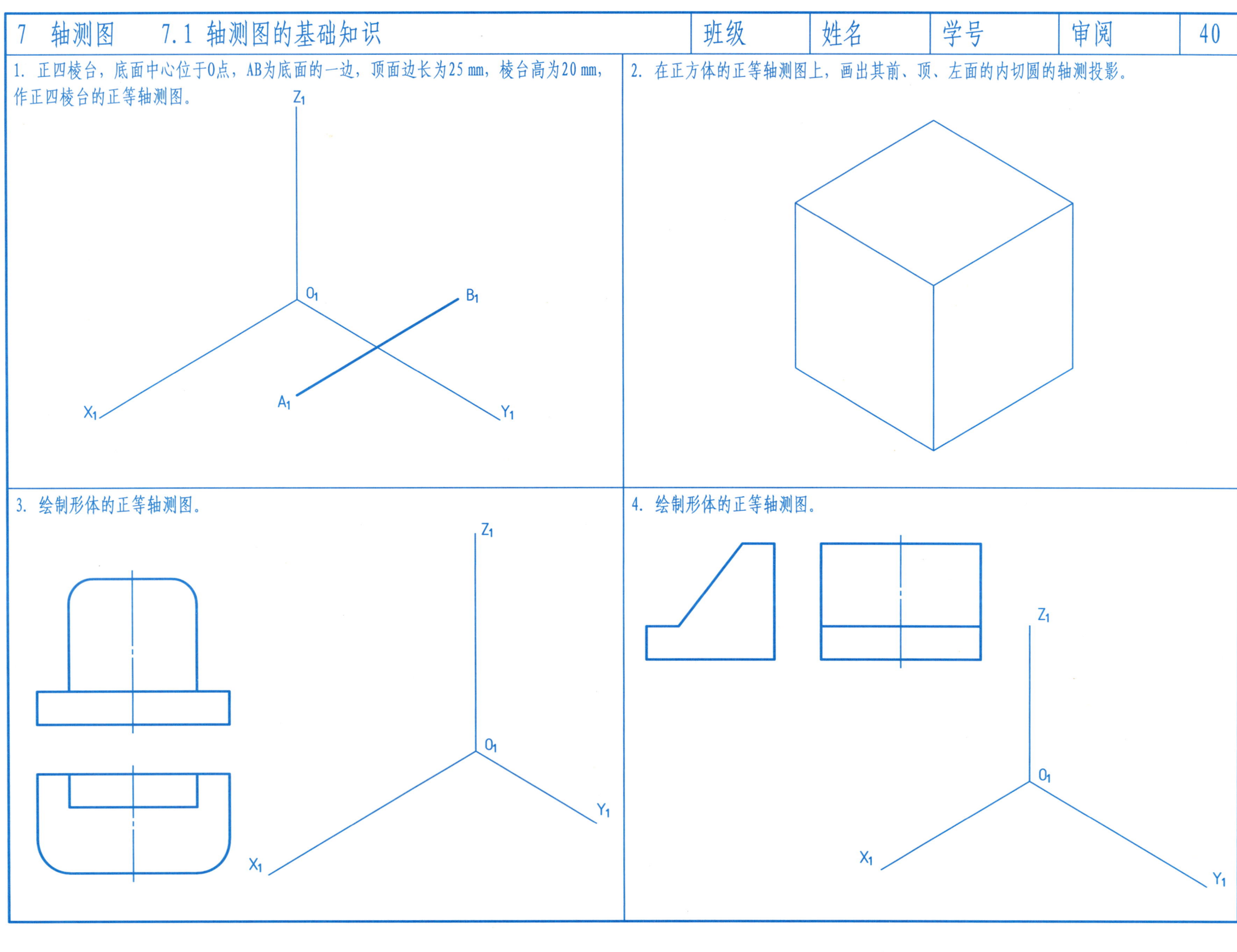

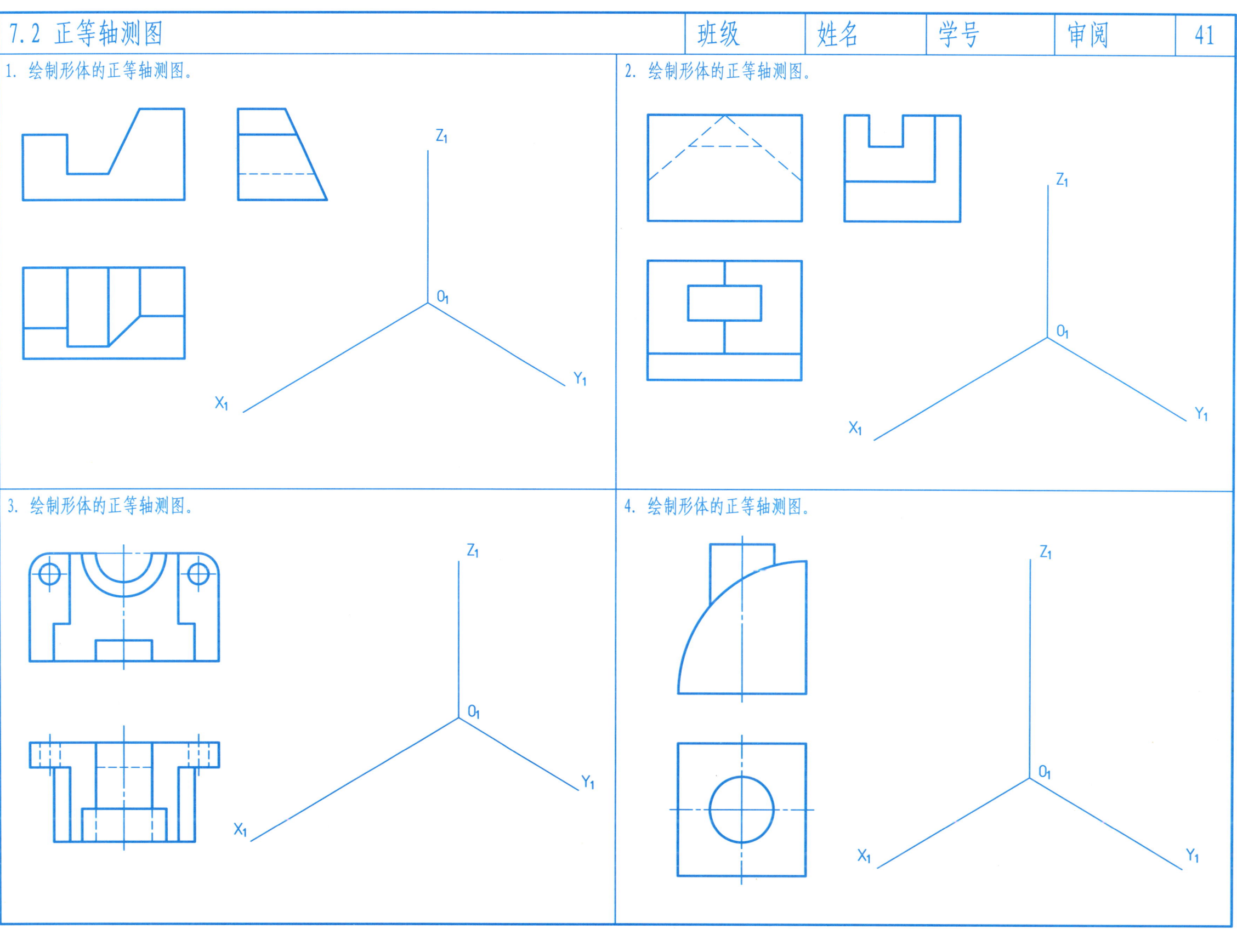

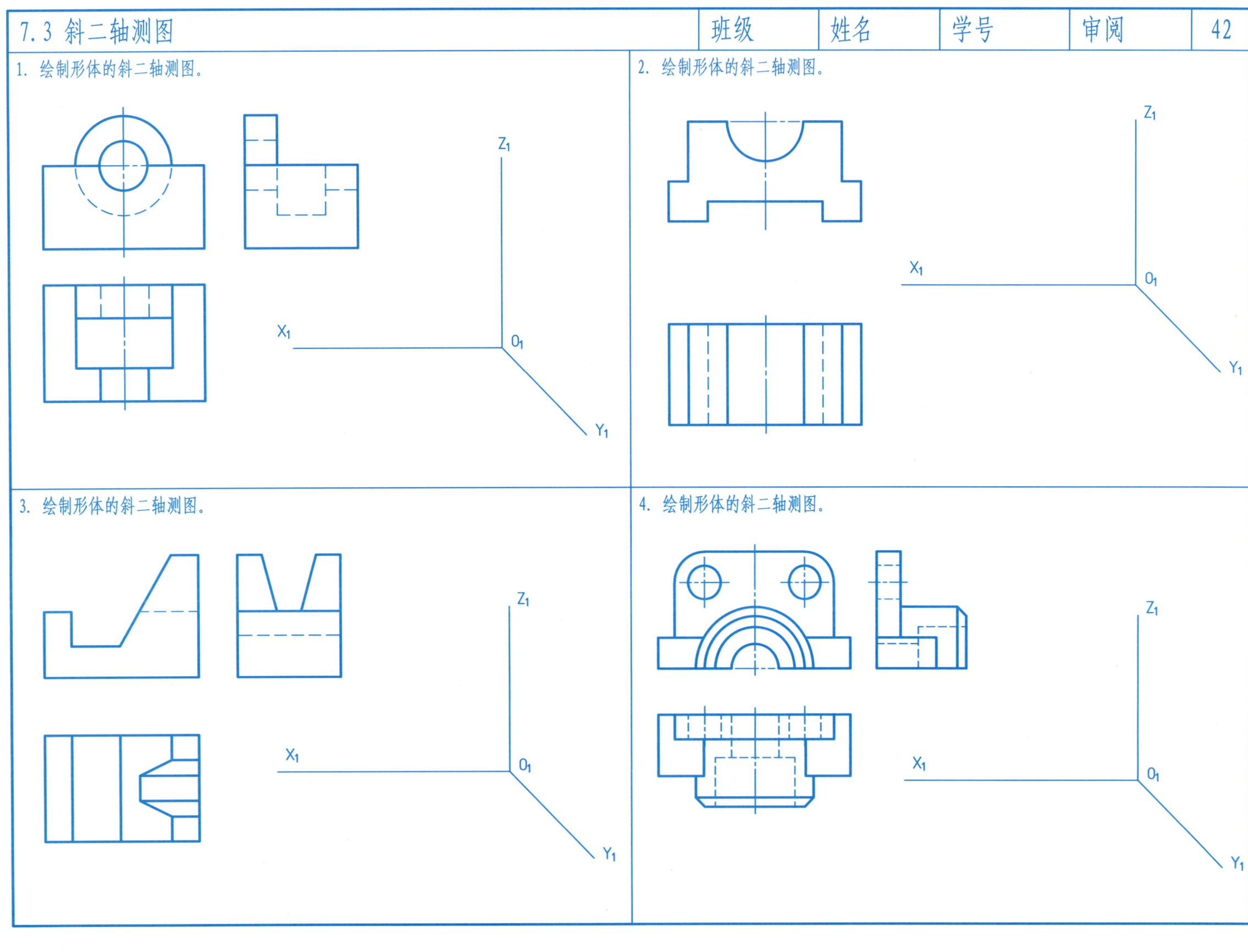

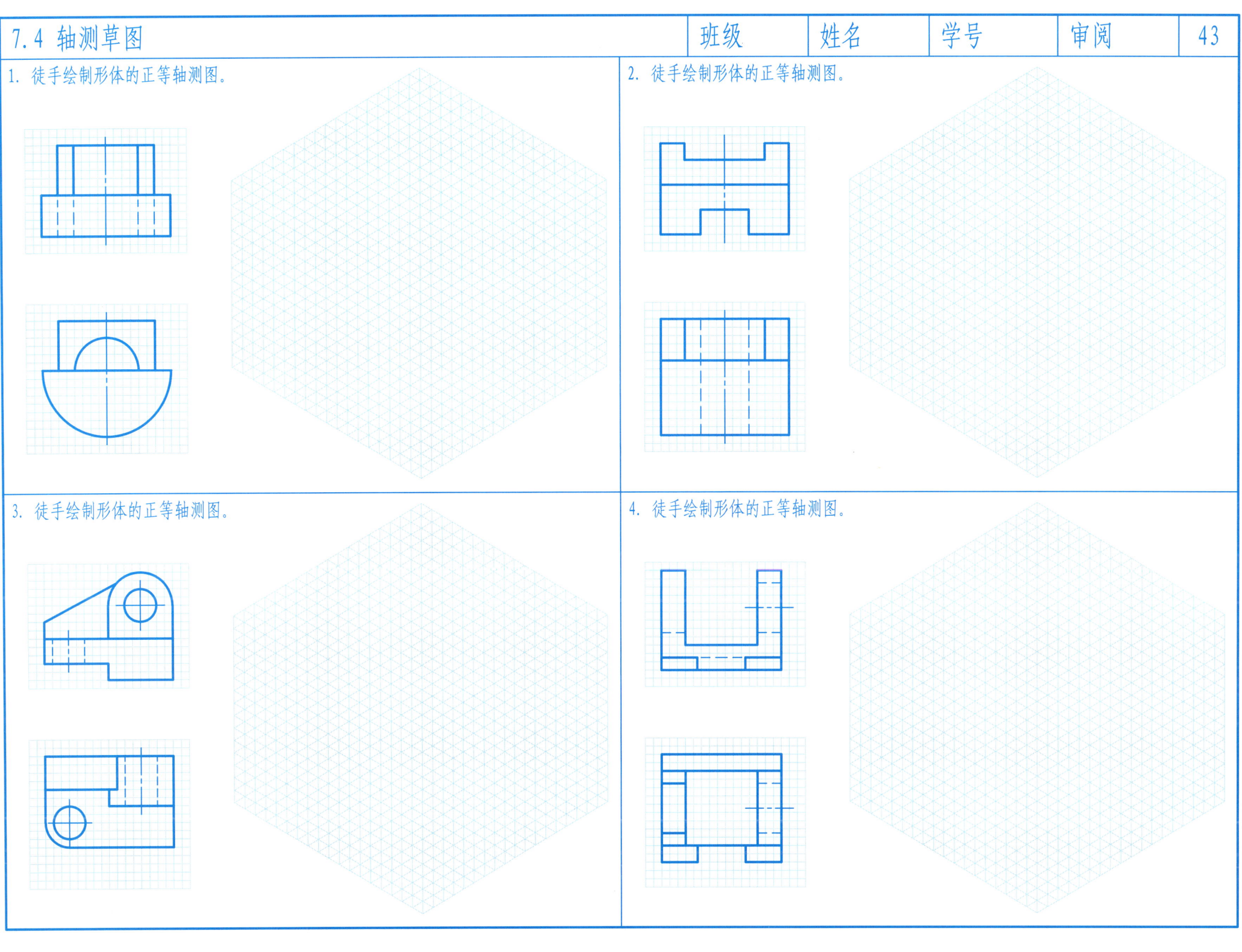

| 8 组合体 | 8.1 已知组合体的立体图，补画组合体的三视图 | 班级 | 姓名 | 学号 | 审阅 | 44 |

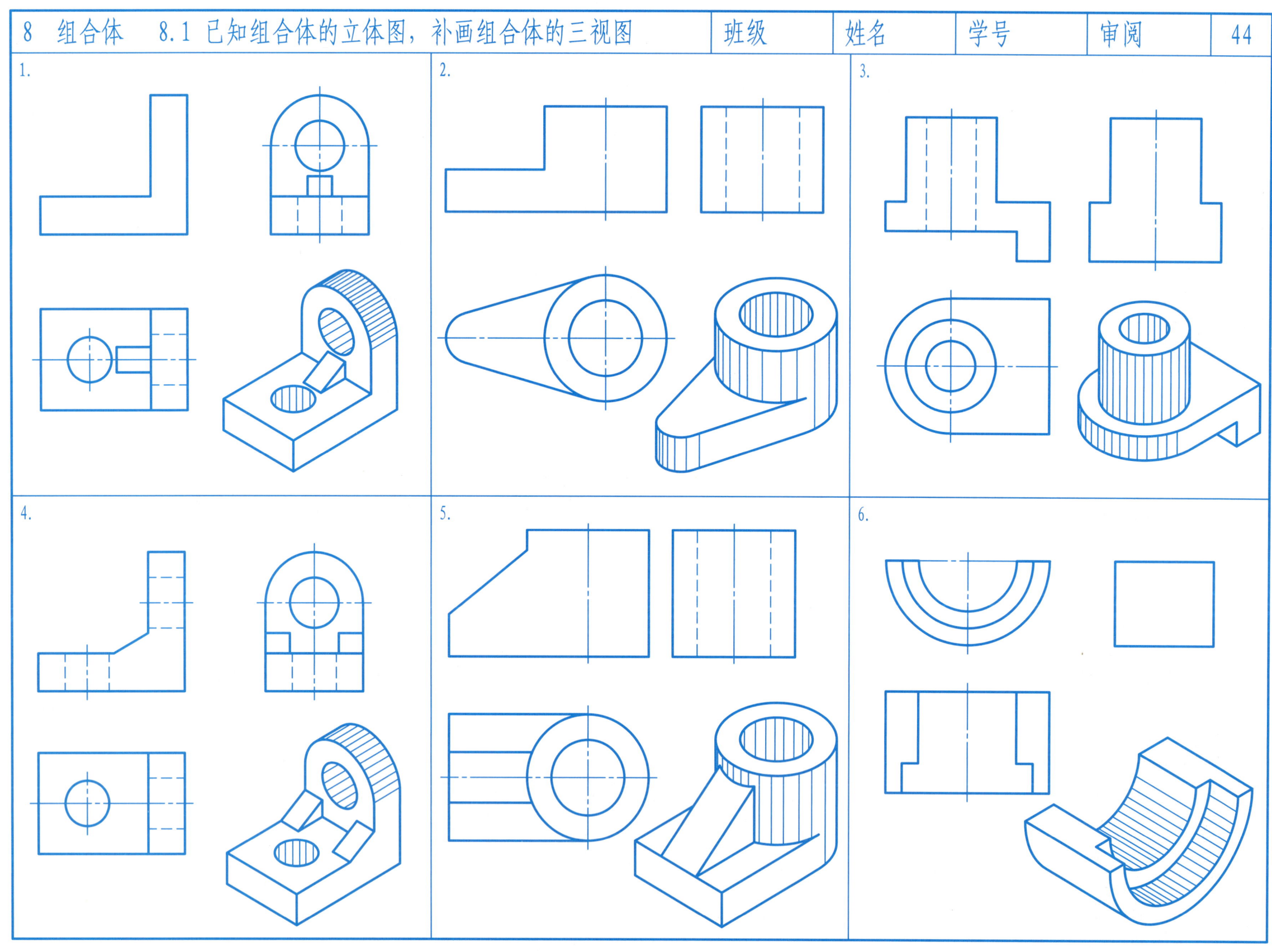

8.2 第三次大作业 组合体的三视图（一）

一、作业内容 根据组合体的轴测图，绘制组合体的三视图（轴测图在第45、46页）。

二、作业目的
1. 理解与巩固物体"图"与"物"之间的对应关系，正确绘制组合体的"三视图"。
2. 运用形体分析法来分析形体的组成，并用形体分析法来画出其三视图。
3. 了解组合体的组成方式及形体间的表面过渡关系。

三、作业要求
1. 用绘图仪器绘制或用手工草图绘制。正确完整地表达组合体的内、外形状，布图合理，符合国标，图面整洁，保证满足"长对正、高平齐、宽相等"的三视图投影关系。
2. 按组合体的放置位置及形状特征选择主视图。
3. 用形体分析法分析组合体的组成，并分析形体表面之间的过渡关系：平齐、不平齐、相交、相切，在视图上表达正确，不多线、漏线。
4. 画图时，运用形体分析法确定正确的画图顺序，即："先主后次、先大后小、先整体后细节"的画图顺序。

四、作业指示
1. 组合体分析。首先分析组合体的组成、各形体之间的相互位置关系，以及各个表面的过渡关系，各个组成形体的形状特征；以图8-1所示的组合体为例，可以分解为四个部分：底板（有两个沉孔）、圆筒、支承板、肋板。底板与支承板、圆筒后面平齐；底板与肋板右、前面平齐；支承板与圆筒相切，肋板与圆筒相交。底板的特征视图为矩形，圆筒的特征视图为圆，支承板的特征视图为三角形，肋板的特征视图为矩形。
2. 确定主视图。组合体摆正，将反映组合体形状特征最多的视图作为主视图，其它两个视图按三视图的投影规则投影。（如图8-1所示）
3. 采用A3图纸，横放，绘图比例为1:1。布图时应考虑三视图的间隔要均匀，视图间要留有足够标注尺寸的位置。
4. 画各个视图的基准线、对称线以及主要形体的轴线和中心线。
5. 画底稿。运用形体分析，逐一画出各组成形体的三视图，画每一个形体三视图时应从特征视图画起。画图时几个视图配合起来画，其画图步骤："底板"画图顺序为俯-主-左；"圆筒"画图顺序为主-左-俯；"支承板"画图顺序为主-左-俯；"肋板"画图顺序为主-俯-左。
6. 检查、描深。底图完成后，清洁图面，再描深，检查时应注意：各部分形体、整体形状表达是否完整，是否符合"三等"关系；相对位置、表面连接形式是否表达正确，各个平面投影是否符合"类似形法则"。
7. 填写标题栏。名称栏填"组合体"，图号填"03"；比例栏填"1:1"。

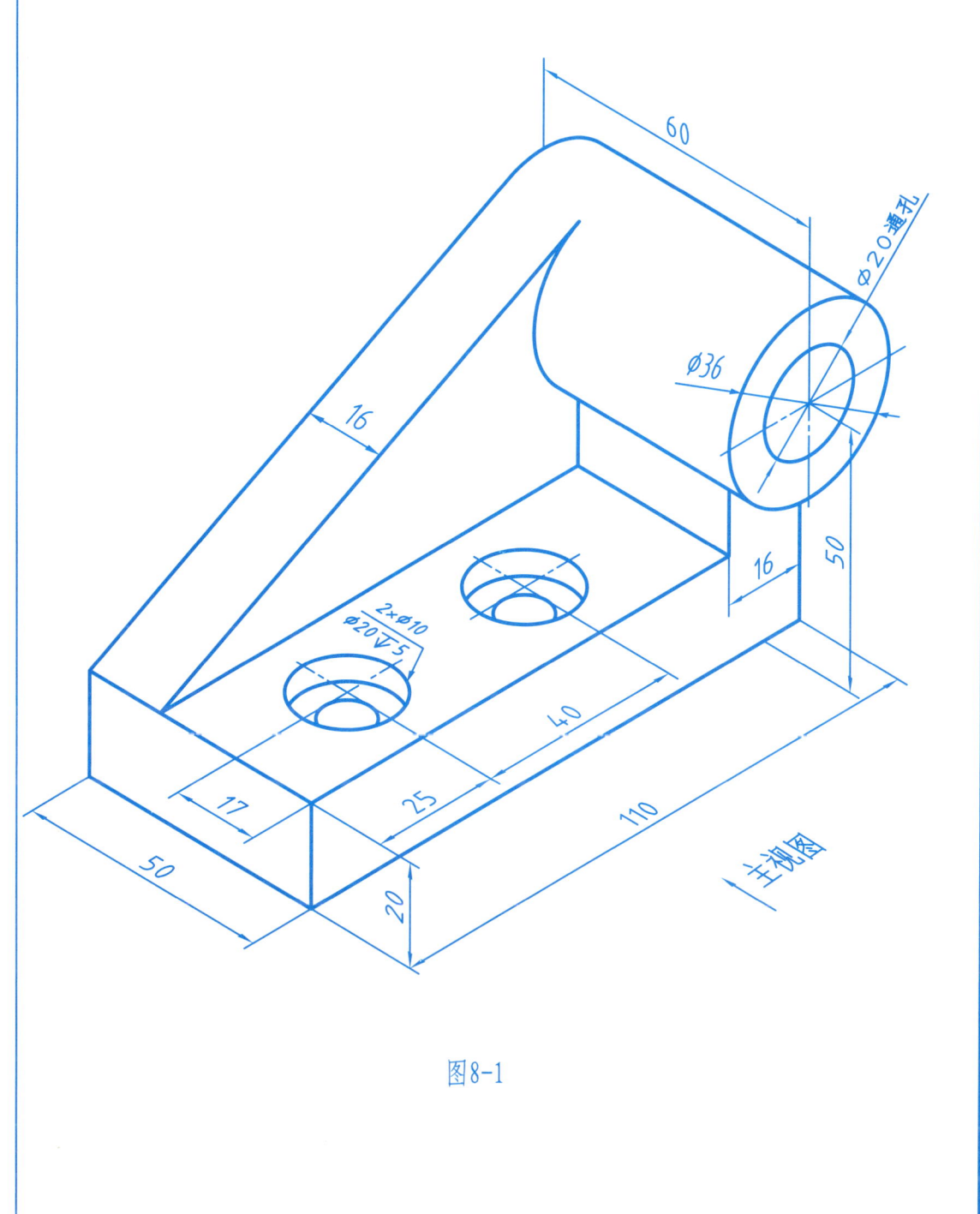

图8-1

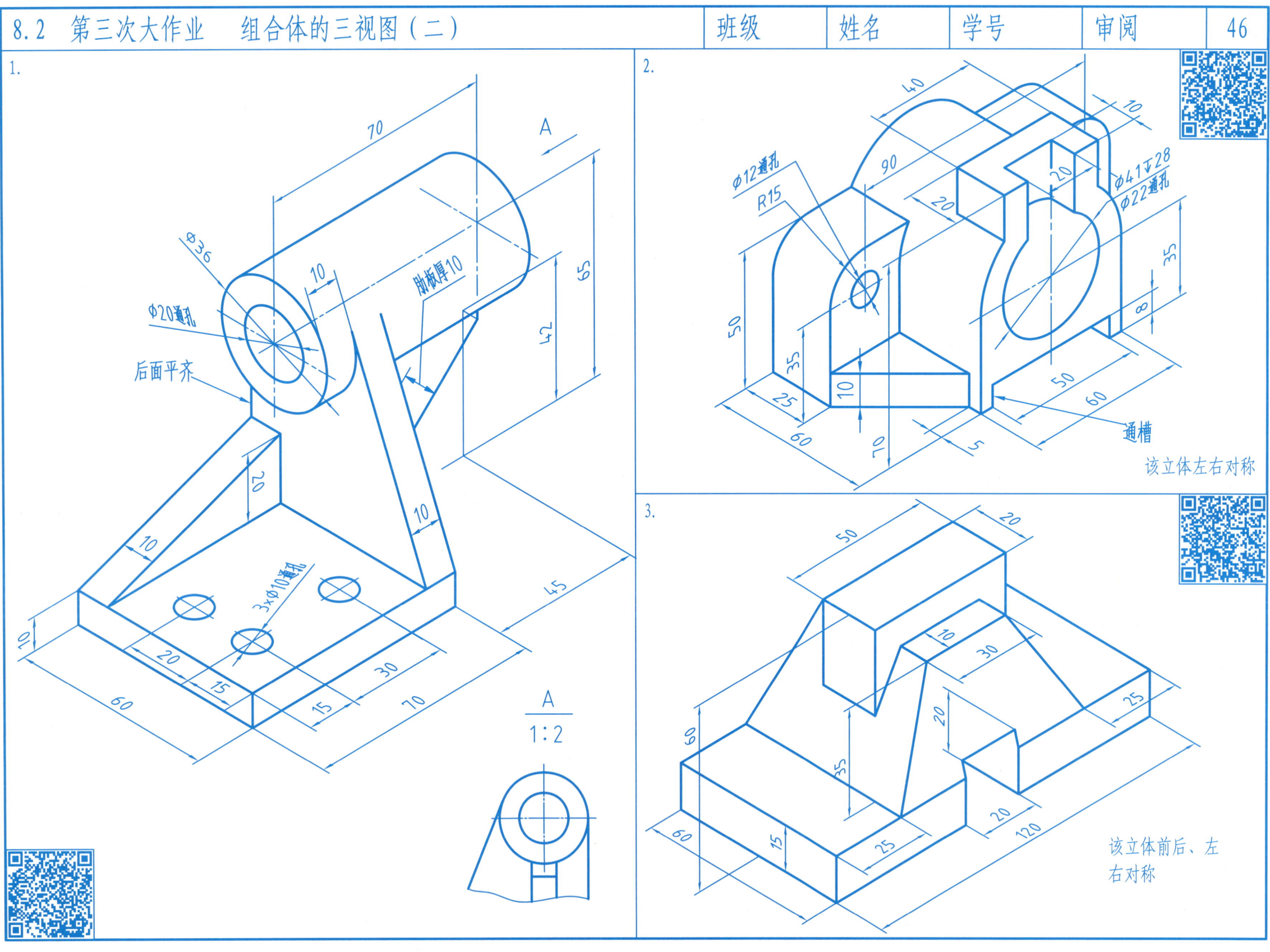

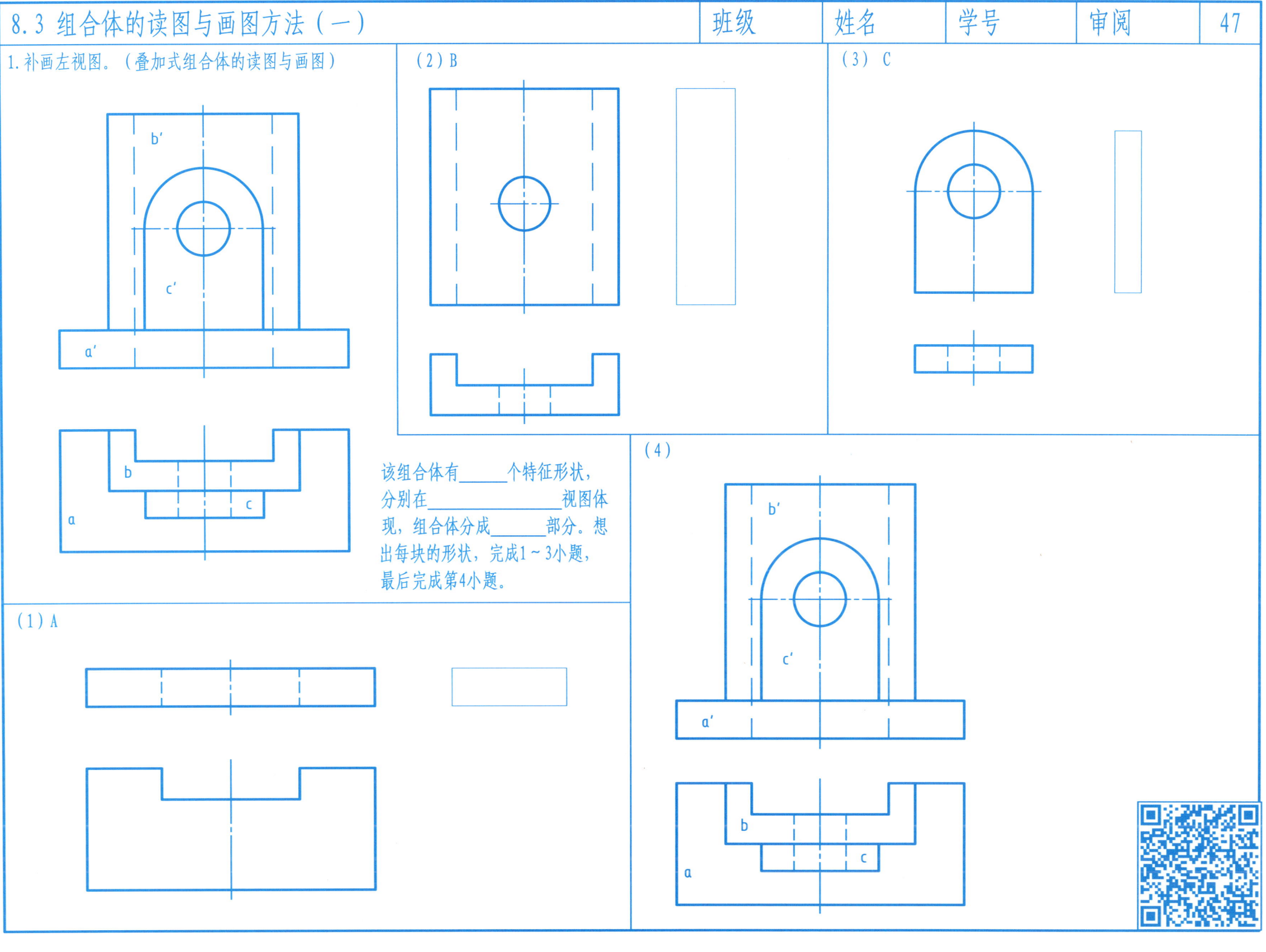

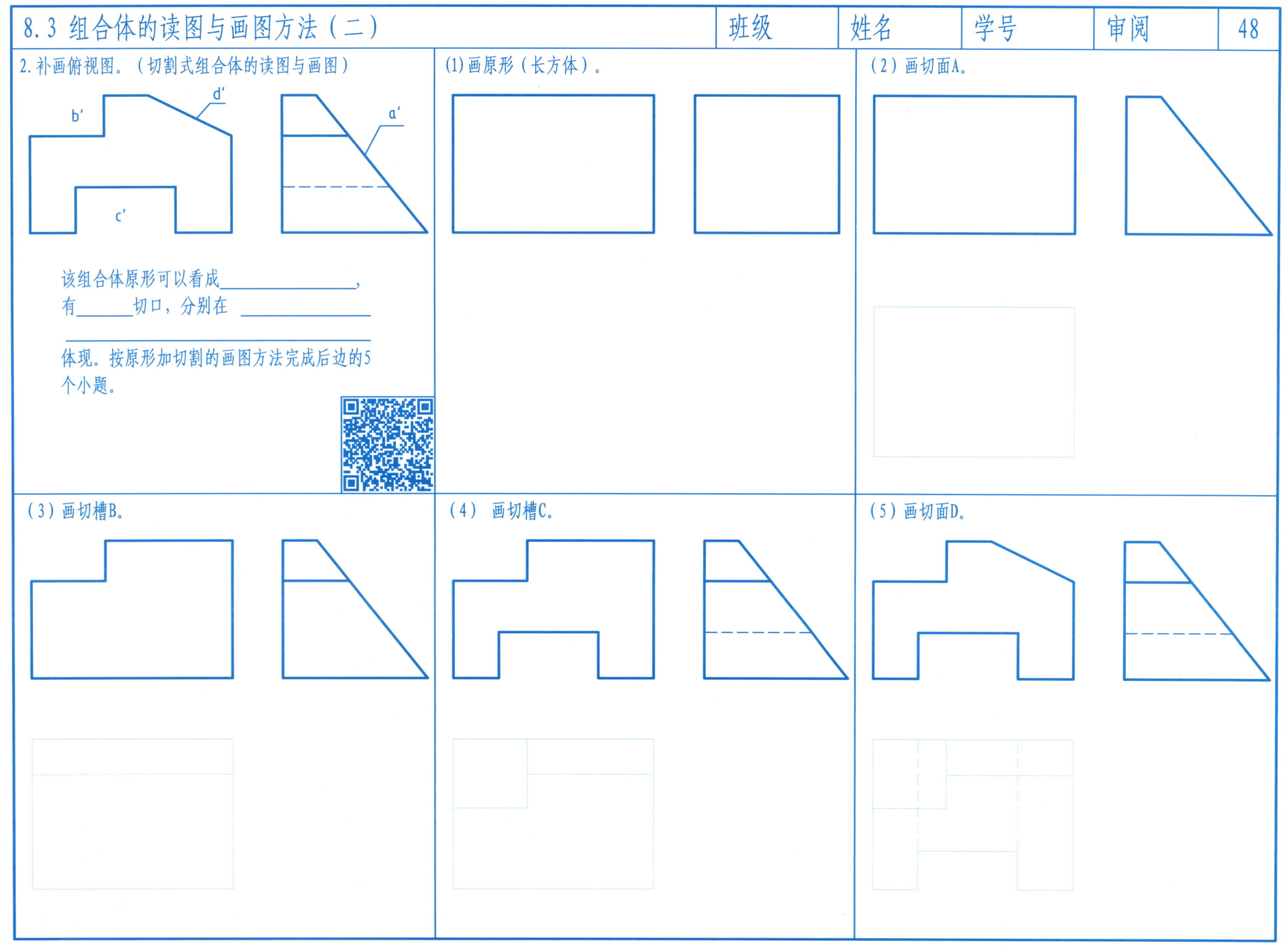

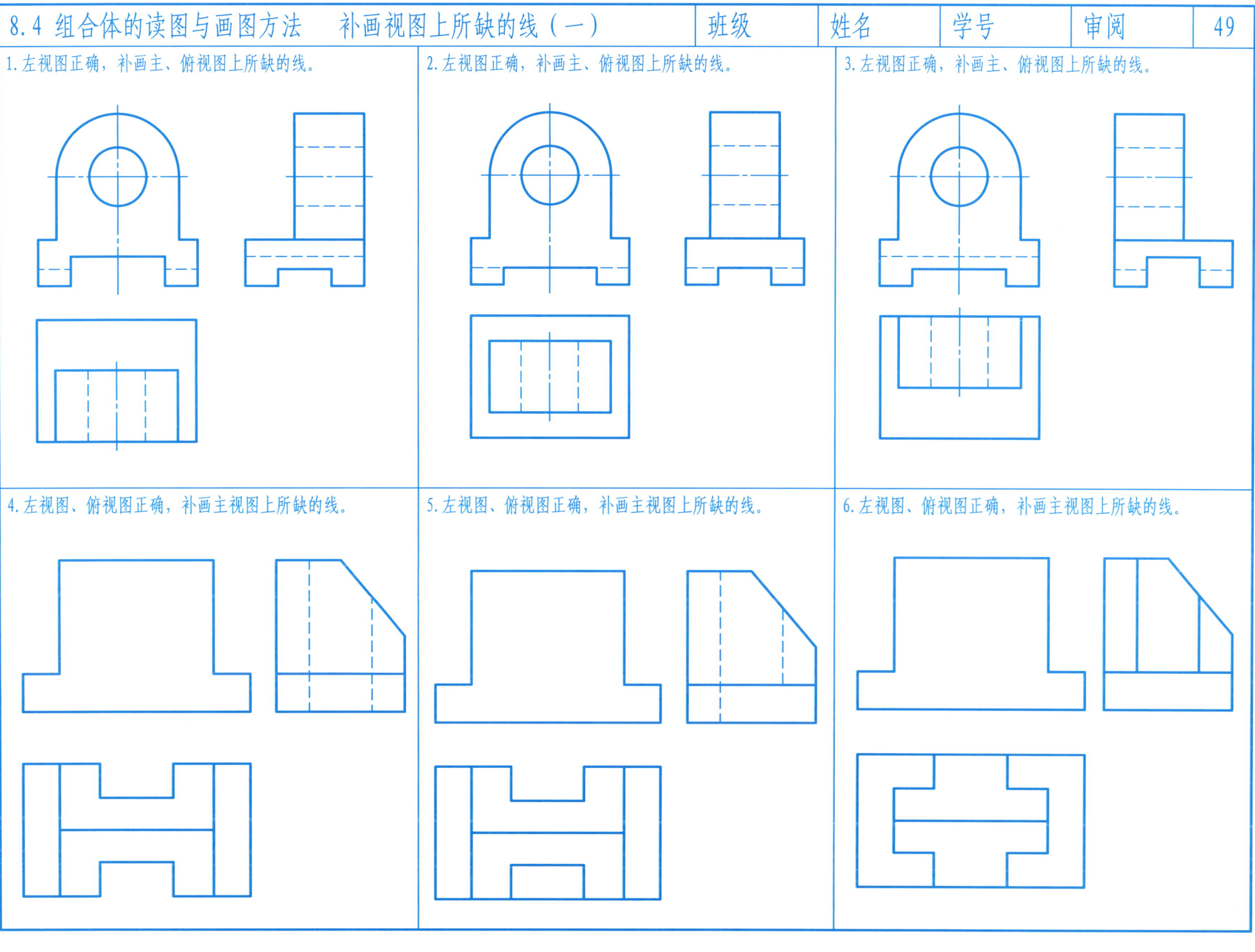

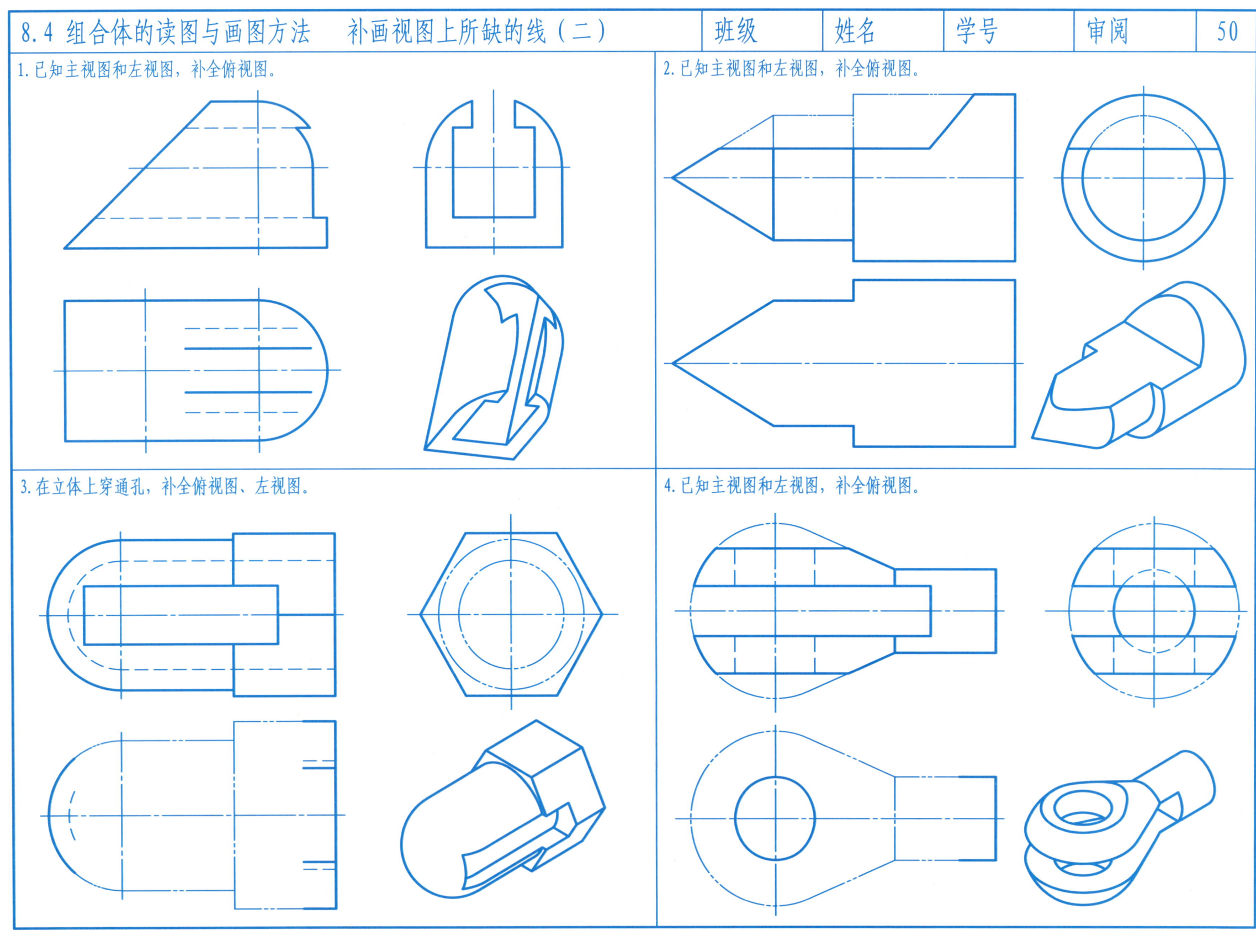

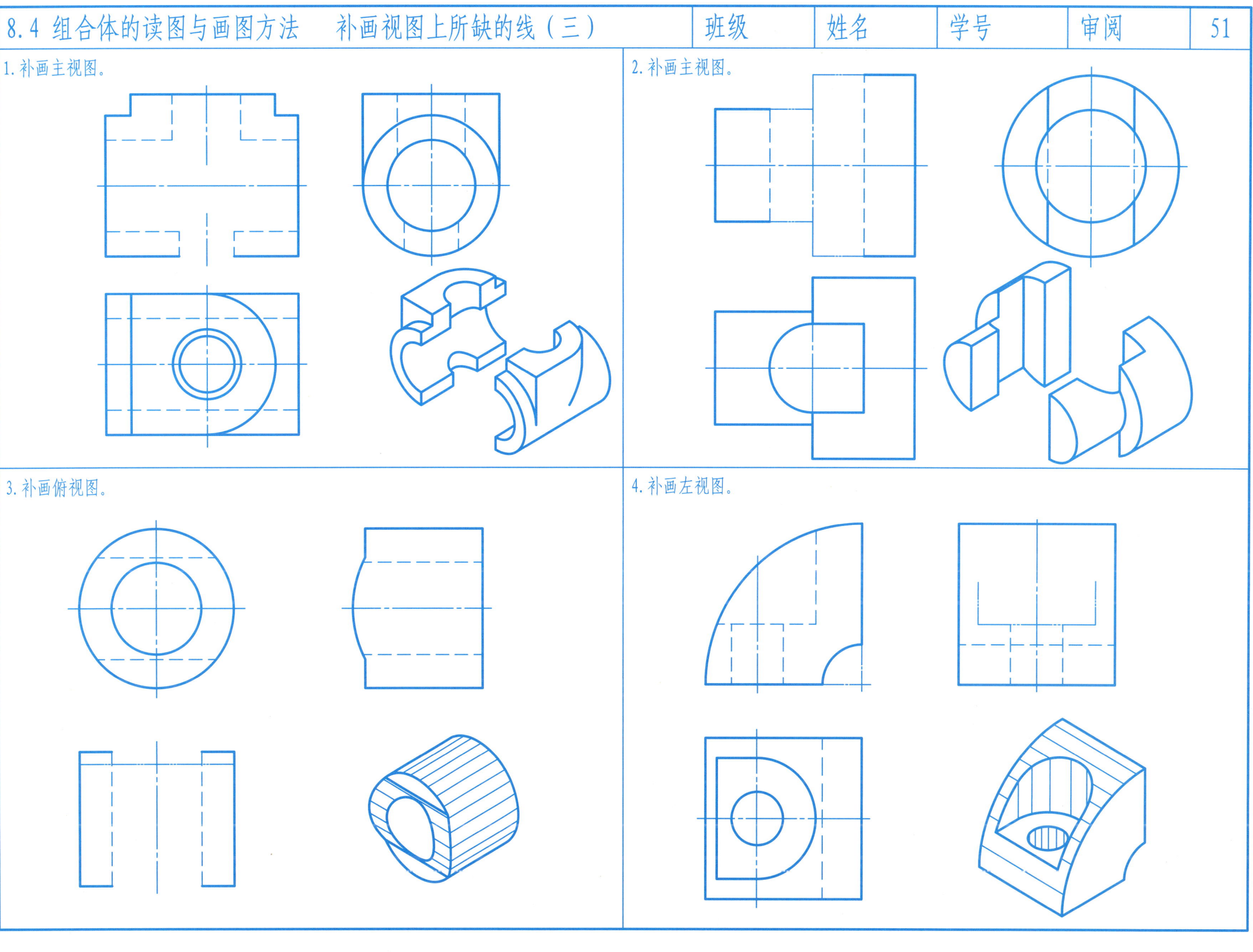

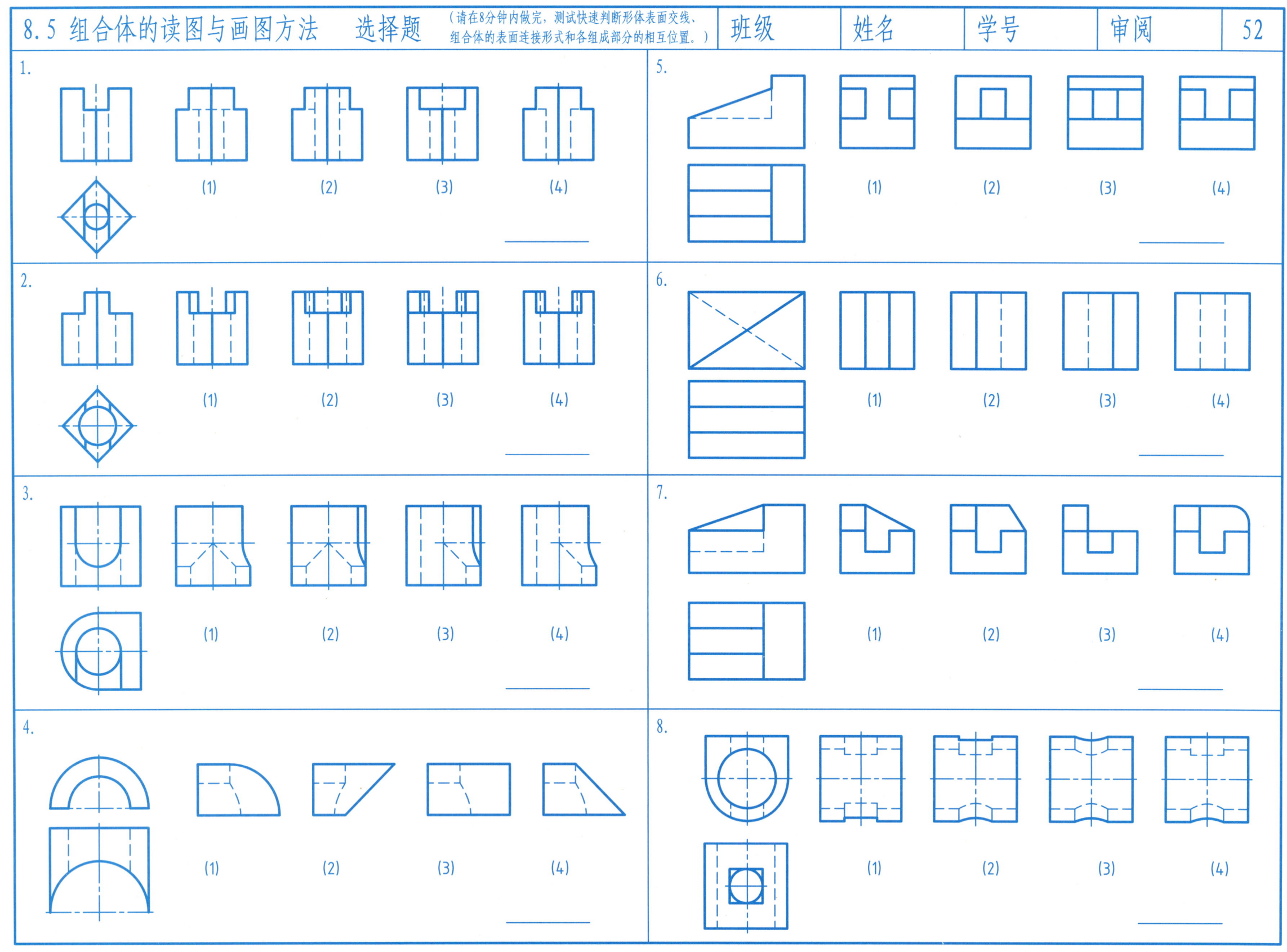

8.6 已知组合体的两个视图，画出第三视图（一） 53

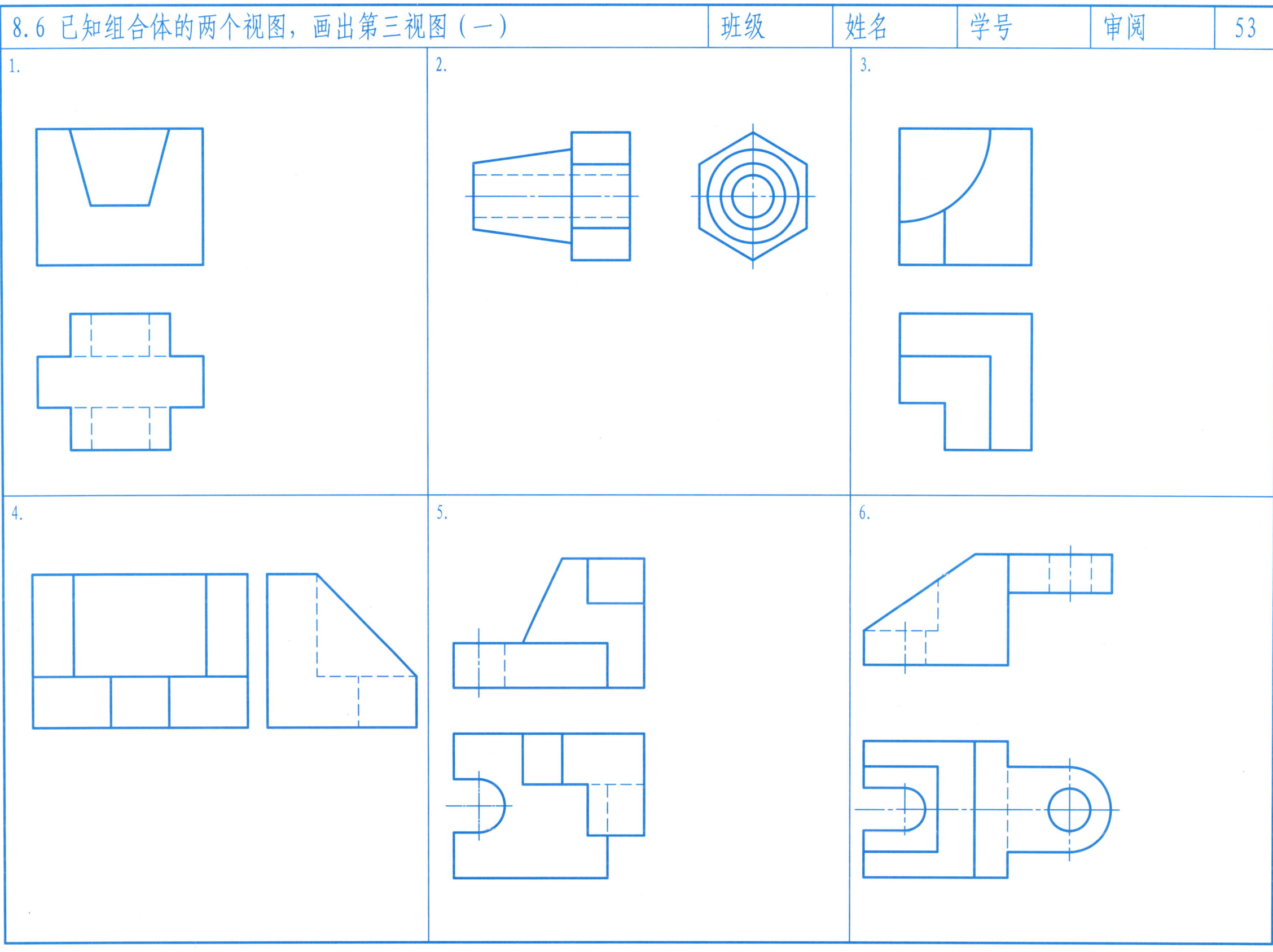

8.6 已知组合体的两个视图，画出第三视图（二）

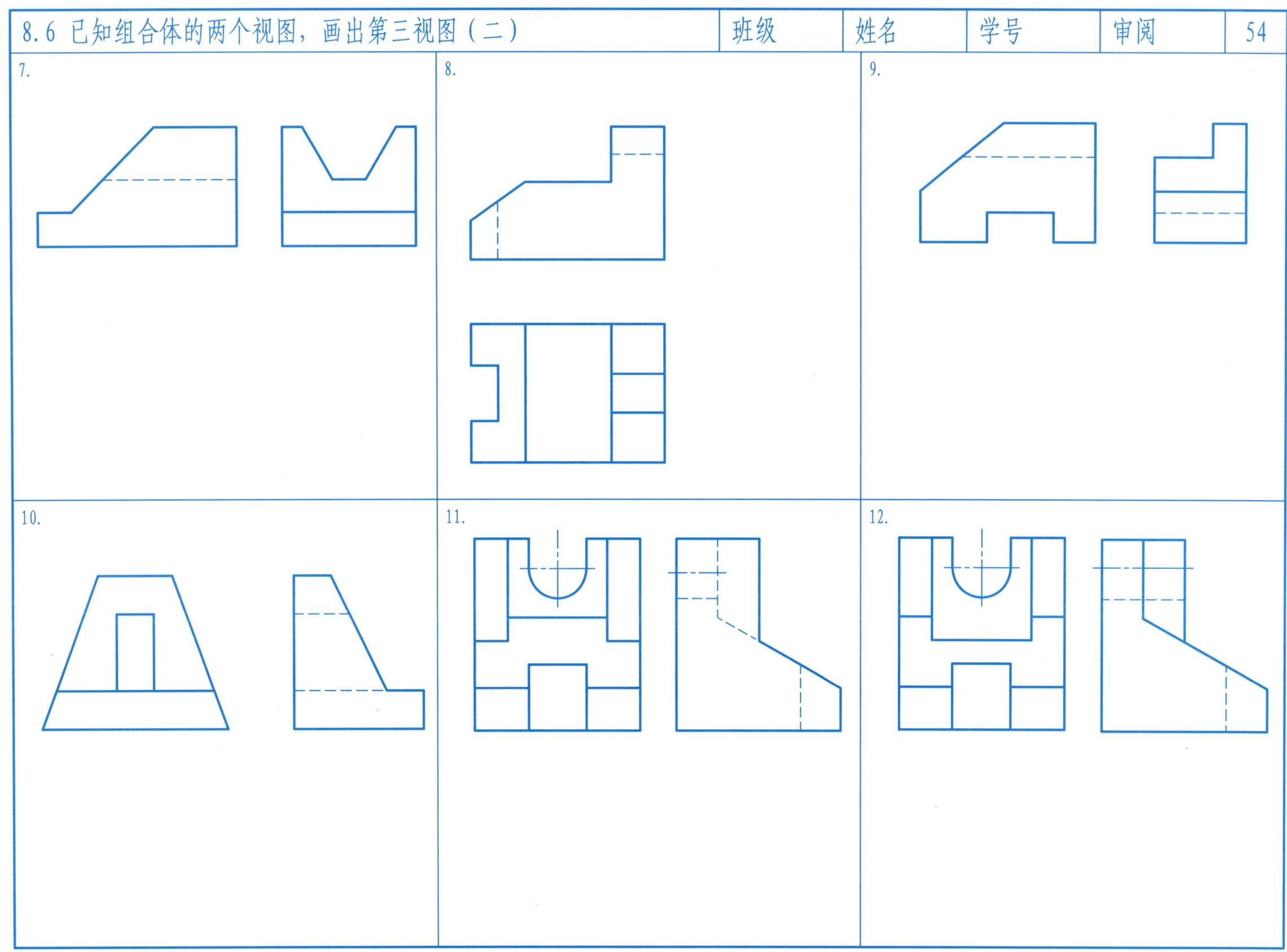

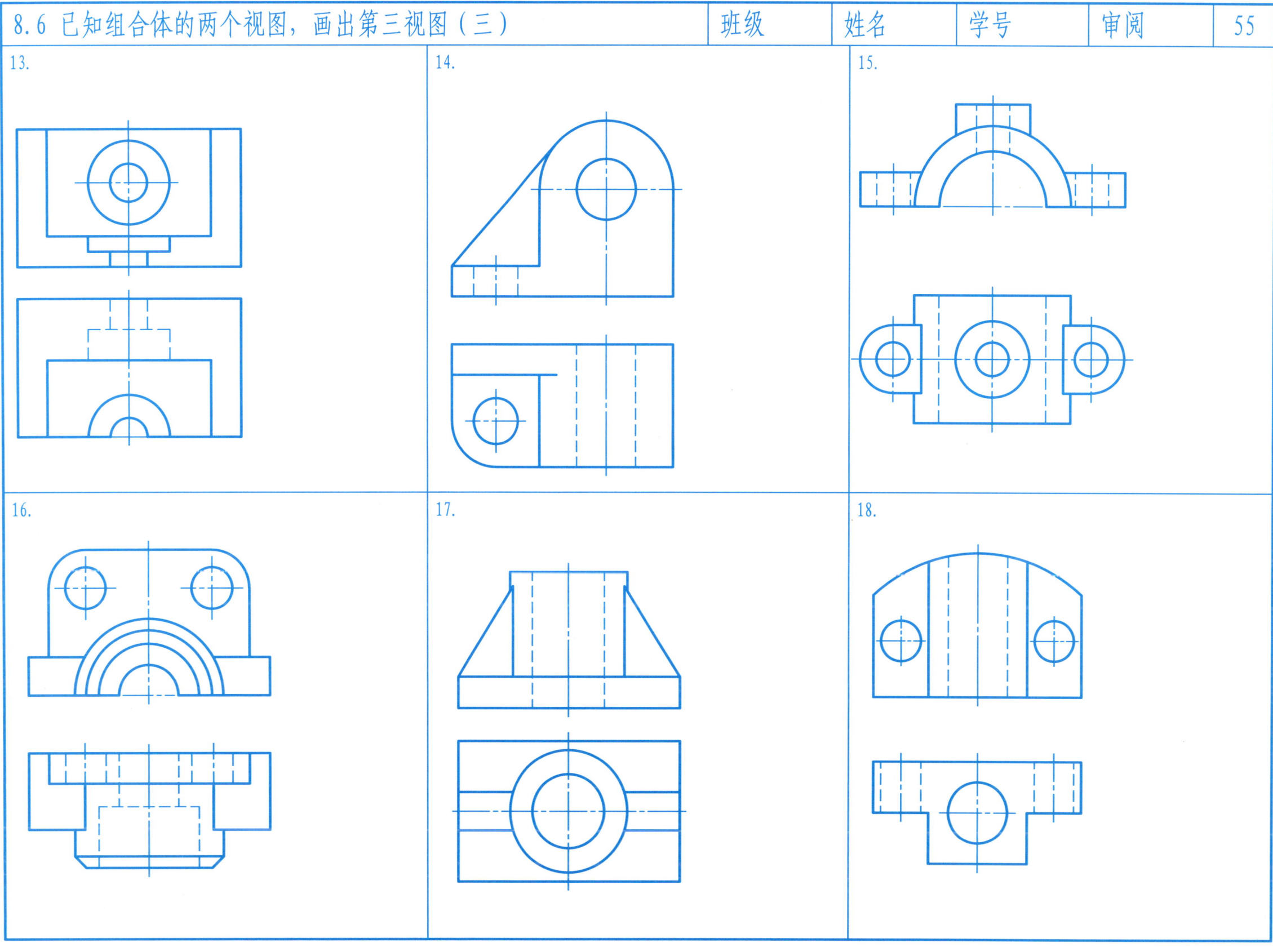

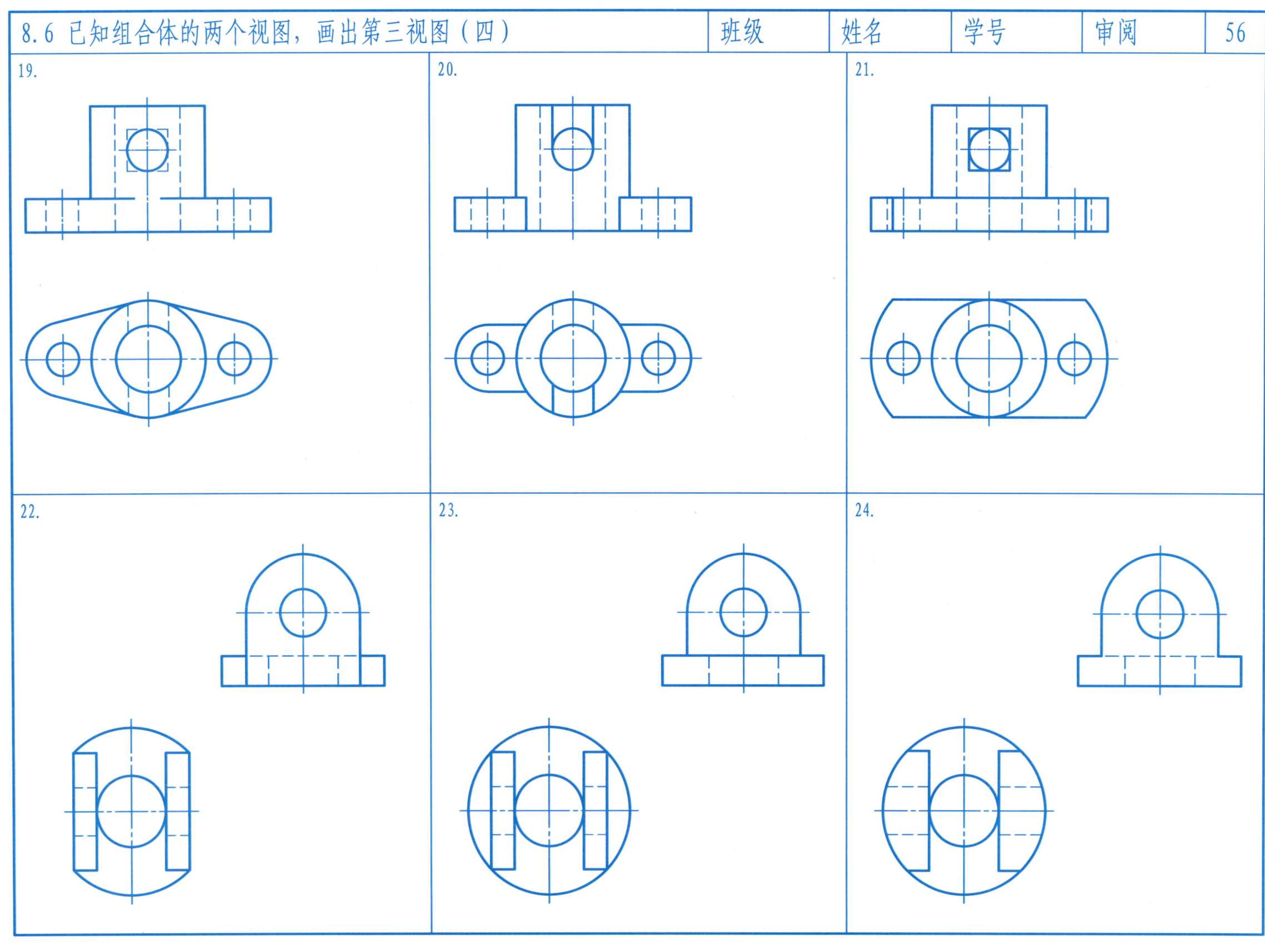

8.6 已知组合体的两个视图，画出第三视图（五）

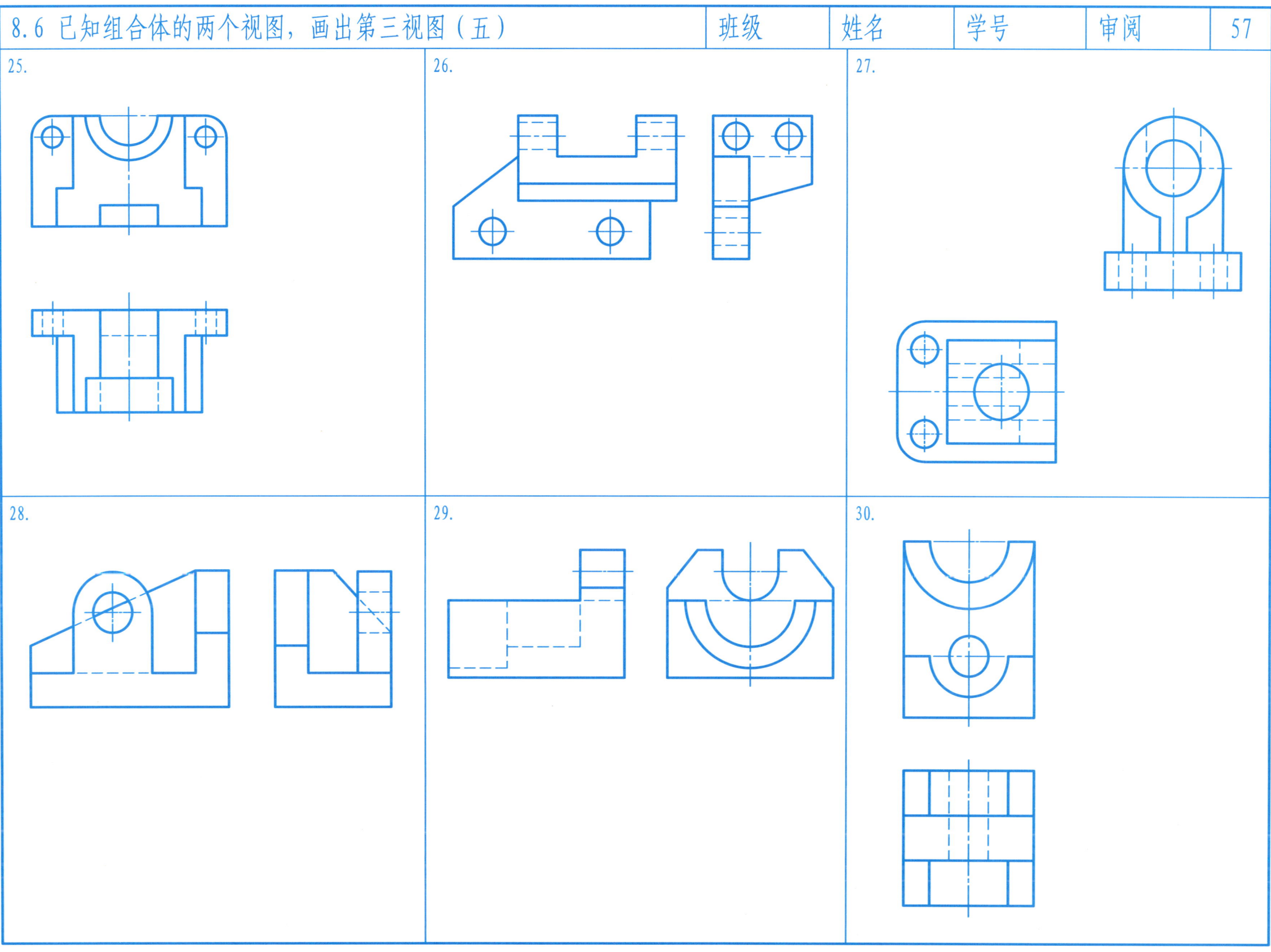

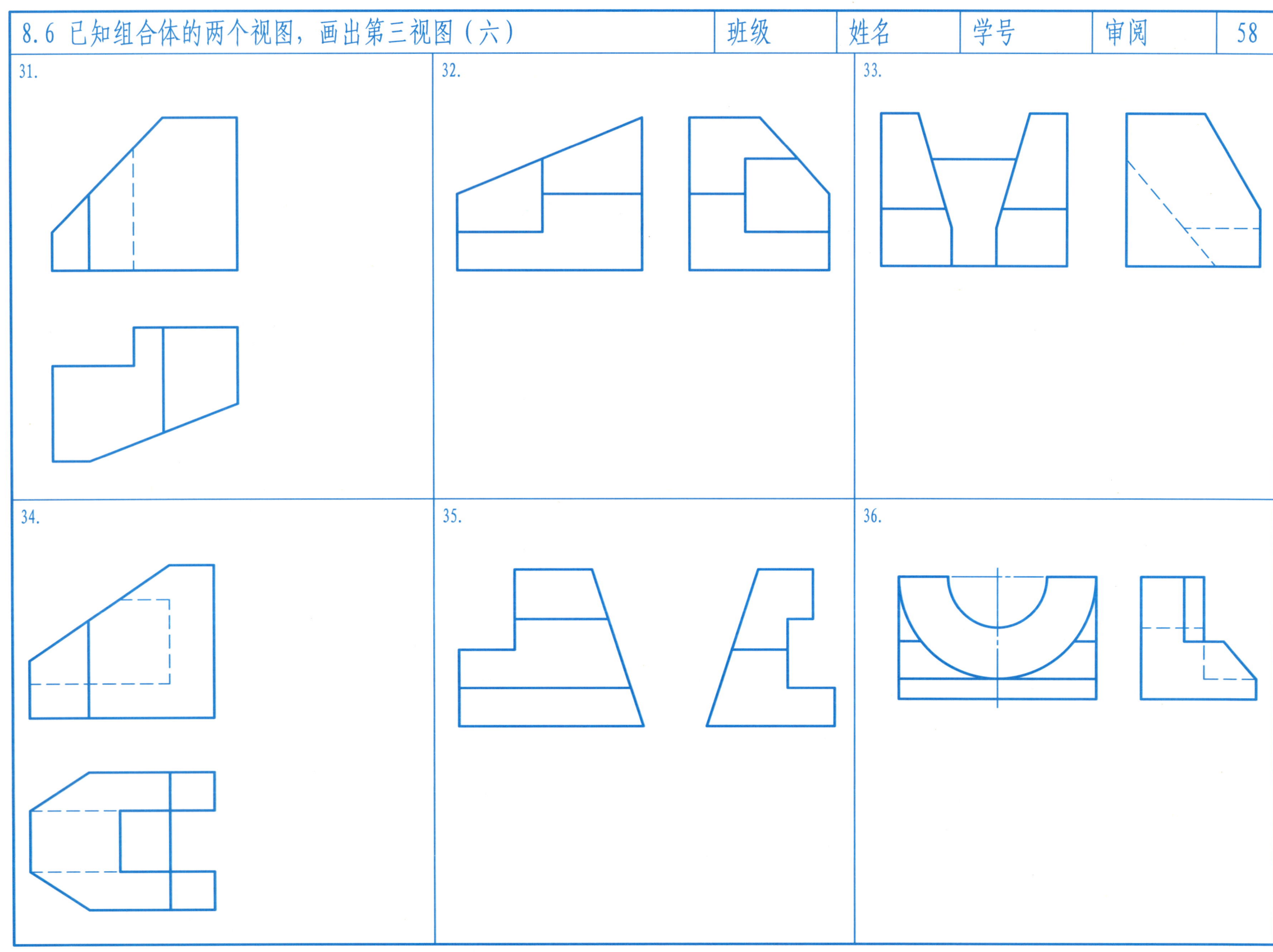

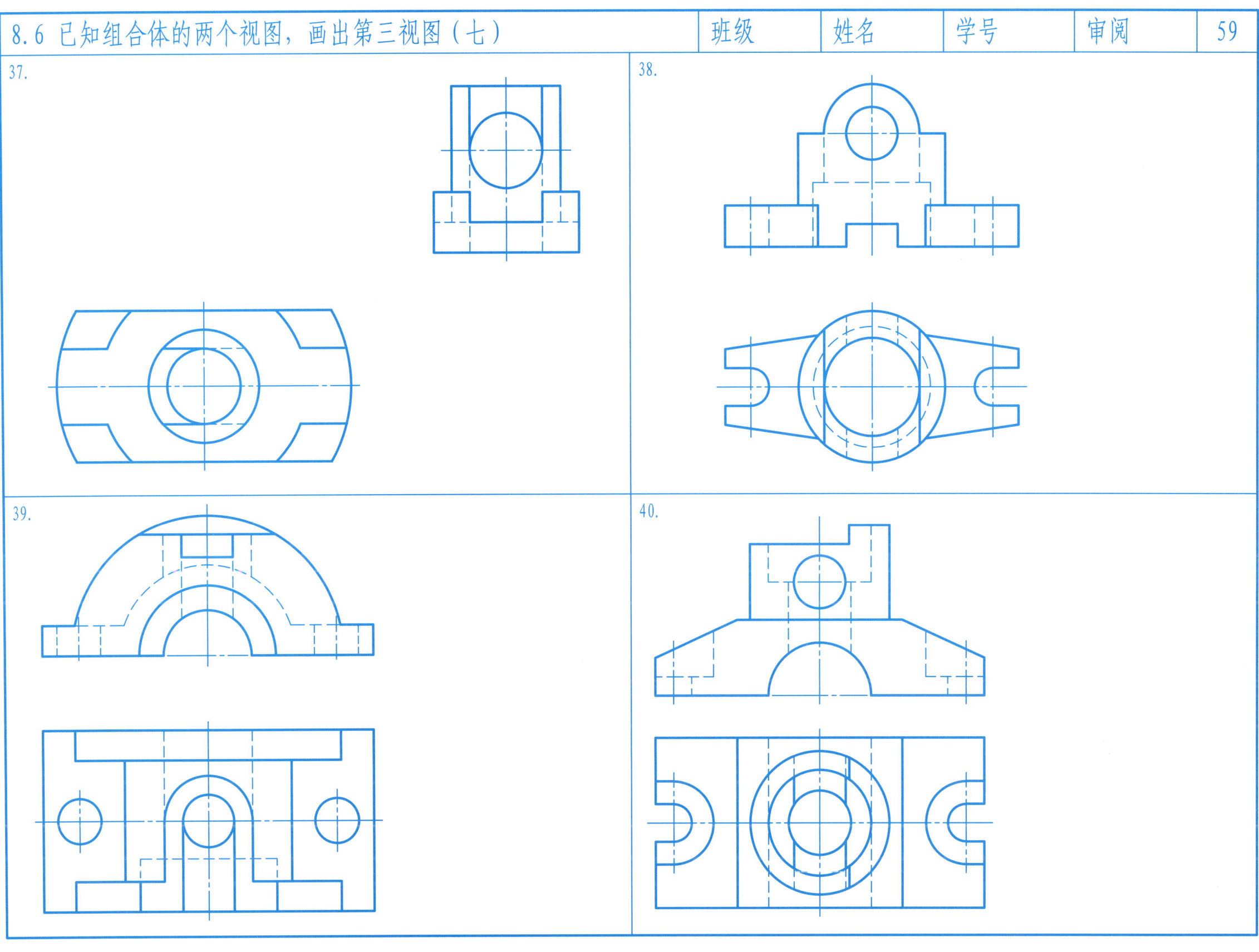

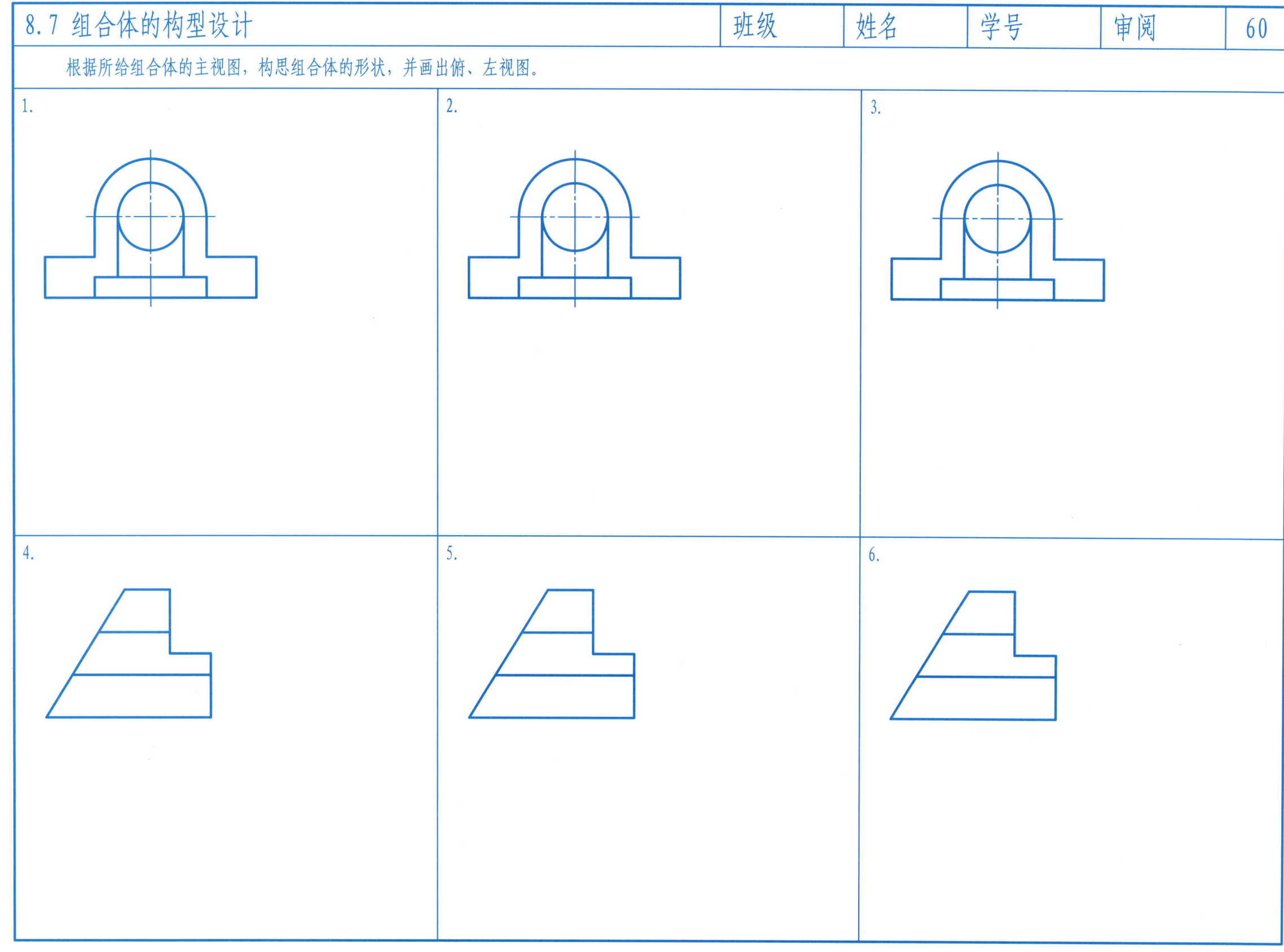

| 9 工程曲线与曲面的投影　　9.1 工程曲线 | 班级　　姓名　　学号　　审阅　　61 |

1. 在一直径为40mm的圆柱上作右向螺旋线，导程L如图所示，判别其可见性。

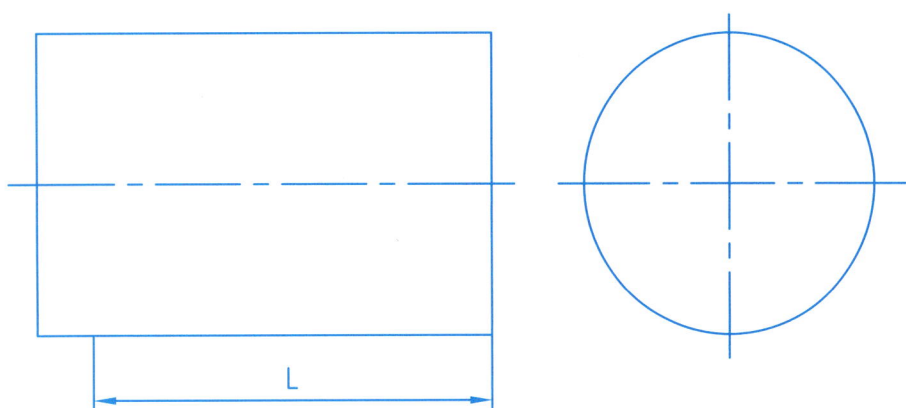

2. 一根轴在车床上加工，当车刀从A点等速运动到B点时，轴同时匀速旋转两周，求车刀在钢轴表面上刻出的刀痕线。

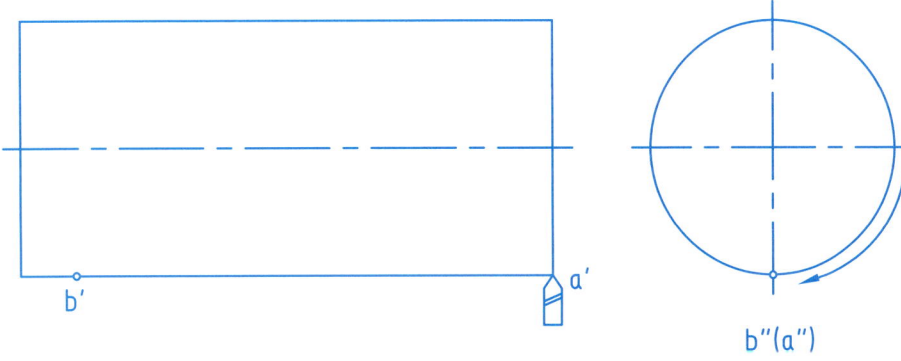

3. 已知直母线AB和轴线O-O的两面投影，画出单叶双曲回转面的两面投影。

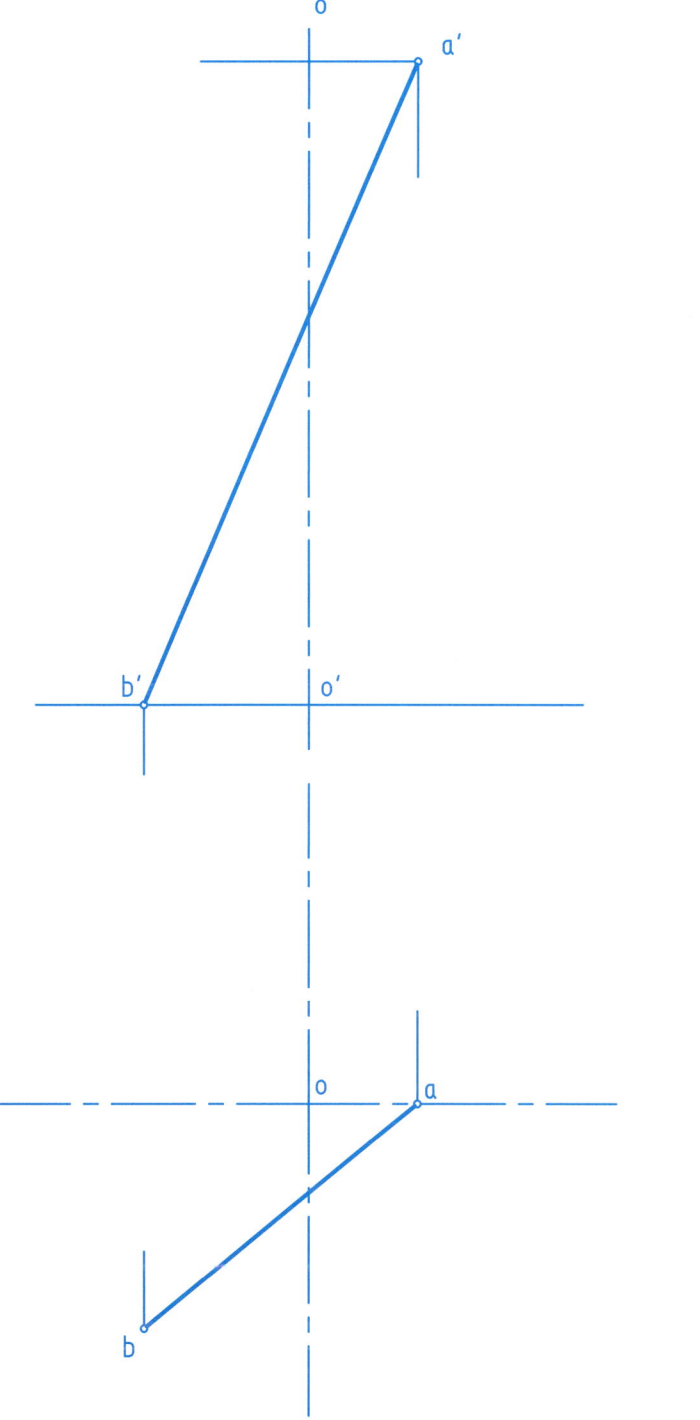

9.2 工程简单曲面

1. 以曲线AB、CD为导线，V面为导平面，绘制柱状面的投影图。

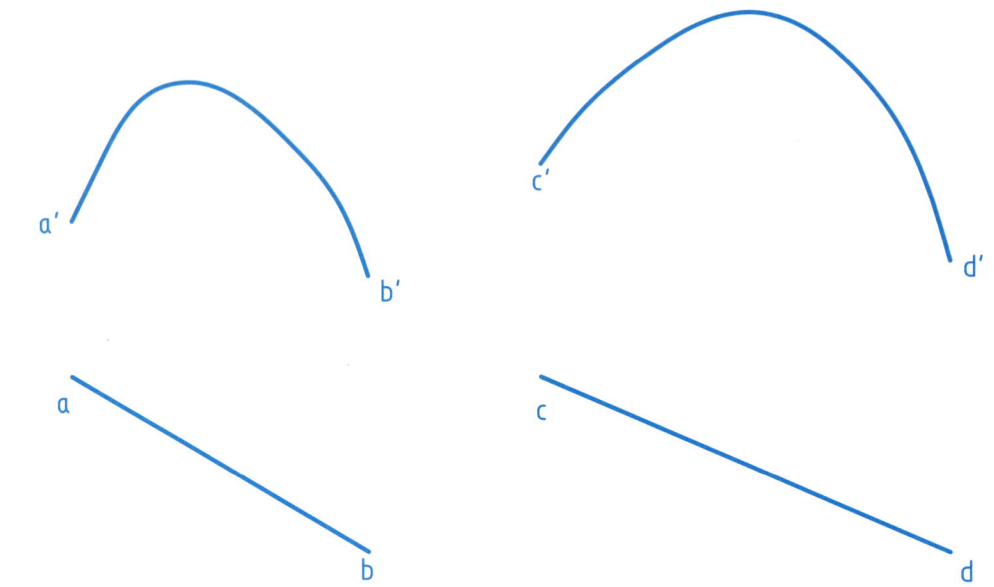

2. 已知导线AB、CD的投影，V面为导平面，画出双曲抛物面的投影。

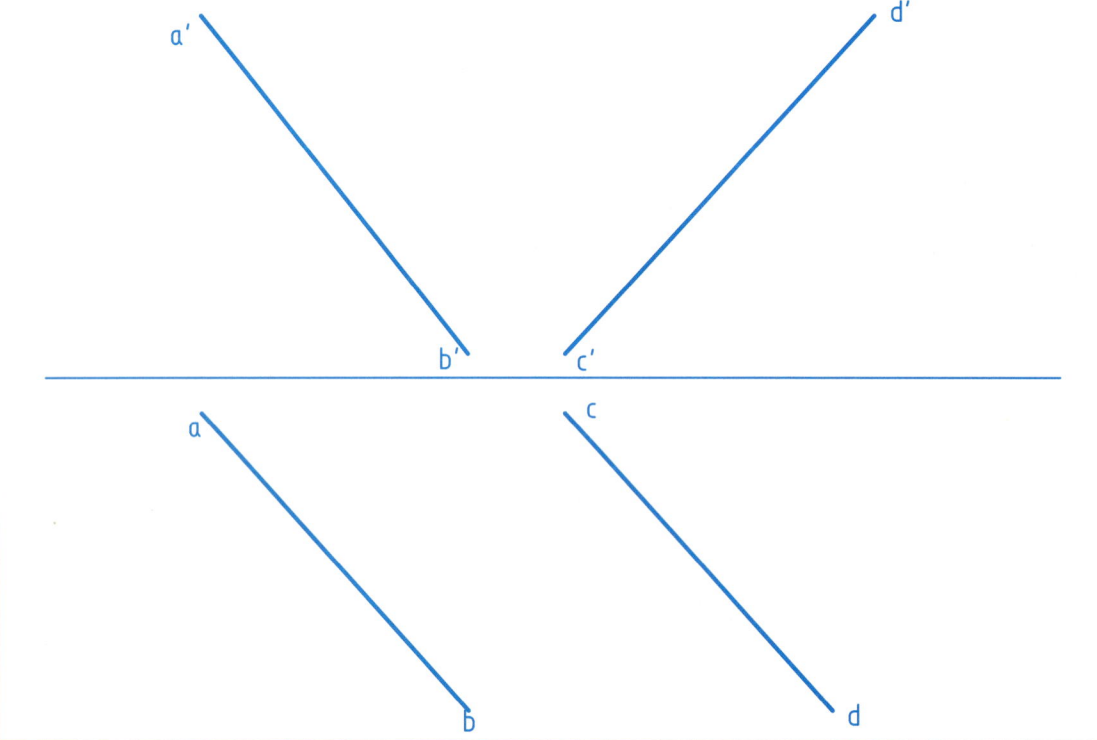

3. 画出螺旋面的两个投影，它的母面为梯形ABCD，导程为45mm（画出两个螺距的高度）。

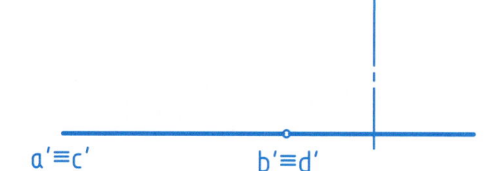

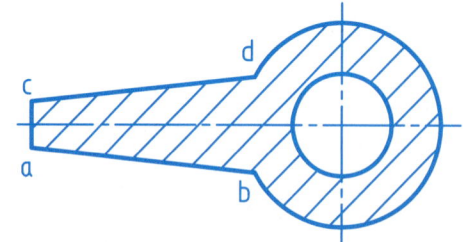

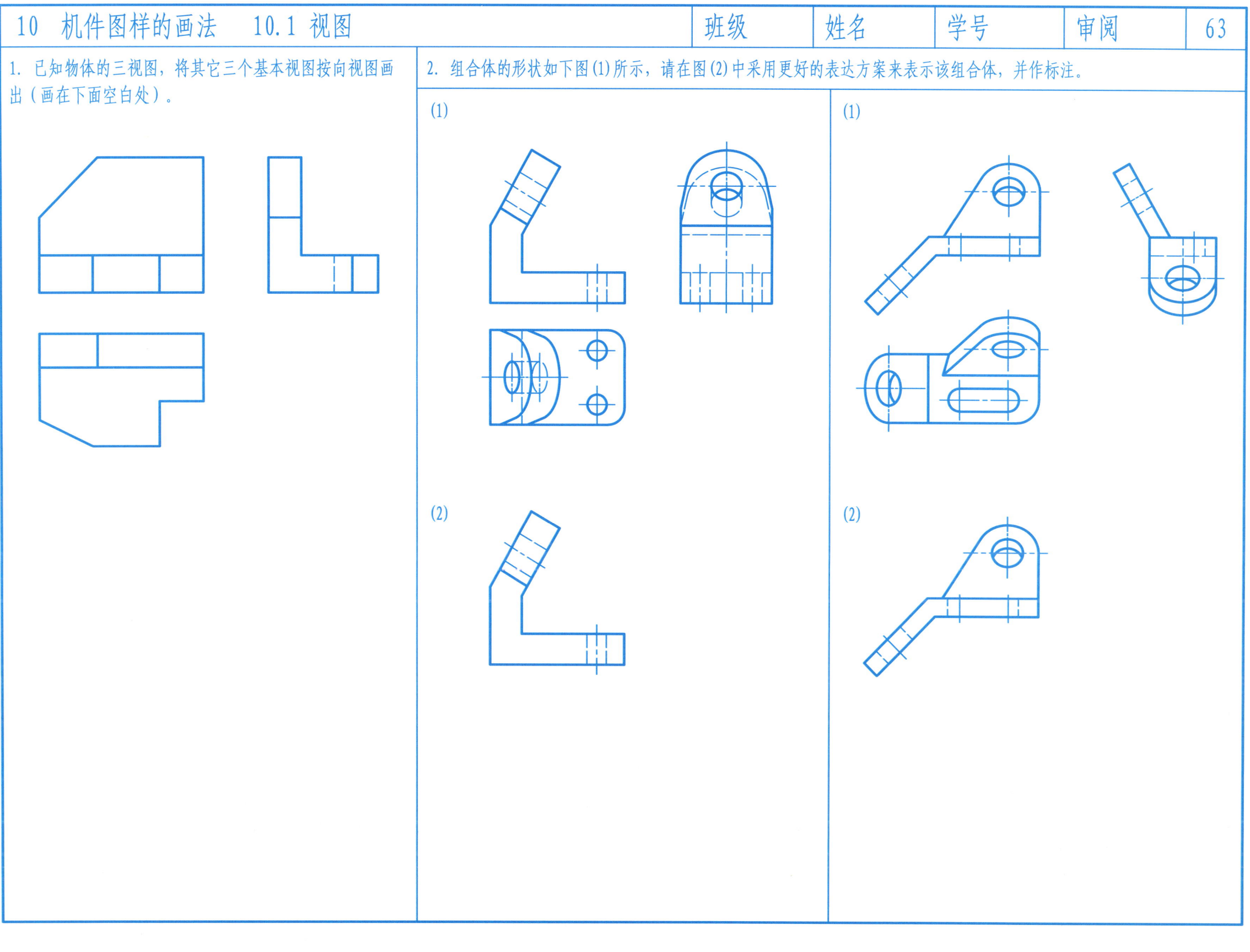

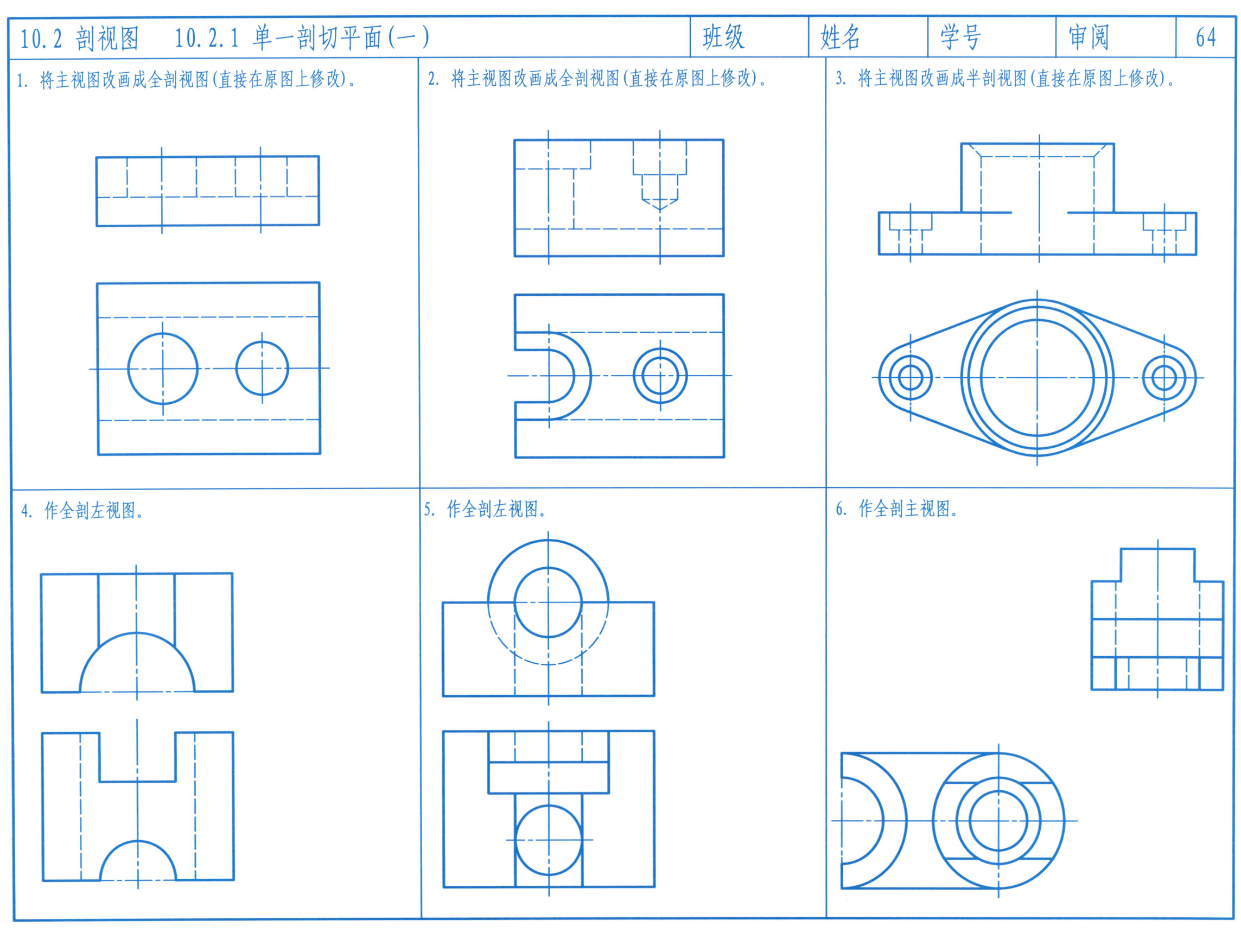

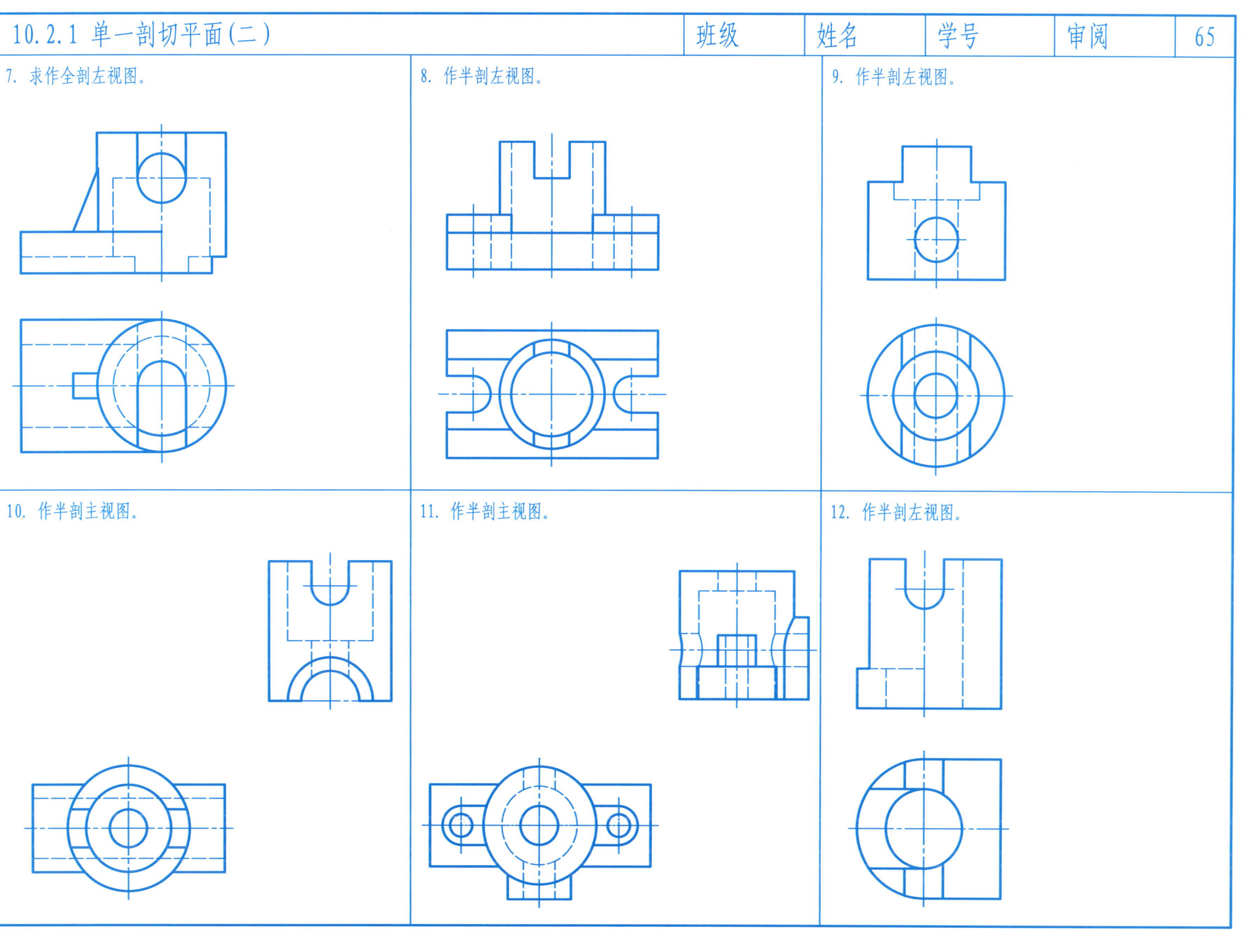

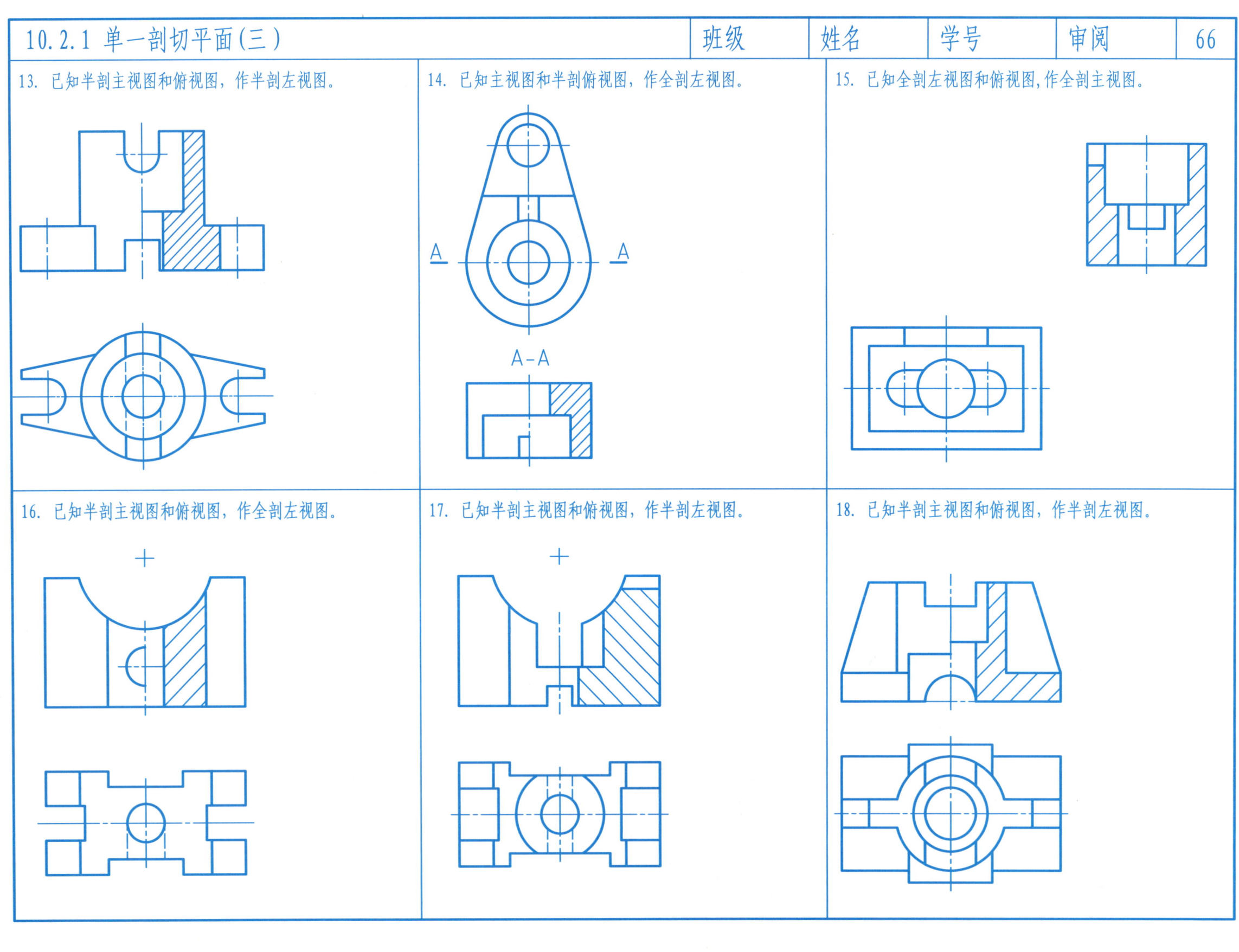

10.2.1 单一剖切平面（四）

19. 改正下列剖图形中的错误（少线处补线，多线处在其上打叉）。

(1) A-A

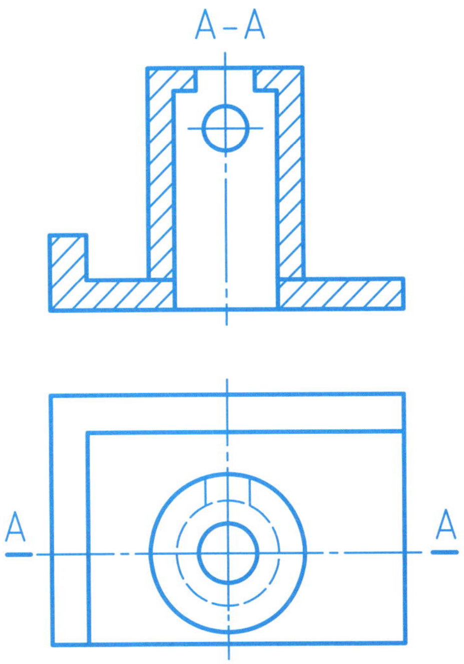

(2) A-A

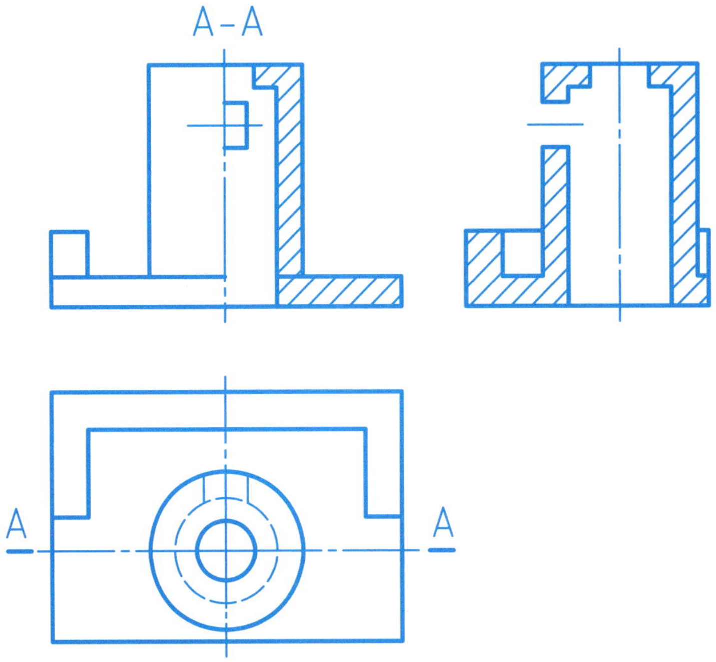

(3)

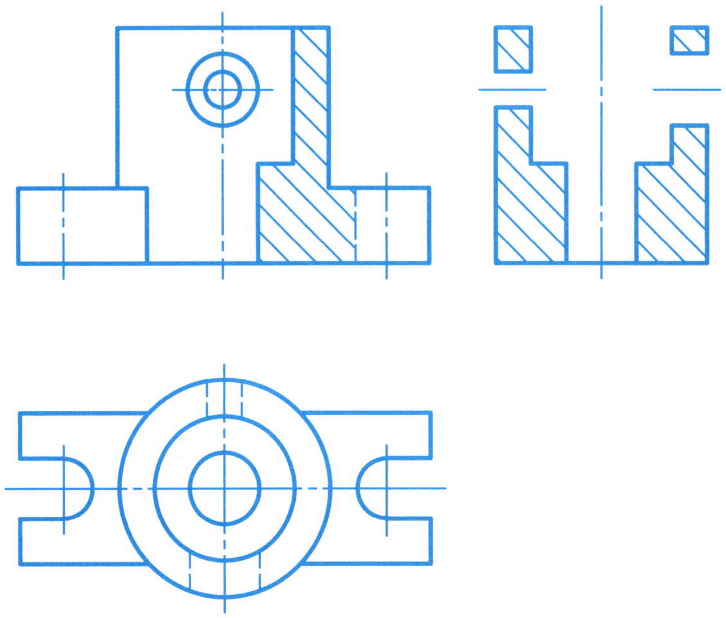

(4)

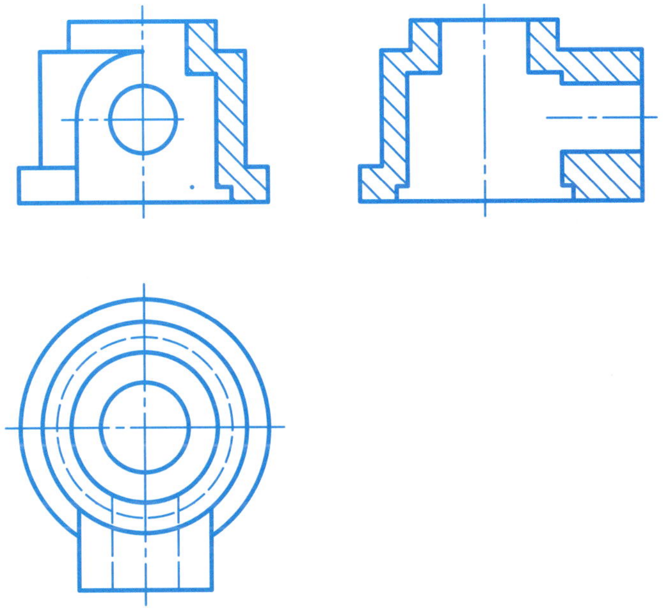

(5)

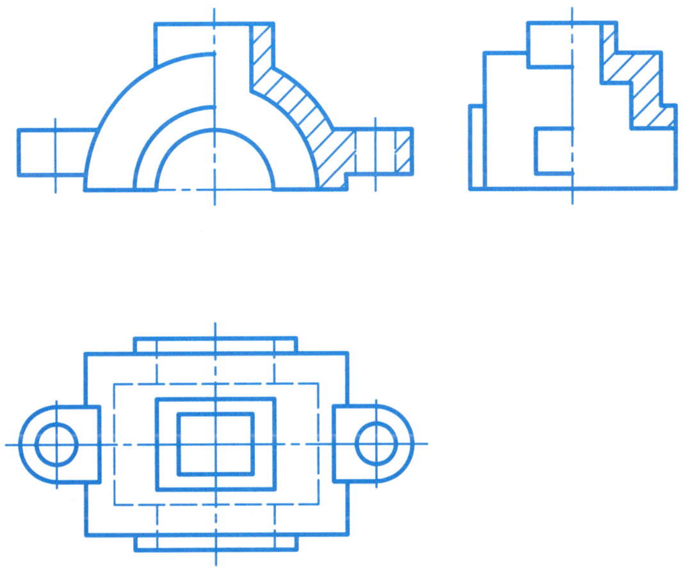

(6)

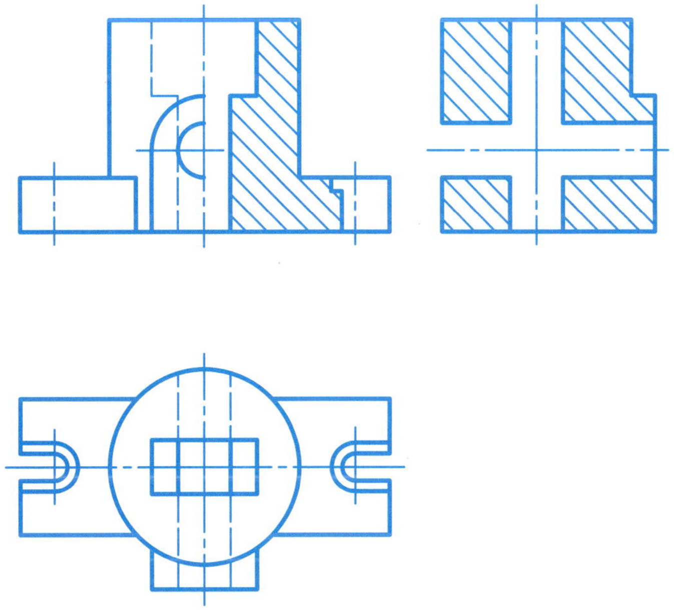

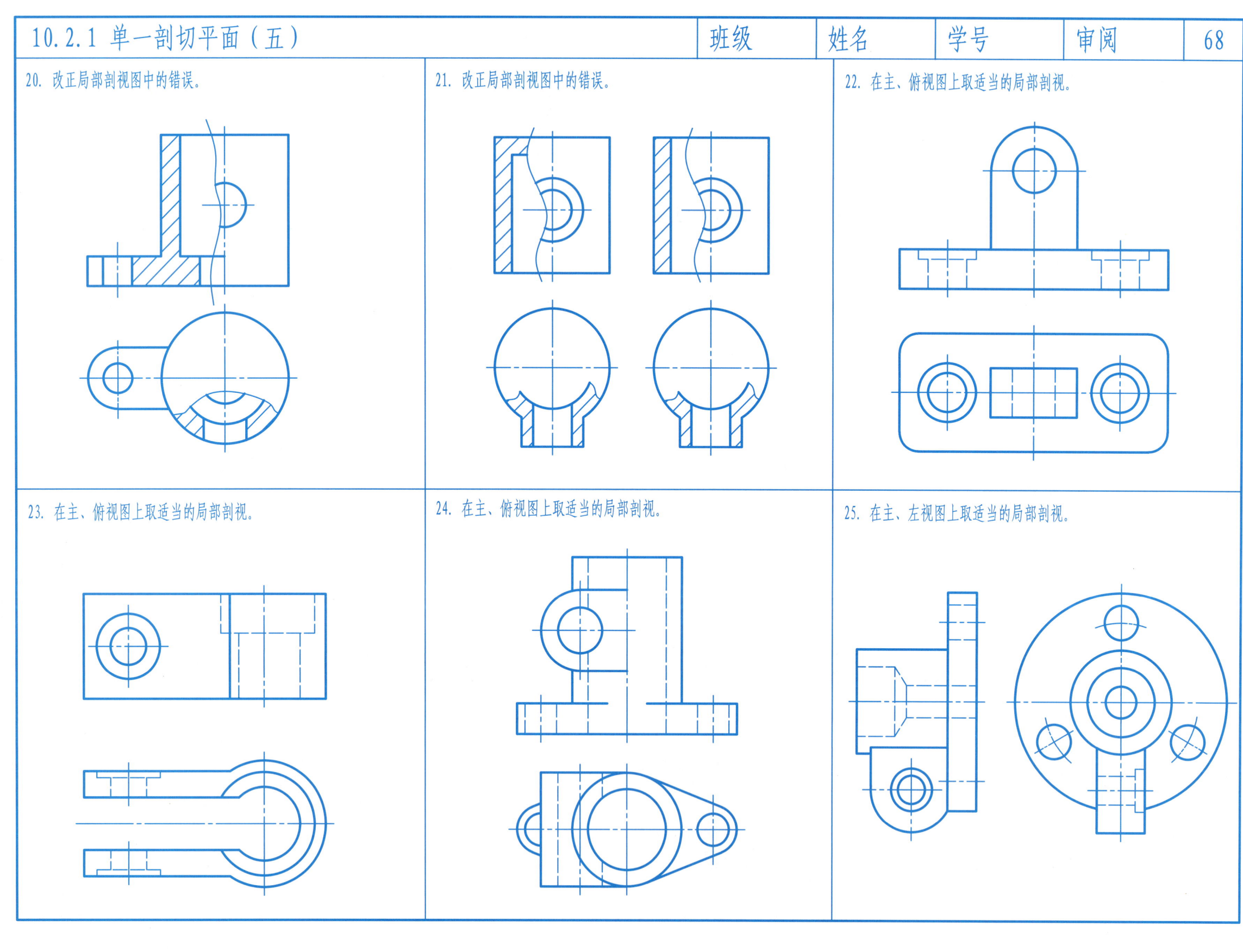

| 10.2.1 单一剖切平面（六） | 班级 | 姓名 | 学号 | 审阅 | 69 |

26. 作A-A斜剖的全剖视图。

27. 作A-A斜剖的全剖视图。

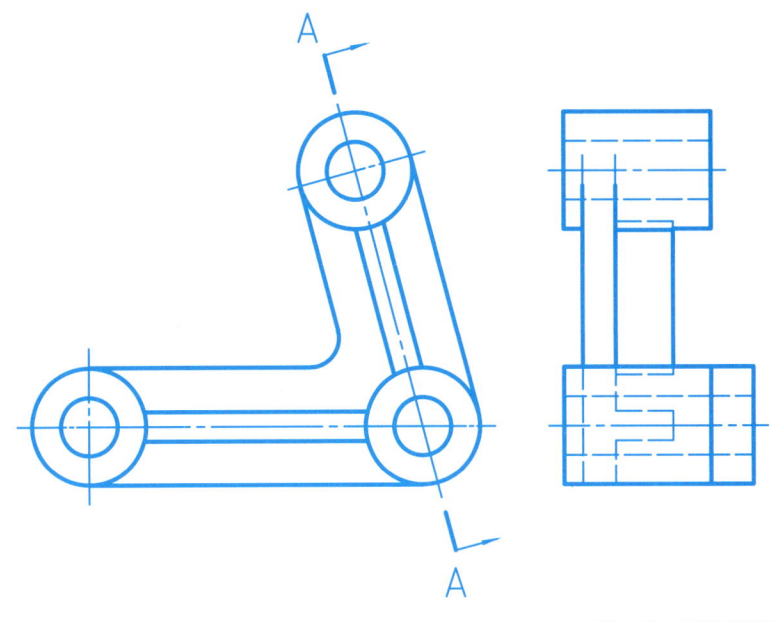
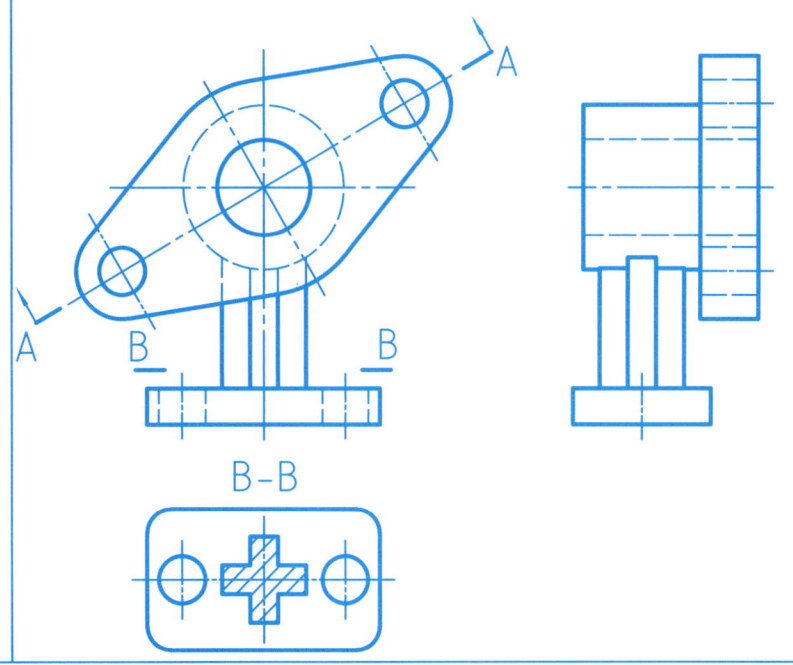

10.2.2 几个相交的剖切平面

1. 作A-A旋转剖的全剖视图（画在两视图中间的点划线处）。

2. 作B-B旋转剖的全剖视图。

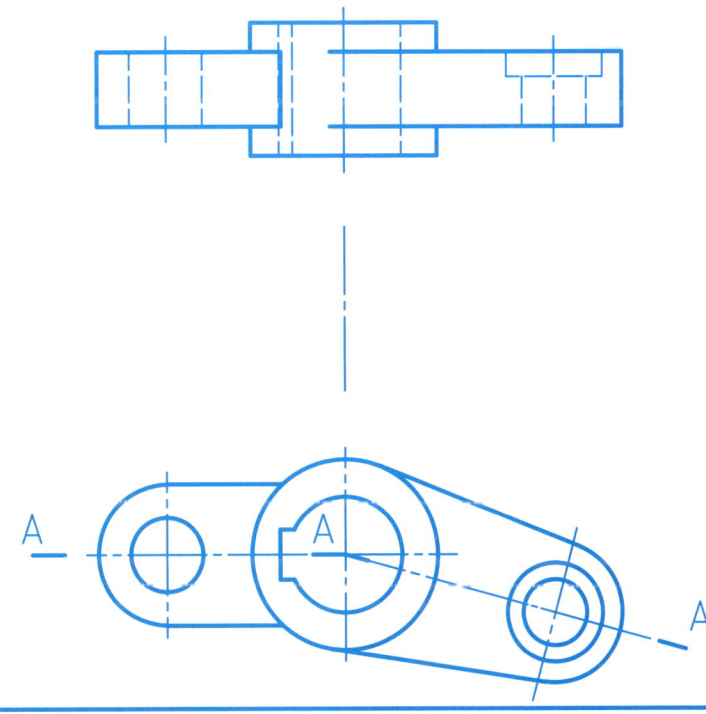
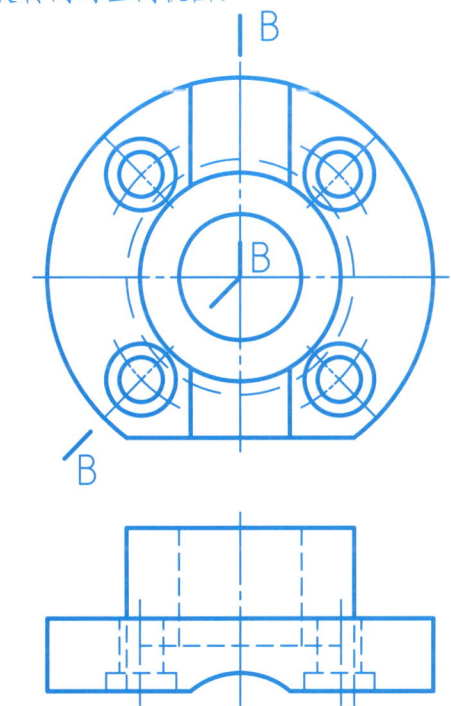

| 10.2.3 几个平行的剖切平面 | 班级　　　姓名　　　学号　　　审阅　　70 |

1. 将主视图改画为阶梯剖的全剖视图。

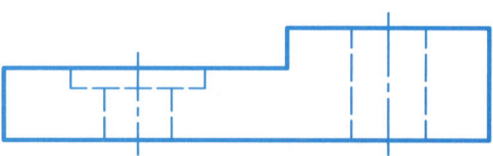

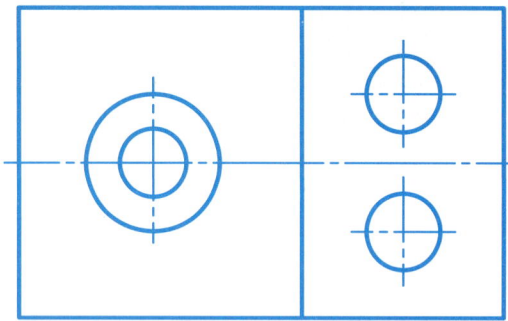

10.2.4 组合的剖切平面

作A－A复合剖的全剖俯视图(三个圆筒后表面平齐)。

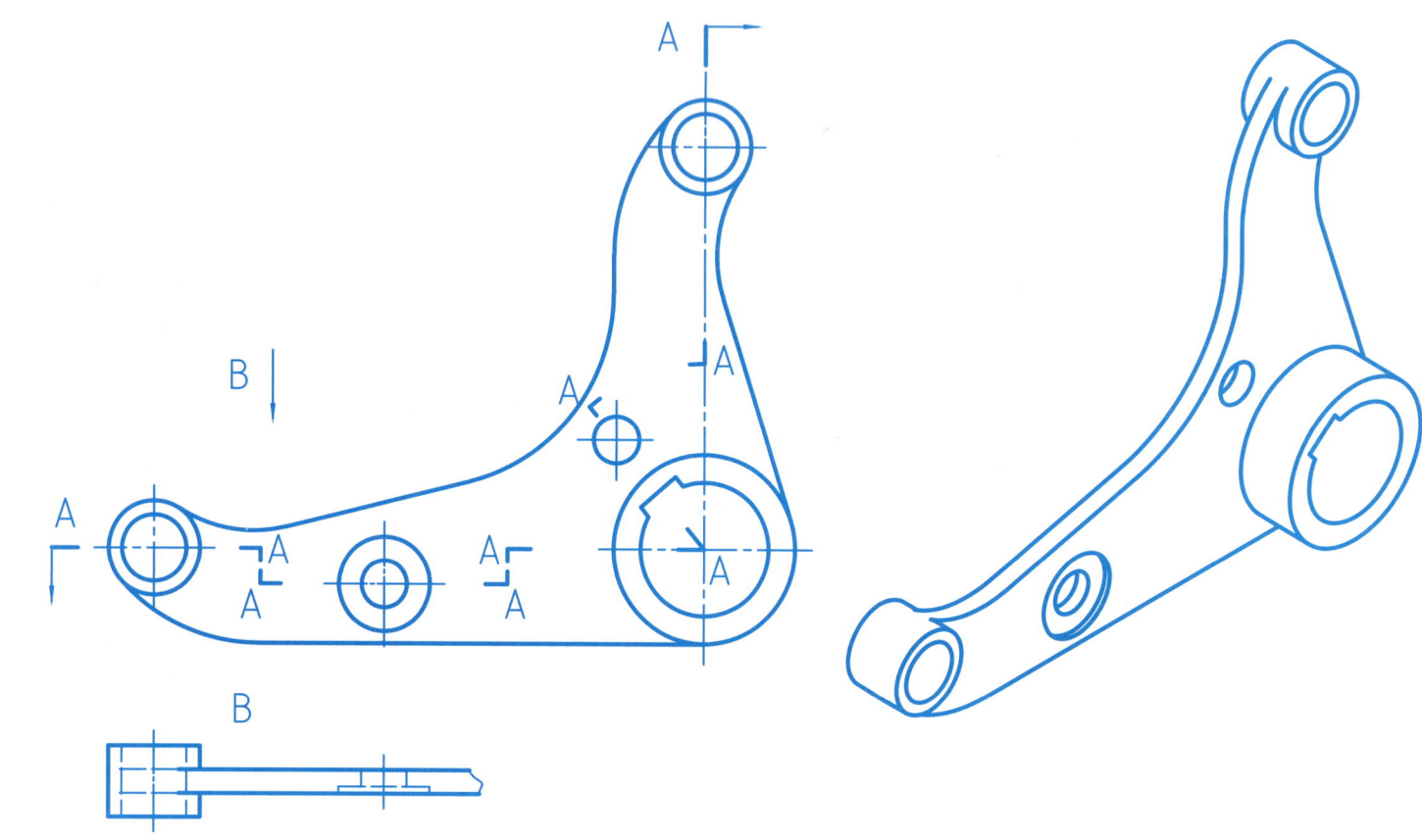

2. 作A－A阶梯剖的全剖主视图。

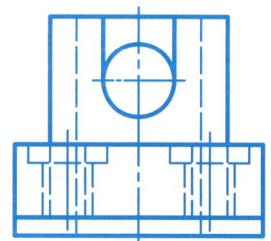

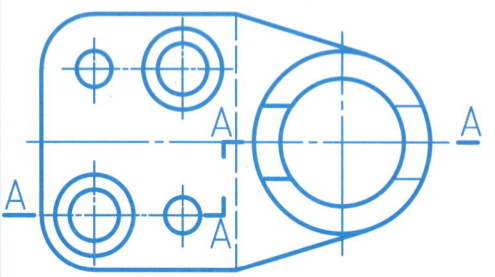

10.3 第四次大作业　组合体的剖视图（一）

一、作业内容　根据组合体的轴测图（轴测图在第72页），绘制组合体三视图、剖视图。

二、作业目的　运用形体分析的方法和国家标准《机件的表达方法》，选择并画出剖视图及其它的视图。

三、作业要求

1. 用绘图仪器或用草图绘制。布图合理，符合国标，图面整洁，保证"三等"关系。
2. 恰当选择剖切方法与剖切平面，所画剖视图应完整清晰地把组合体的内、外形状表达清楚，不多线、漏线。正确画出断面符号；正确标注剖视图。（注意细虚线与标注的省略）

四、作业指示

1. 模型分析。首先运用形体分析法对组合体进行仔细分析，弄清其内、外结构。以图10-1所示的组合体为例，可以分解为四个部分："U"形壳体（右侧有圆柱孔，内腔有矩形凸台及通孔）、圆筒、安装板、加强肋板。

2. 确定主视图。组合体摆正，将反映组合体形状特征最多的视图作为主视图，其它两个视图按三视图的投影规则投影。（见图10-1）

3. 剖视分析。需要表达内形的结构有："U"形壳体的空腔与右侧的圆柱孔；圆筒的通孔、矩形凸台及凸台上的圆柱通孔。

4. 剖视方案确定。该形体主视图方向外形简单且左右不对称、前后对称，选取通过前后对称面的单一剖切平面作全剖视的主视图，表达"U"形壳体的空腔与右侧的圆柱孔；圆筒的通孔等内部形状如图10-2所示，省略标注；该形体左视图方向内、外形复杂且前后对称，选取通过矩形凸台上的圆柱通孔轴线的单一剖切平面作半剖视的左视图，兼顾内、外形表达，由于左右不对称（如图10-2所示），左视图剖视需要标注。通过主、左视图的剖视，该形体的内形已表达清楚，所以俯视图只画外形。

5. 图纸幅面及布图。采用A3图纸，横放；合理布图，绘图比例为1:1。

6. 画底稿。用H的绘图铅笔画底图。运用形体分析法以及确定的剖视表达方案，逐一画出各组成形体每一部分在剖切平面上的外形与内形，不能漏画剖切平面后方的可见结构在视图上的投影。画图时先画各视图的基准线；几个视图对应画出。

7. 画断面线。金属材料的断面线用与水平方向成45°的相互平行的细实线画出。断面线的间隔视断面的大小而定，通常取2～5 mm。同一机件的各个剖视图的断面线方向、间隔一致。（注意肋的剖切画法）

8. 检查、描深。检查时应注意：各部分形体、整体形状的内、外表达是否完整，是否符合三视图的投影关系；断面是否画正确；剖切面后的结构是否画全；标注是否正确。

9. 填写标题栏。名称栏填"机件表达方法（一）"，图号填"04"；比例栏填"1:1"。

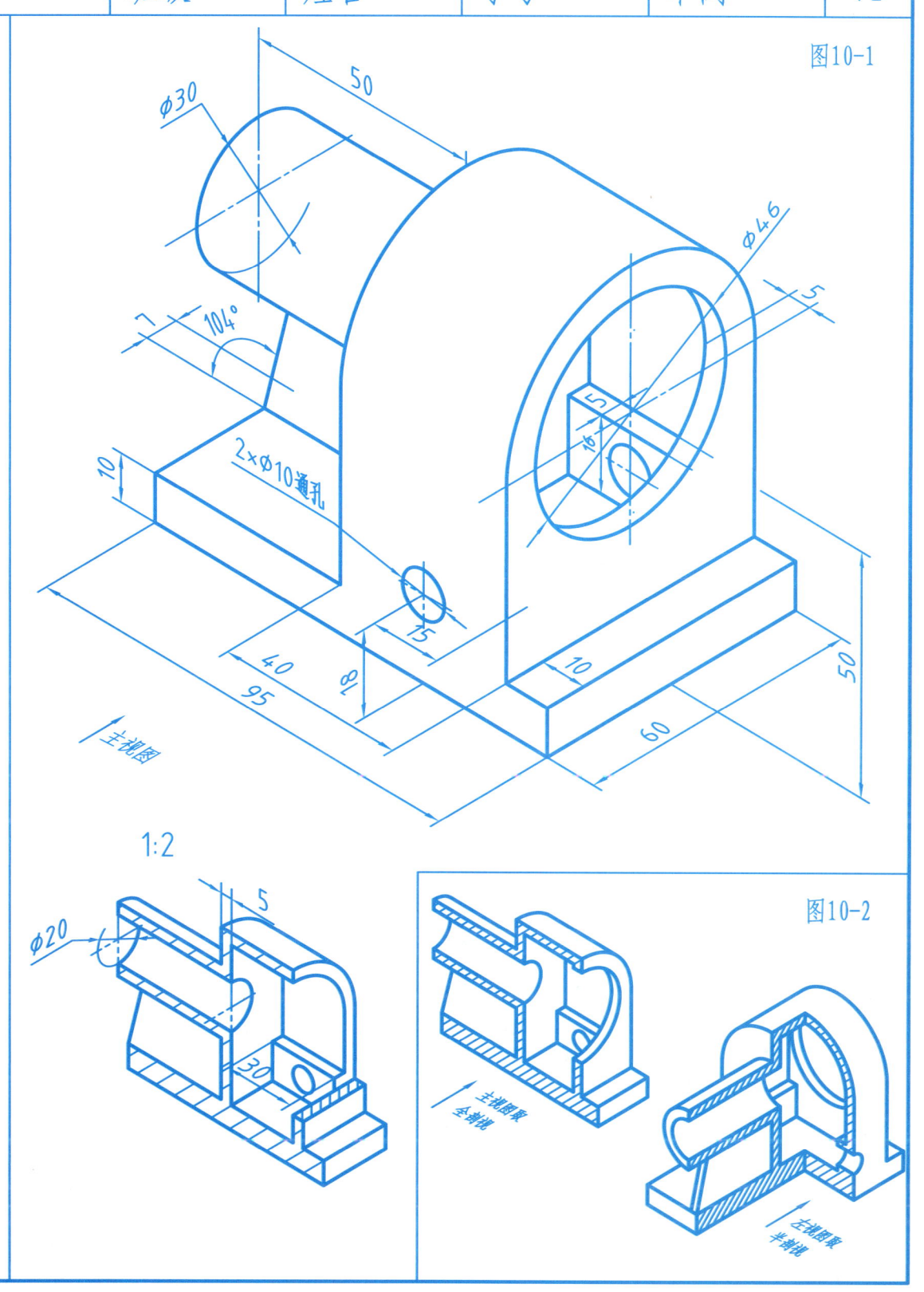

图10-1

图10-2

1:2

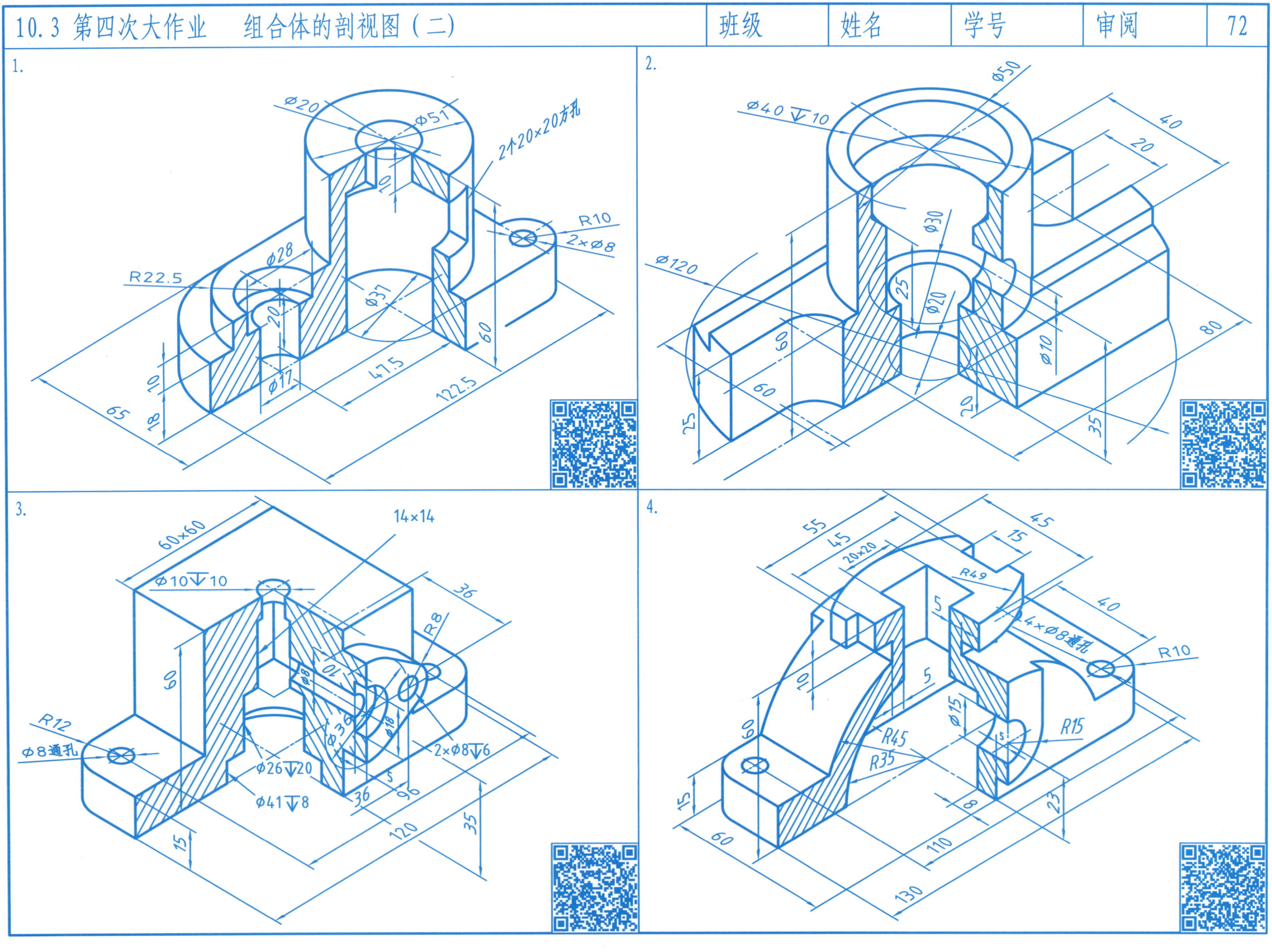

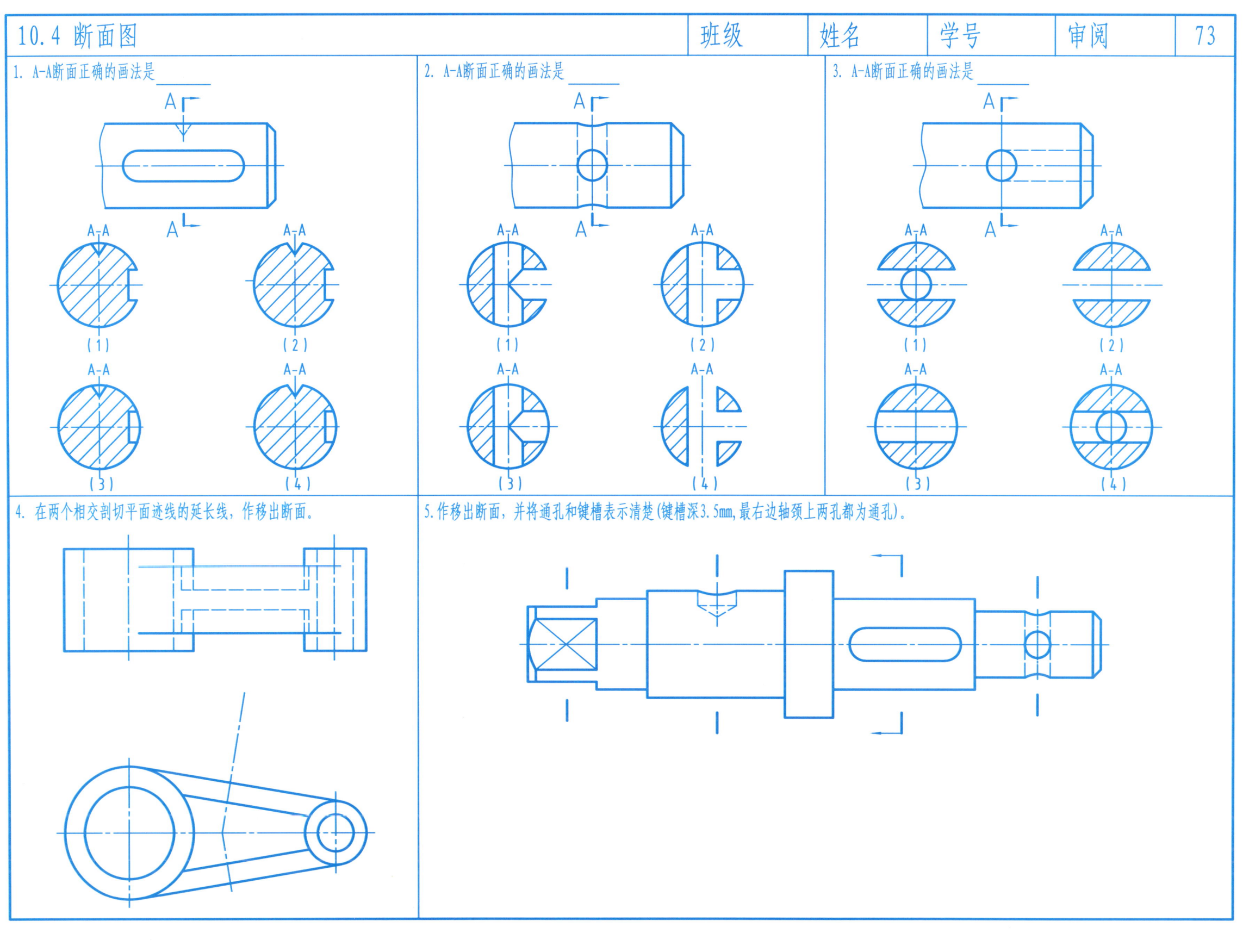

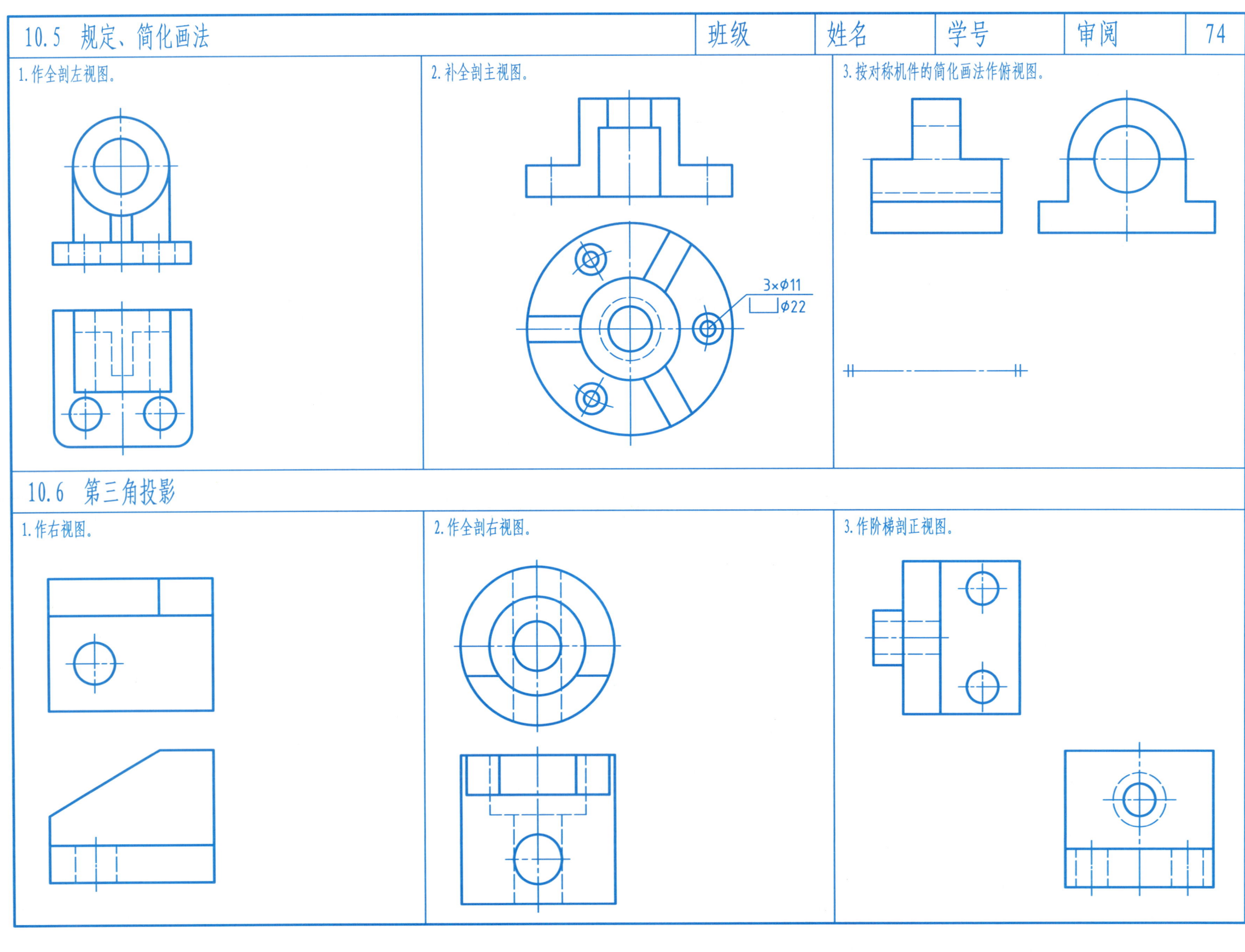

| 10.7 表达方法综合题（一） | 班级 | 姓名 | 学号 | 审阅 | 75 |

1. 根据所给主、俯、左视图，看懂物体形状，选择适当的表达方法将物体内、外形表达清楚。

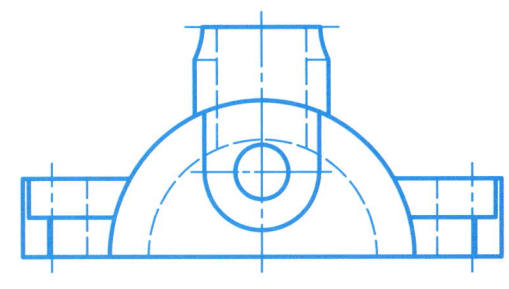
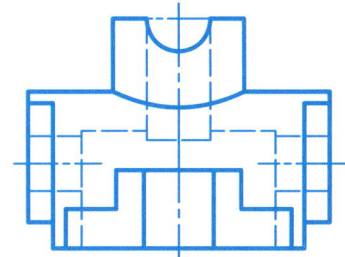
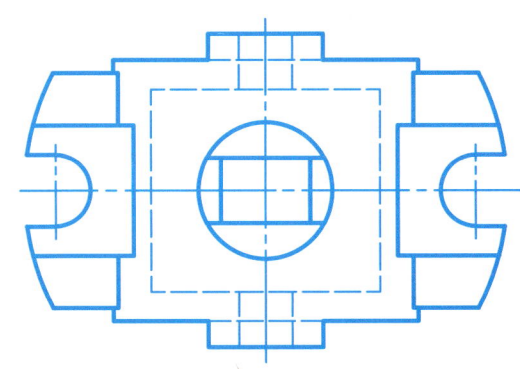

2. 根据所给主、俯、左视图，看懂物体形状，选择适当的表达方法将物体内、外形表达清楚。

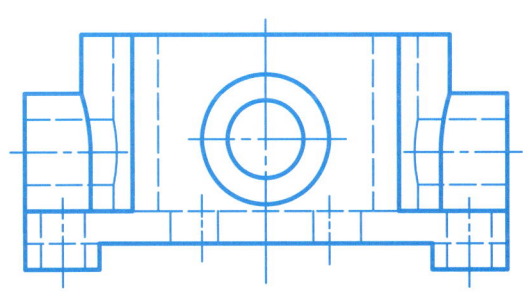
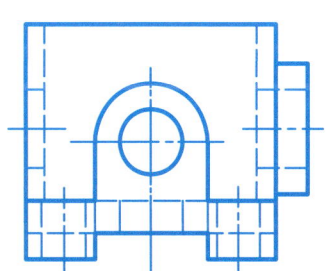
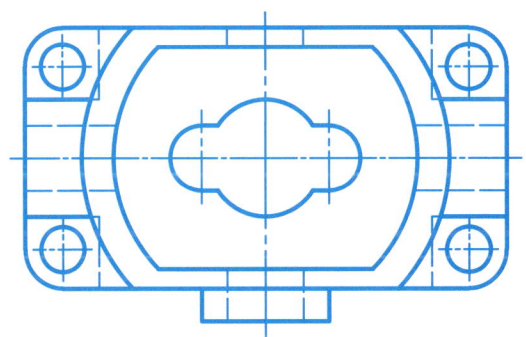

10.7 表达方法综合题（二）

3. 根据所给主、俯视图及轴测图，看懂物体形状，选择适当的表达方法将物体内、外形表达清楚。

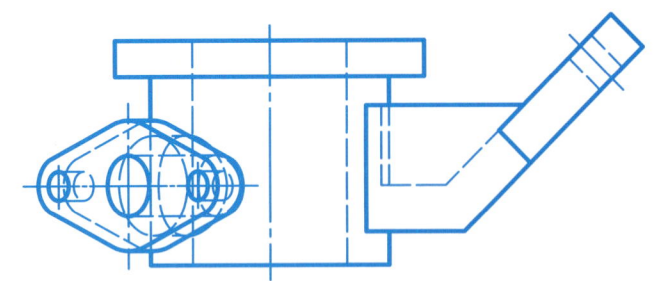

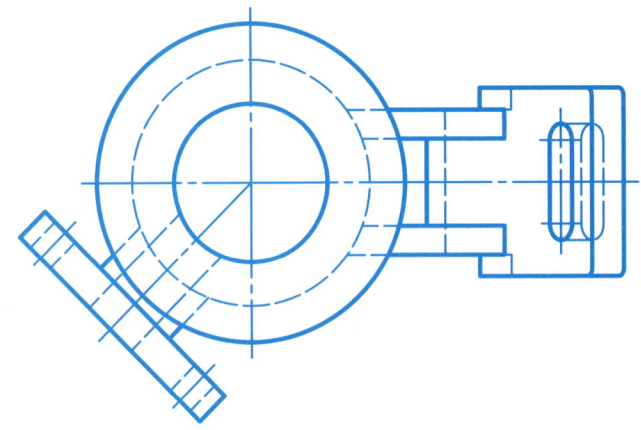

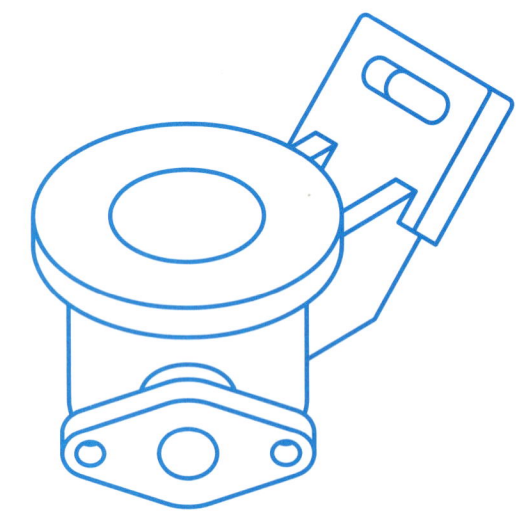

10.8 第五次大作业 机件的表达方法（一）

一、作业内容 机件的表达方法（轴测图在第78页）。

二、作业目的
1. 运用形体分析的方法和国家标准《机件的表达方法》，综合表达所给的组合体。
2. 掌握表达方法的适用条件，熟悉工程上表达机件的方法与形式。

三、作业要求
1. 用绘图仪器绘制或用草图绘制。布图合理，符合国标，图面整洁。
2. 所画图形重点突出，各有侧重，互为补充而不重复。
3. 各图形（视图、剖视图、断面图）应完整、清晰地把组合体的内、外形状表达清楚，不多线、漏线。
4. 正确标注视图、断面图与剖视图（注意细虚线、标注的省略）。

四、作业指示
1. 模型分析。首先运用形体分析法对组合体进行仔细分析，弄清其内、外结构。以图10-3所示的支架组合体为例，可以分解为五个部分：安装用底板（上有长圆形凸台及长圆形通孔），倾斜圆筒（上有阶梯孔），支承板，肋板，圆筒上端前后有"U"形凸耳（上有通孔）。

2. 确定表达方案
（1）主视图的确定，如图10-3所示，组合体按安装位置放置（底板水平），垂直于圆筒轴线方向为投影方向，选择主视图；通过安装孔轴线取一局部剖，其余画外形。
（2）其它视图的确定。该形体由于具有倾斜结构，不宜画其它基本视图。为了表达底板端面形状，选取"A"向局部视图。为了表达圆筒、凸耳端面形状，以及圆筒、凸耳、支承板、肋板的相对位置，选取"B"向斜视图。为了表达倾斜圆筒上的阶梯孔、圆筒上端前后"U"形凸耳上的通孔，选取"C-C"斜剖视图。为了表达支承板、肋板的断面形状，选取移出断面图。（见图10-4）

3. 采用A3图纸，横放；绘图比例为1：1；正确布图。
4. 画底稿。根据确定剖视表达方案，逐一画出各组成形体每一部分在剖切平面上的外形与内形，不能漏画剖切平面后方的可见结构的投影。画图时几个视图对应画出。
5. 画断面线并对局部视图、斜视图、斜剖视图、断面图进行标注。
6. 检查、描深。底图完成后，清洁图面，再描深，检查时应注意：各部分形体、整体形状内、外表达是否完整，是否符合投影关系；断面是否画正确；断面后的结构是否画全；标注是否正确。
7. 填写标题栏。名称栏填"机件的表达方法"，图号"05"；比例栏填"1：1"。

图10-3

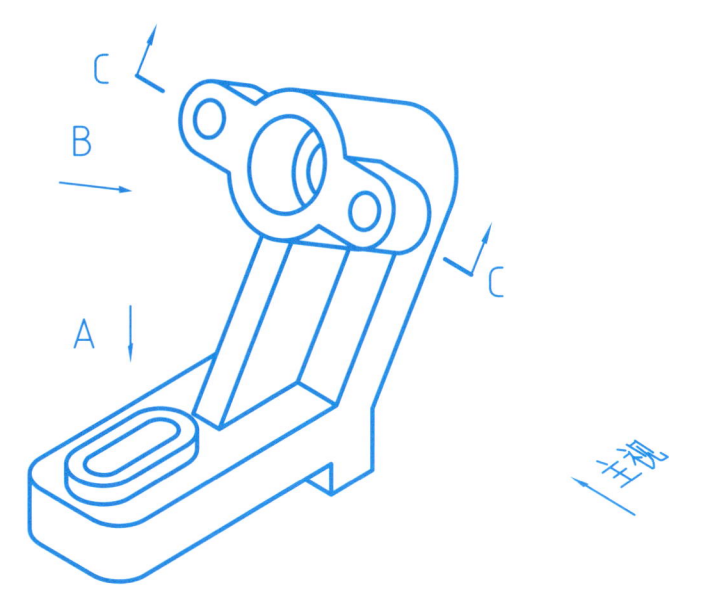

图10-4

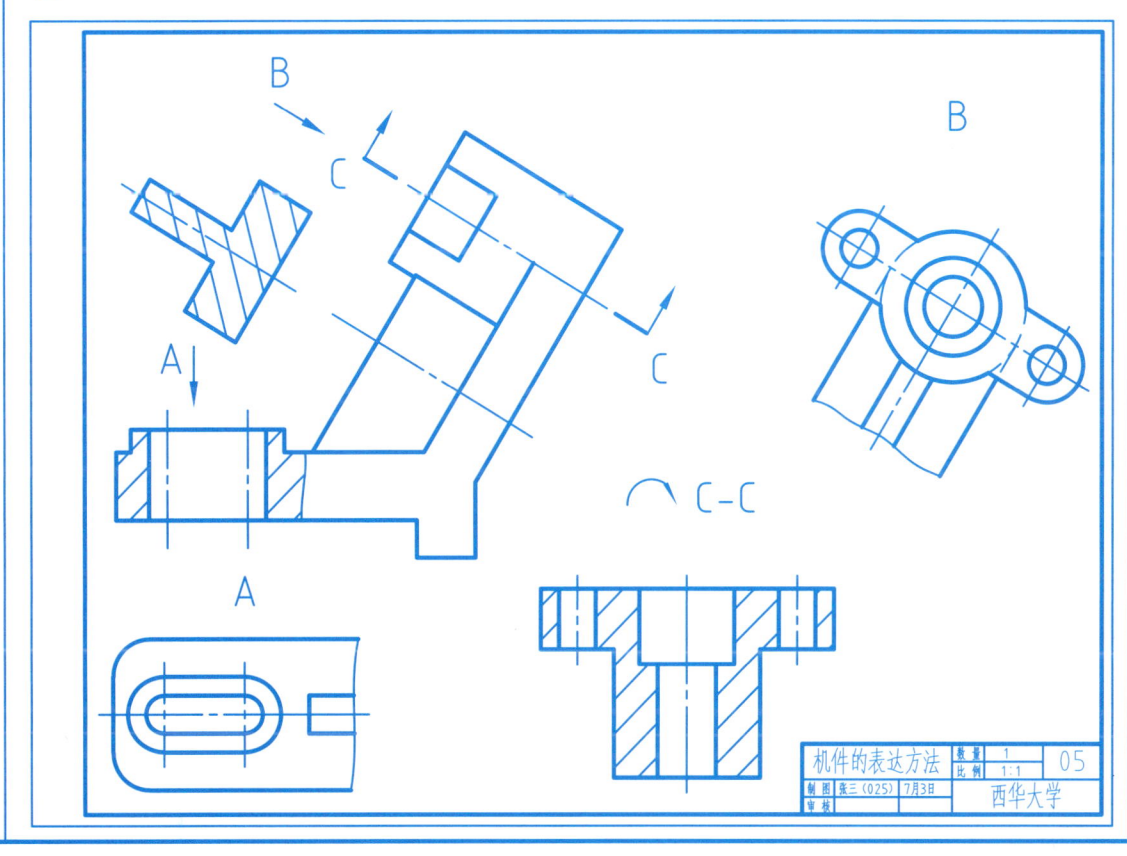

| 班级 | 姓名 | 学号 | 审阅 | 77 |

10.8 第五次大作业　机件的表达方法（二） 班级　姓名　学号　审阅　78

根据所给向视图及轴测图，看懂物体形状，按第77页要求，选择适当的表达方法将物体内、外形表达清楚（尺寸从图中按1:1直接量取）。

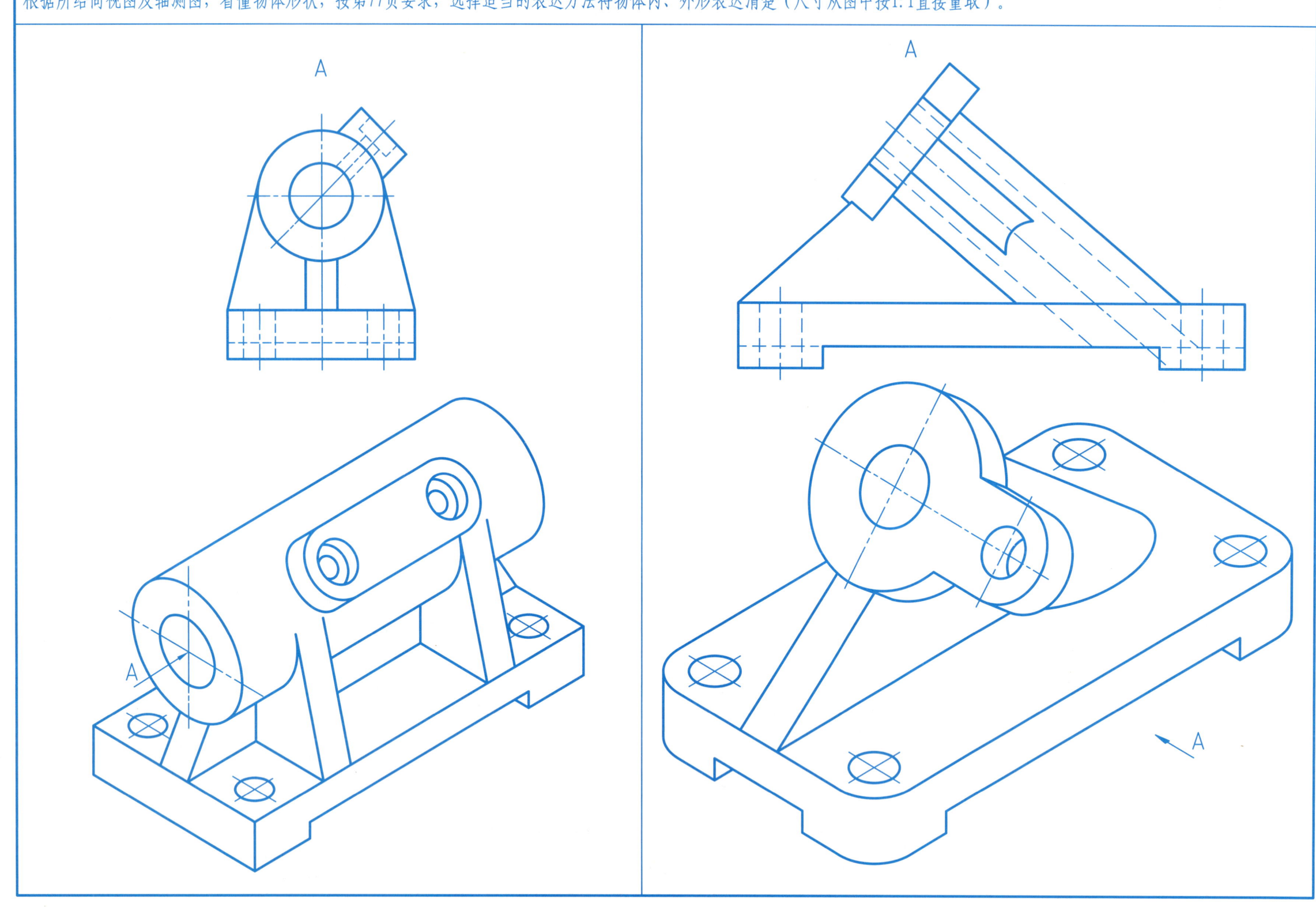

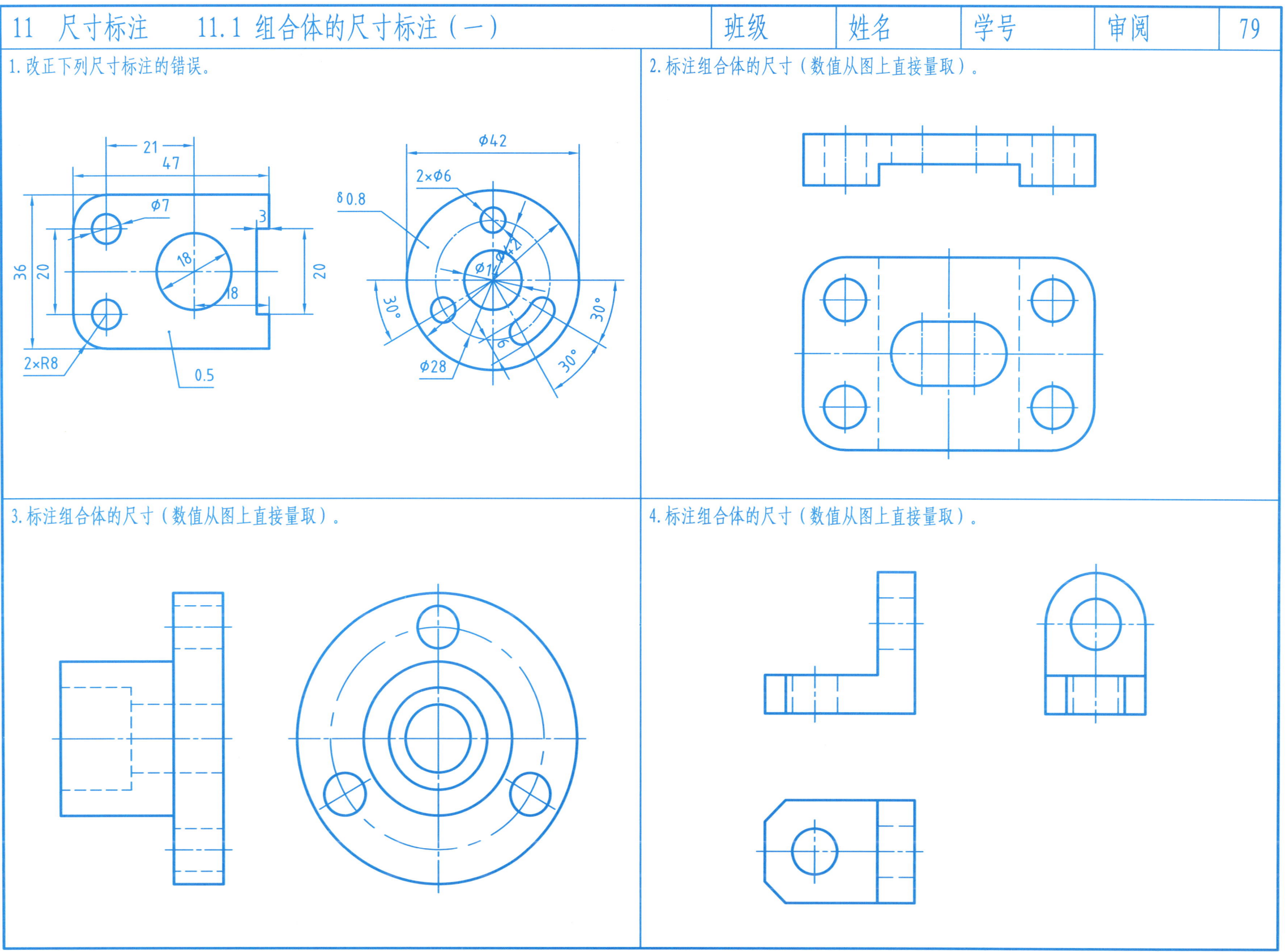

11.1 组合体的尺寸标注（二）

5. 标注组合体的尺寸（数值从图上直接量取）。

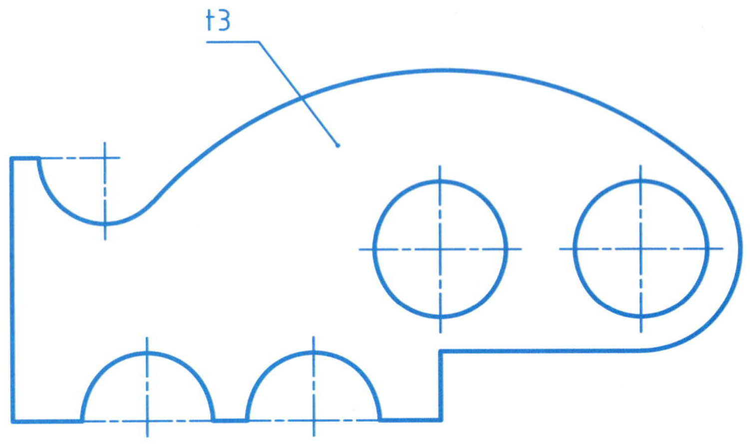

6. 标注组合体的尺寸（数值从图上直接量取）。

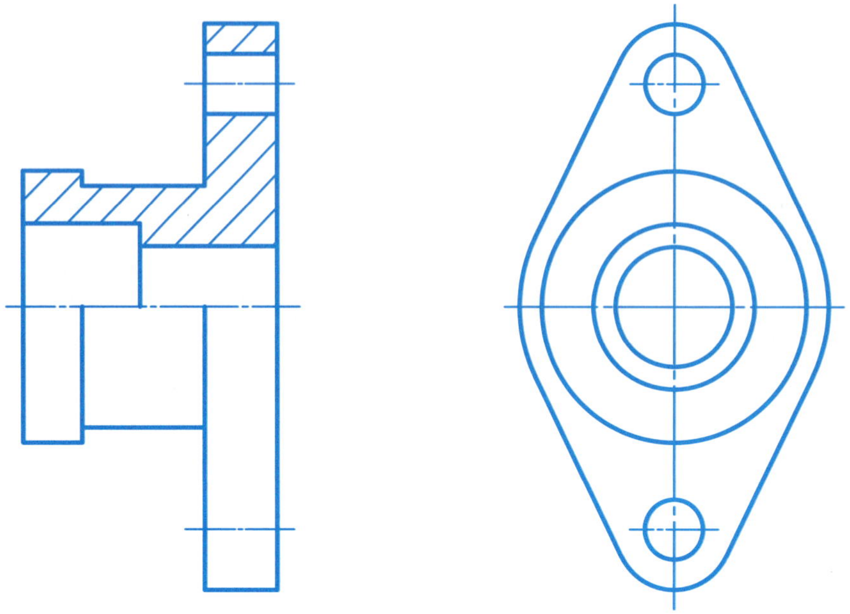

7. 标注组合体的尺寸（数值从图上直接量取）。

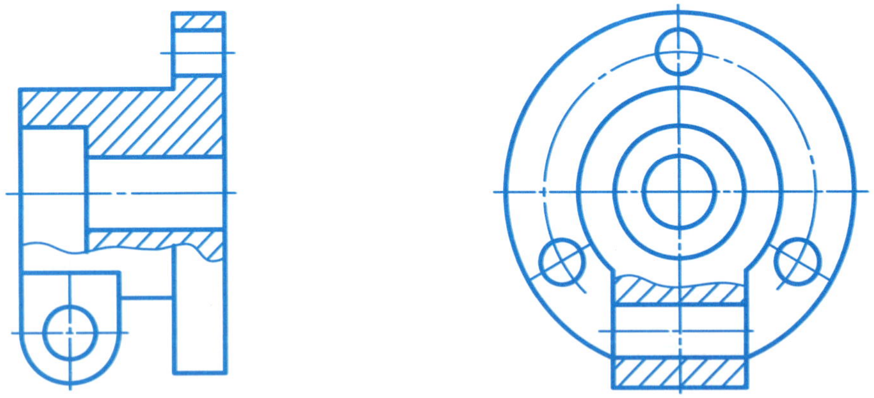

8. 标注组合体的尺寸（数值从图上直接量取）。

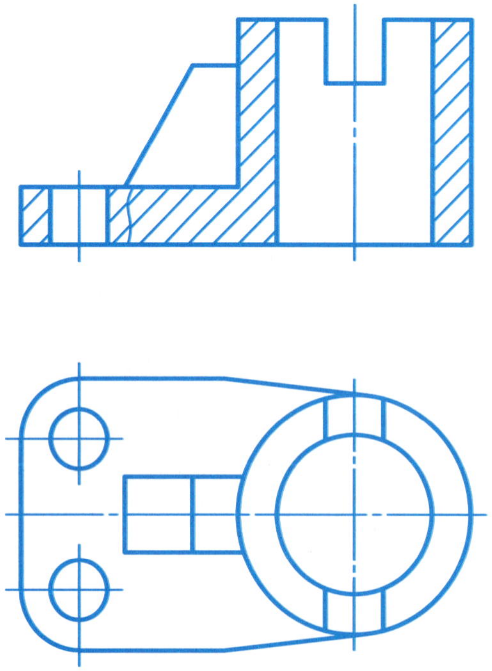

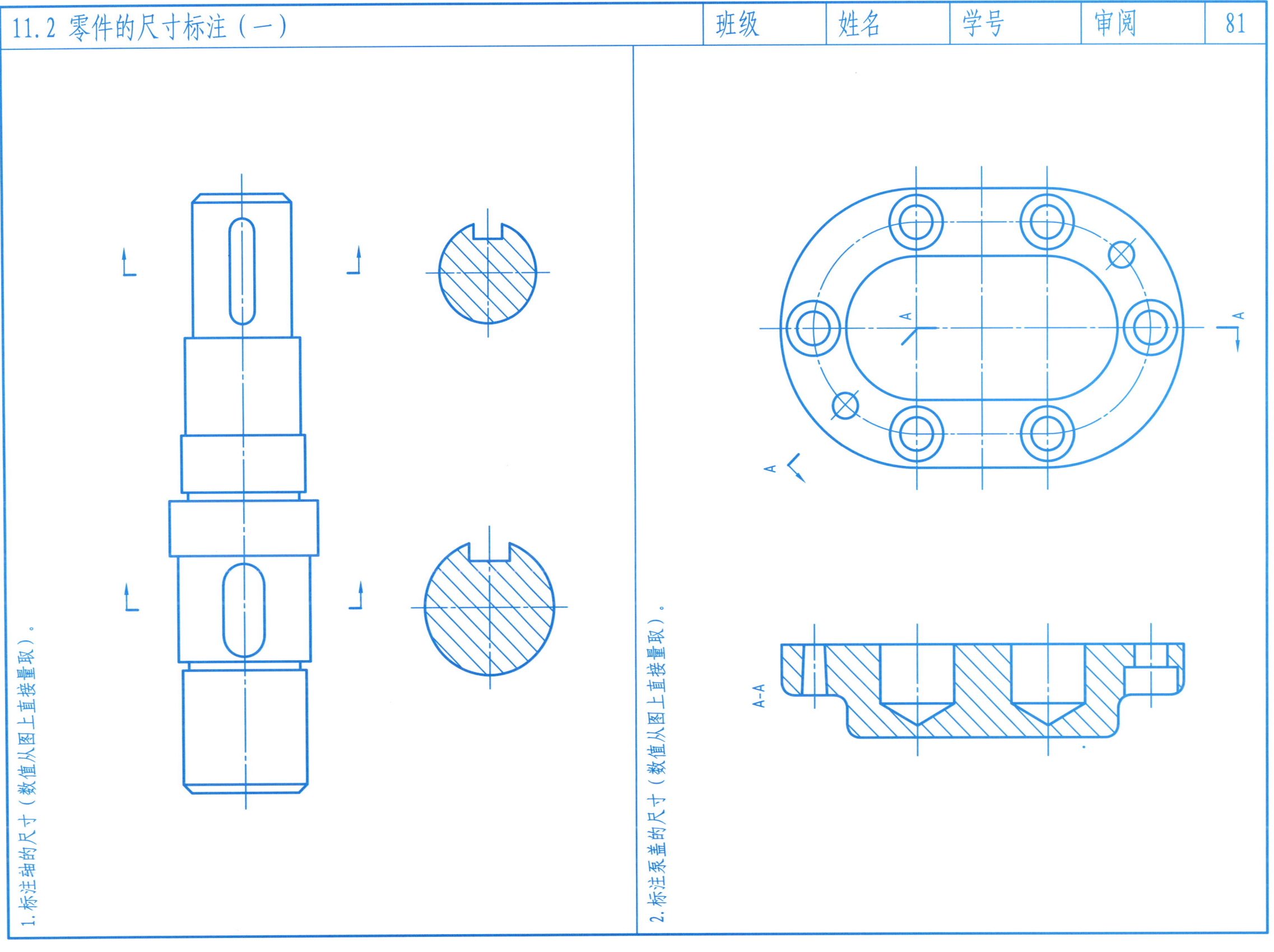

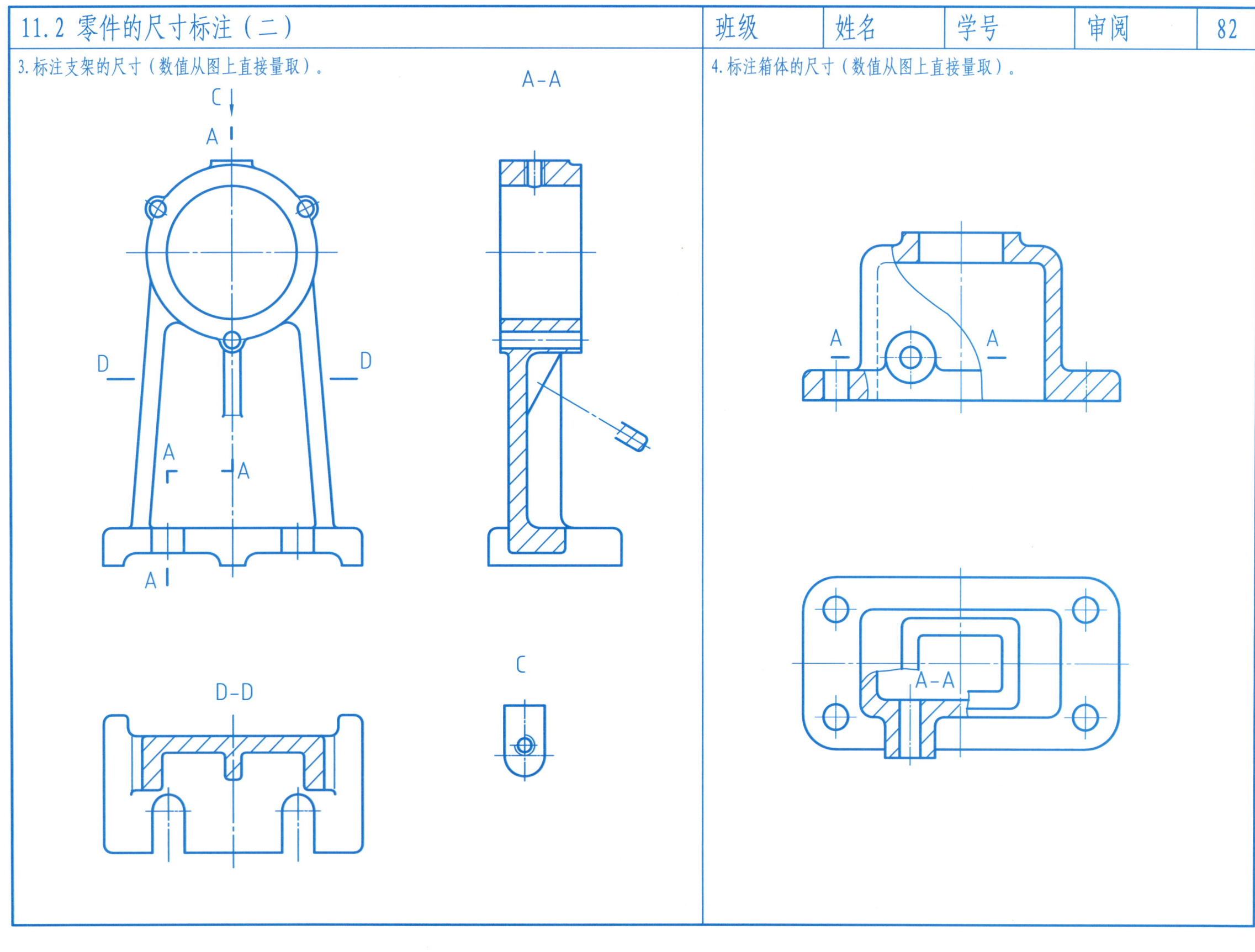

| 12 | 标准件和常用件的画法 | 12.1 螺纹的规定画法、代号、标记 | 班级 | 姓名 | 学号 | 审阅 | 83 |

1. 按规定画法，绘制螺纹的主、左视图（1:1）：

(1) 外螺纹：大径d=20，螺纹长30，螺杆长画40mm后断开，螺纹倒角C2。
(2) 内螺纹：大径D=20，螺纹长30，孔深40mm，螺纹倒角C2。（主视图取全剖视）

2. 将题1(1)的外螺纹调头，旋入题1(2)的螺孔，旋合长度为20mm，参考教材，作旋合后的主视图（取全剖视）。

3. 已知下列螺纹代号，试识别其意义并填表。

螺纹代号	螺纹种类	大径	螺距	导程	线数	旋向	公差带代号（中径）	旋合长度（种类）
M20-6g-S								
M20×1 LH-6H								
Tr50×24(P8)								
G 3/8								

4. 根据下列给定的螺纹要素，标注螺纹的标记或代号：

(1) 粗牙普通螺纹：公称直径24mm，螺距3，单线，右旋。螺纹公差带：中径、小径的公差带均为6H，旋合长度属于短的一组。
(2) 细牙普通螺纹：公称直径30mm，螺距2，单线，右旋。螺纹公差带：中径5g，大径6g，旋合长度属于中等的一组。
(3) 非螺纹密封的管螺纹，尺寸代号3/4，公差等级为A级，右旋。
(4) 梯形螺纹，公称直径30mm，螺距6mm，双线，左旋。

5. 分析下列错误画法，并将正确的图形画在空白处。

12.2 螺纹紧固件的画法及标注

1. 查表填写下列各紧固件的尺寸：

   （1）六角头螺栓 GB/T 5782 M16×60

   （2）双头螺柱 GB/T 898 M16×60

   （3）A级的1型六角螺母 GB/T 6170 M16　　（4）平垫圈 GB/T 97.1 16

2. 指出下列图中的错误，并在其旁边画出正确的连接图。

   （1）螺栓连接

   （2）螺钉连接

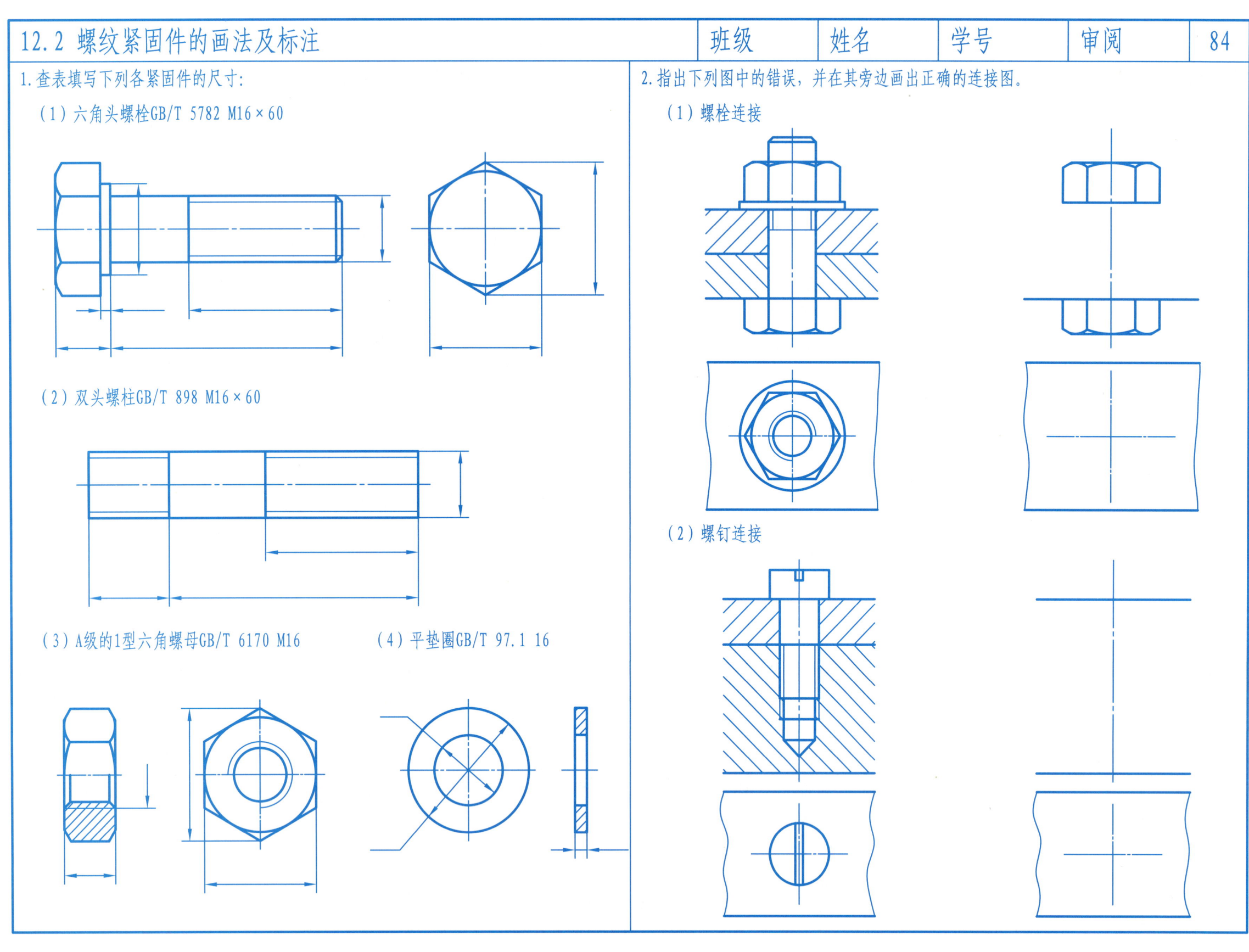

| 12.3 螺纹紧固件连接的画法（一） | 班级 | 姓名 | 学号 | 审阅 | 85 |

1. 用螺栓GB/T 5780 M16×L连接两块钢板。已知板厚t₁=t₂=28，螺母GB/T 6170 M16，垫圈GB/T 97.1 16。用比例画法画螺栓连接装配图（画图比例1∶1）。主视图取全剖，俯视图和左视图画外形。写出螺栓的正确标记（L计算后取标准值）。

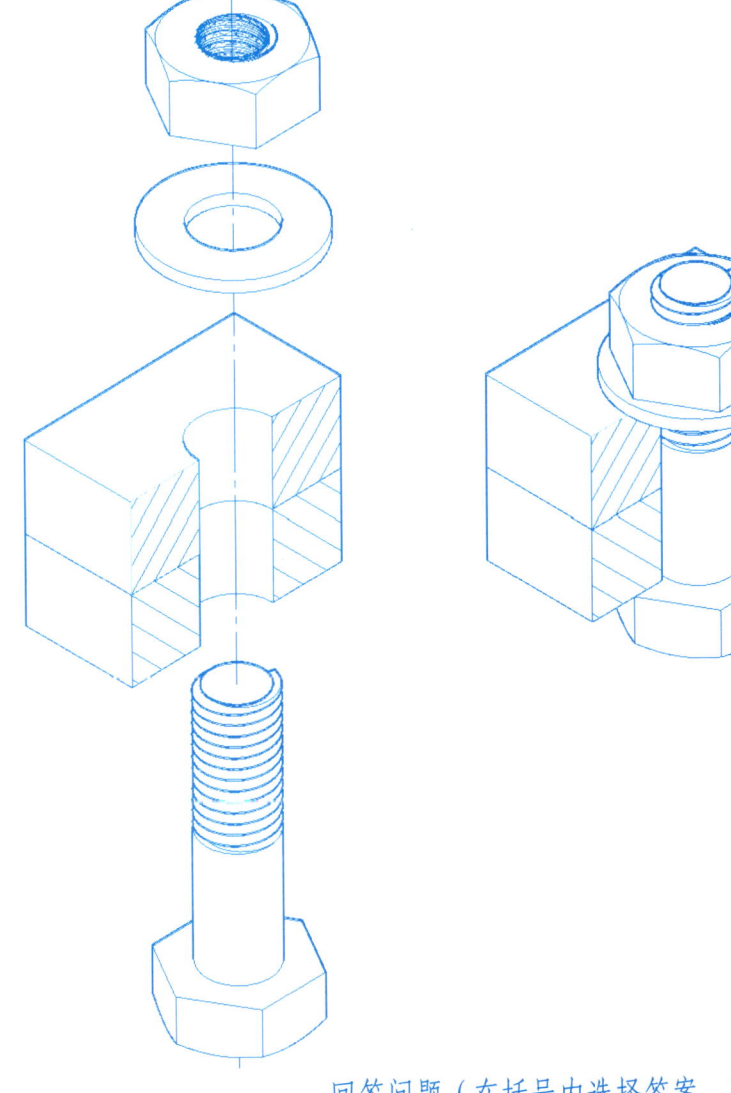
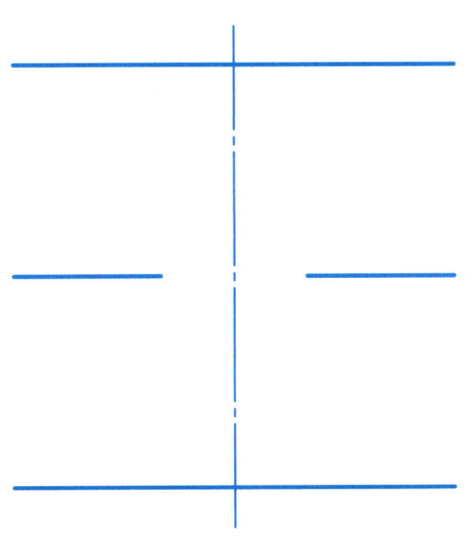

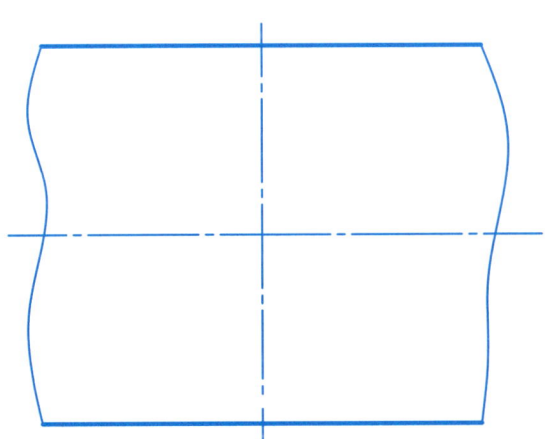

回答问题（在括号内选择答案，正确的打√）：

（1）螺栓在连接装配图中是按（①外形，②剖视）画图。

（2）螺栓六方头在主视图和左视图上的投影形状（①相同，②不同）。

（3）螺栓的正确标记中L为：（①标准值，②计算长度）。

（4）螺栓的标记：

| 12.3 螺纹紧固件连接的画法（二） | 班级　　　　姓名　　　　学号　　　　审阅 | 86 |

2. 已知螺柱GB/T 898 M16×40，螺母GB/T 6170 M16，垫圈GB/T 97.1 16，用比例画法画出连接后的主、俯视图（比例为1:1）。

3. 已知螺钉GB/T 67-2000 M8×30，用比例画法画出连接后的主、俯视图（比例为2:1）。

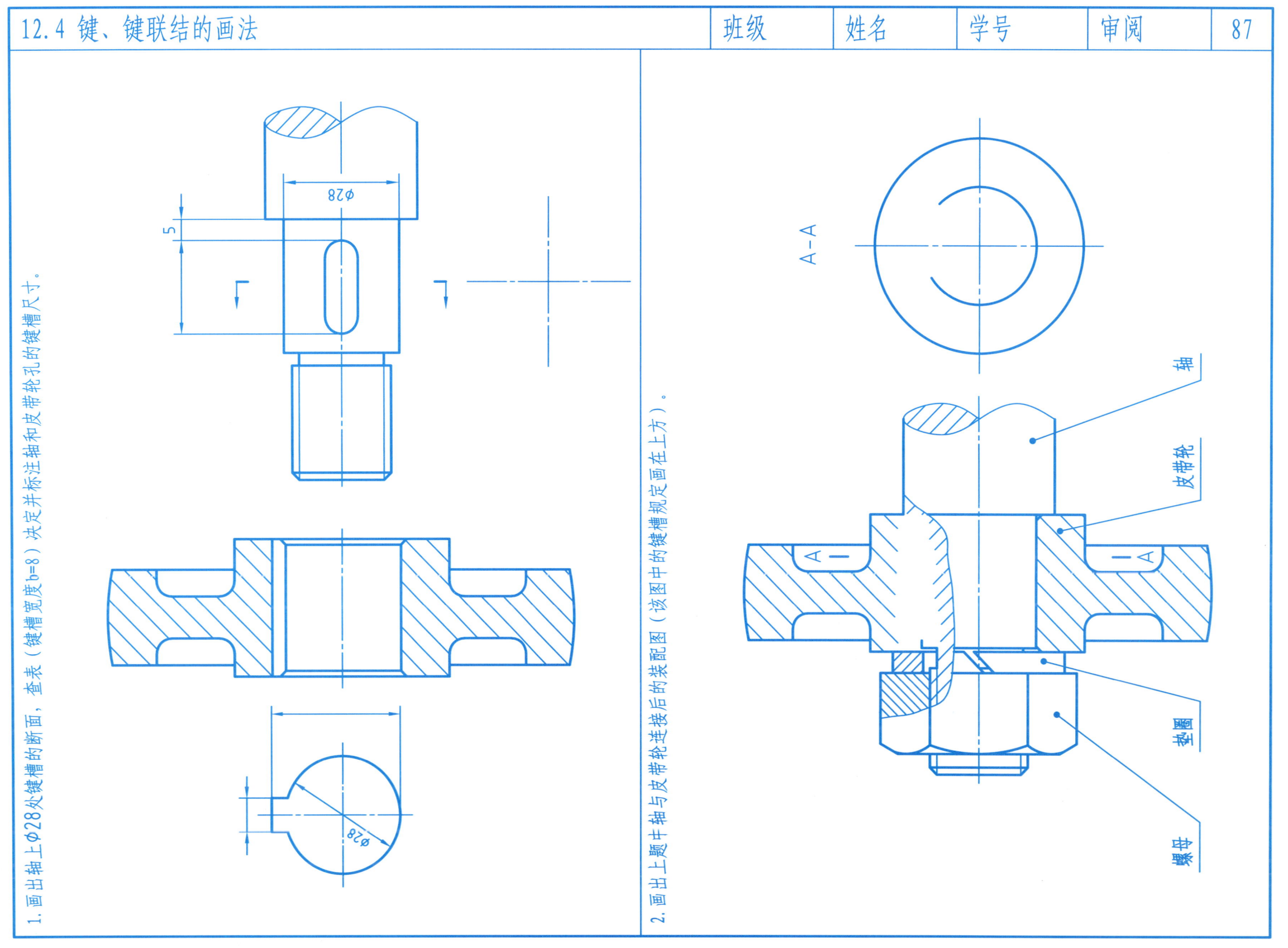

12.5 圆柱齿轮的画法

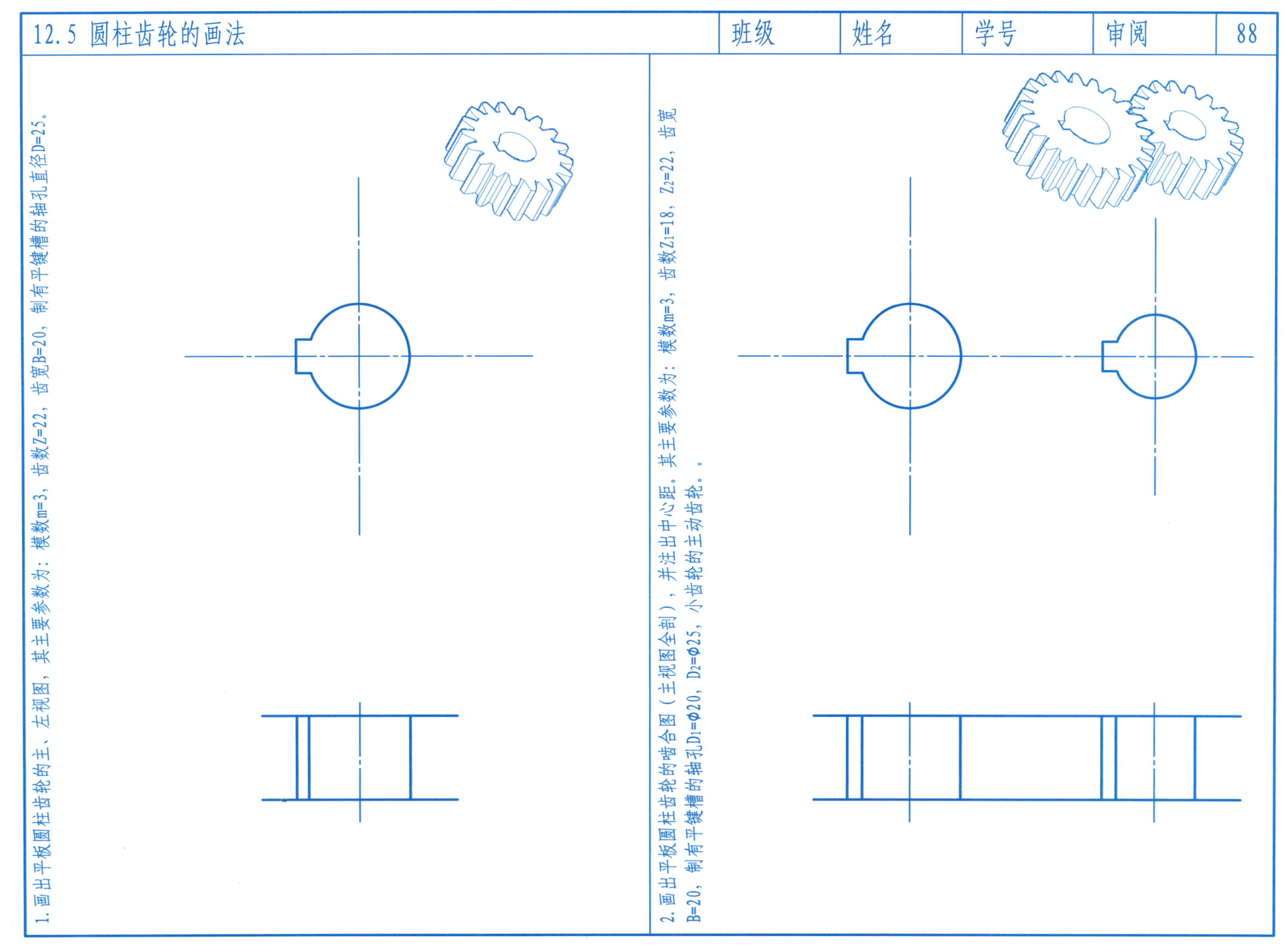

1. 画出平板圆柱齿轮的主、左视图，其主要参数为：模数 $m=3$，齿数 $Z=22$，齿宽 $B=20$，制有平键槽的轴孔直径 $D=25$。

2. 画出平板圆柱齿轮的啮合图（主视图全剖），并注出中心距。其主要参数为：模数 $m=3$，齿数 $Z_1=18$，$Z_2=22$，齿宽 $B=20$，制有平键槽的轴孔 $D_1=\phi 20$，$D_2=\phi 25$，小齿轮的主动齿轮。

12.6 销、滚动轴承和弹簧的画法

1. 图12-1为轴、齿轮和销的视图,画出用销(GB/T 119.1 6m6×35)连接轴和齿轮的装配图。(在图12-2中画)

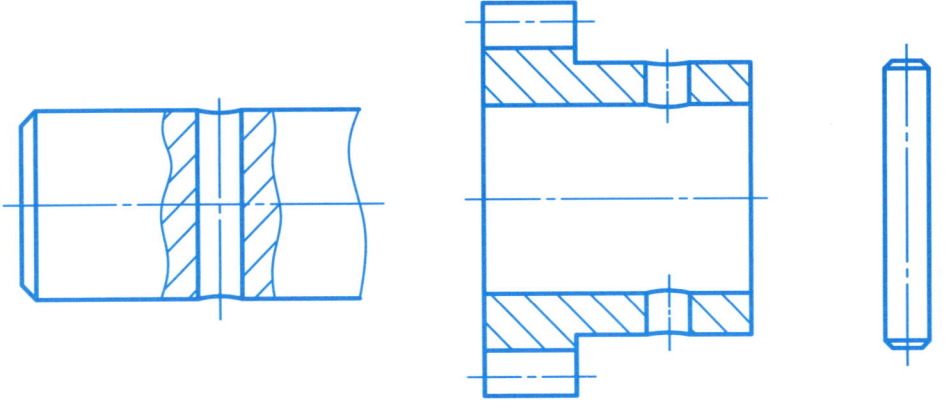

图12-1

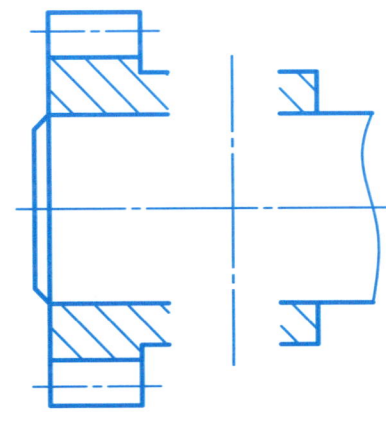

图12-2

2. 用规定画法,1:1的比例,在齿轮轴的φ30m6轴颈处画出深沟球轴承一对,轴承标记为:滚动轴承 6206 GB/T 276。(注意:轴承端面要靠紧轴肩)。

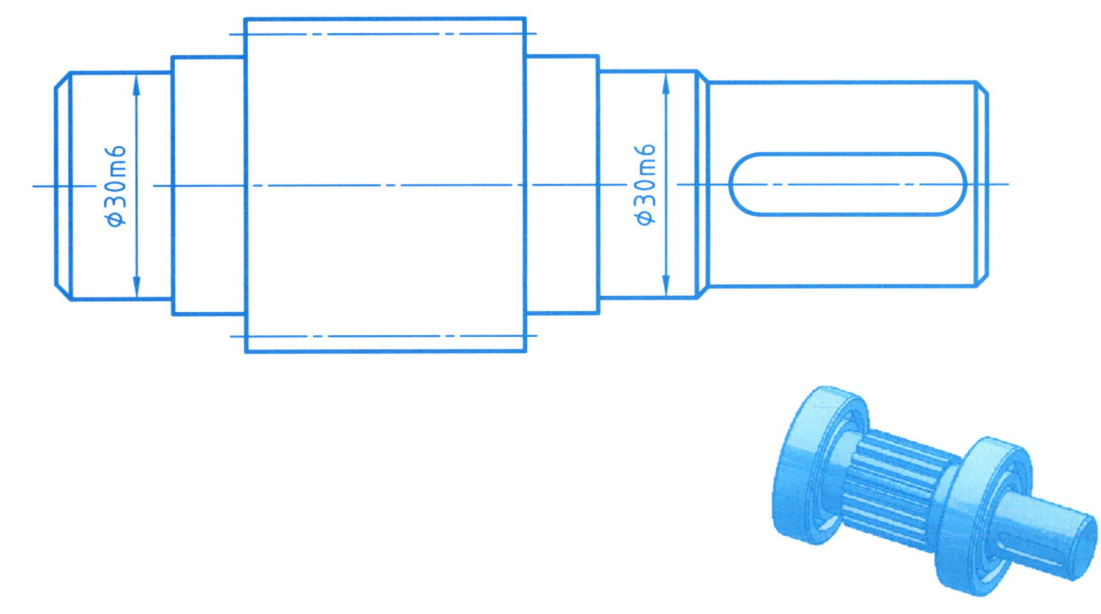

3. 已知圆柱螺旋压缩弹簧簧丝直径d=6,弹簧外径D=40,节距t=10,有效圈数n=7,支撑圈n_2=2.5,右旋。用比例1:1画出弹簧的主视图(轴线水平放置,全剖),并标注尺寸,在图的右下方注明旋向、n、n_1和展开长度L等值。

13 零件图　　13.1 第六次大作业　　测绘零件的零件图(一)

一、作业内容
测绘"阀盖"(轴测图如右图所示)、"轴支座"(轴测图在第91页)零件图。

二、作业目的
了解零件图的内容及在生产中的作用。学习盘盖、叉架类零件图的绘制。

三、作业要求
1. 绘图仪器绘制或用草图绘制。布图合理，符合国标，保证视图投影关系。
2. 在分析零件的功用、加工方法、结构特点的基础上，能选取恰当的一组图形(视图、剖视图、断面等)完整、正确、清晰地表达该零件。
3. 掌握画零件图的方法、步骤。
4. 完整、清晰地标注尺寸。正确标注零件的典型工艺结构尺寸(如倒角、退刀槽、圆角、各种孔)及表面粗糙度代号。

四、作业指示
1. 零件分析。分析零件构形特点，选好主视图，采用恰当的表达方案。

　　阀盖：轮盘类零件，主要在车床上加工，按加工位置(即轴线水平)放置，画主视图(投影方向垂直于轴线)，取全剖表达各个孔的内形；用左视图表达阀盖的端面形状及安装孔、肋的分布情况；用局部视图表达"U"形凸台的端面形状。用重合断面表示肋的断面形状。

　　轴支座：属叉架类零件，按形状特征兼顾工作位置放置，画主视图(投影方向平行于轴线)，取局部剖视表达倾斜菱形板上的孔及倾斜圆孔与水平轴孔的相交情况；底板上取一局部剖视表示安装孔。左视图取旋转剖视表达水平轴孔及倾斜圆孔与水平轴孔的相交；俯视图取剖视表达底板及支承板断面；用斜视图表达倾斜菱形板端面的形状及孔的位置。

2. 图纸幅面及布图。采用A3图纸，横放，绘图比例为1:1，正确布图。视图间要留有足够标注尺寸的位置。画各个视图的基准线、对称线以及主要形体的轴线和中心线。

3. 画底稿。由主视图开始，画出各个视图的主要轮廓线，画图时要注意各视图间的投影关系，然后画出各个视图上的细节，如螺孔、安装孔、倒角、退刀槽、圆角等。

4. 检查、描深。底图完成后，清洁图面，再描深，检查时应注意：各部分形体、整体形状内、外表达是否完整，是否符合投影关系；断面是否画正确；剖面后的结构是否画全；标注是否正确。

5. 标注全部尺寸。

　　尺寸标注：零件图上的尺寸标注，要做到完整、清晰、符合标准，且能满足设计要求和工艺要求。标注尺寸时应做到：① 从设计要求和工艺要求出发，选择恰当的尺寸基准，不要标注成封闭尺寸链；② 尺寸应尽量标注在视图外边、两视图中间；③ 部件中两零件有联系的部分，尺寸基准应统一；④ 对于标准结构，如螺纹、退刀槽、轮齿、应把测量结果与标准核对，采用标准值；⑤ 重要尺寸，如配合尺寸、定位尺寸、保证工作精度和性能的尺寸等，应直接标注出来；⑥ 零件上的一些常见结构，如底板、法兰盘尺寸要按一定的标注方式进行尺寸标注。

　　尺寸测量的处理：在测量零件时，应根据零件尺寸的精度情况选用相应的量具，常用的测量工具有游标卡尺、外卡、内卡、直尺、角度规、螺纹规等，精度低的尺寸可用内、外卡及钢尺测量，精度较高的尺寸应采用游标卡尺进行测量。注意事项：① 测量时应尽量从基准出发以减少测量误差；② 尽量避免尺寸换算以减少错误和尺寸换算带来误差。

　　尺寸数字的处理：零件的尺寸有的可以直接量得，有的要经过一定的运算后才能得到，如中心距等，测量所得的尺寸还必须进行相应尺寸处理：① 一般尺寸，大多数情况下要调整到整数；② 重要的直径要取标准值；③ 对标准结构(如螺纹、键槽、齿轮的轮齿)的尺寸要取相应的标准值；④ 没有配合关系的尺寸或不重要的尺寸，一般圆整到整数；⑤ 有配合关系的尺寸(配合孔轴)只测量它的公称尺寸，其配合性质和相应公差值可查阅手册；⑥ 有些尺寸要进行复核，如齿轮传动轴孔中心距要与相啮合齿轮的中心距核对；⑦ 因磨损、碰伤等原因而使尺寸变动的零件要进行分析，标注复原后的尺寸；⑧ 零件的配合尺寸要与相配零件的相关尺寸协调，即测量后尽可能将这些配合尺寸同时标注在相关的零件上。

6. 注写公差配合及表面粗糙度代号。

　　零件表面粗糙度等级可根据各个表面的工作要求及精度等级来确定，可以参考同类零件的粗糙度要求或使用粗糙度样板进行比较确定，表面粗糙度等级时可根据下面几点决定：① 一般情况下，零件的接触表面比非接触表面的粗糙度要求高；② 零件表面有相对运动时，相对速度越高所受单位面积压力越大，粗糙度要求越高；③ 间隙配合的间隙越小，表面粗糙度要求应越高，过盈配合为保证连接的可靠性亦应有较高要求的粗糙度；④ 在配合性质相同的条件下，零件尺寸越小则粗糙度要求越高，轴比孔的粗糙度要求高；⑤ 要求密封、耐腐蚀或装饰性的表面粗糙度要求高；⑥ 受周期载荷的表面粗糙度要求应较高。

　　标注几何公差时参考同类型零件，用类比法确定，无特殊要求时一律不标注。请参阅有关手册。

7. 填写技术要求。

　　零件材料的确定，可根据实物结合有关标准、手册分析初步确定。常用的金属材料有碳钢、铸铁、铜、铝及其合金。参考同类型零件的材料，用类比法确定或参阅有关手册。

　　凡是用符号不便于表示，而在制造时或加工后又必须保证的条件和要求都可注写在"技术要求"中，其内容参阅有关资料手册，用类比法确定。

8. 填写标题栏。名称栏填"阀盖"或"轴支座"，图号填"06"；比例栏填"1:1"，材料栏填"HT150"。

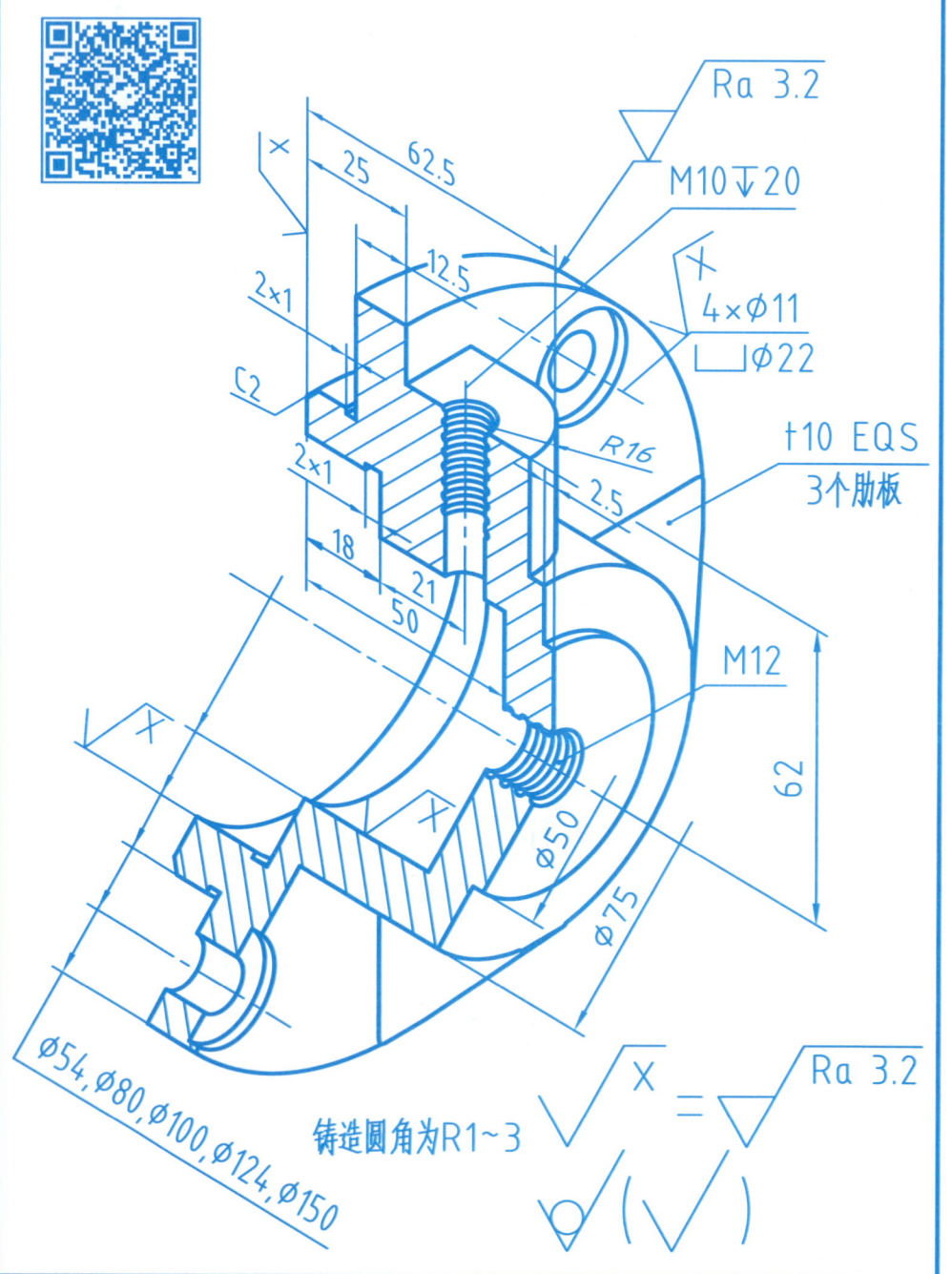

铸造圆角为R1~3

13.1 第六次大作业 测绘零件的零件图(二)

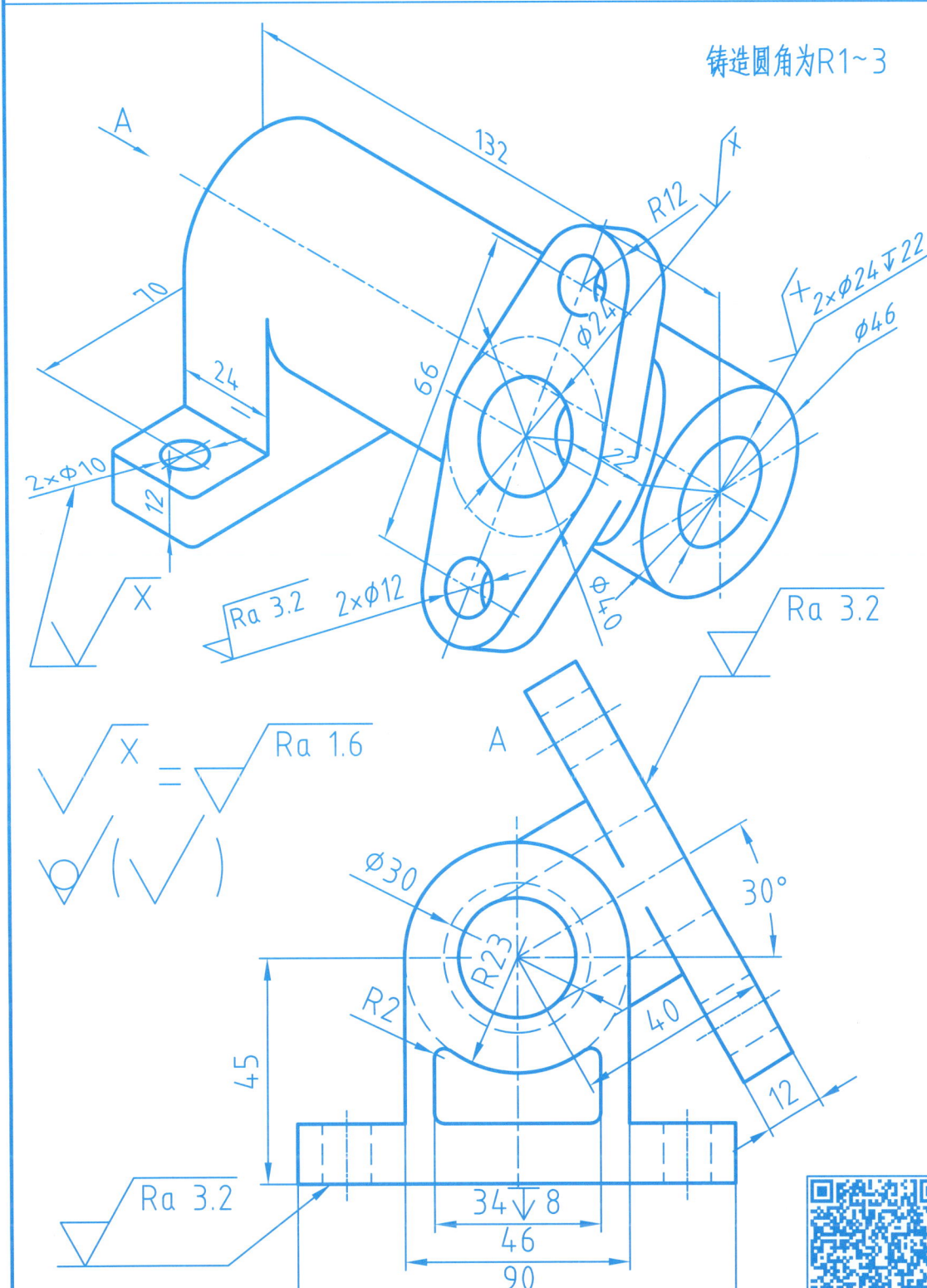

一、作业内容 测绘"箱体"零件的零件图。（箱体零件轴测图在第92页）
二、作业目的 学习箱体类零件图的绘制。
三、作业要求
  1. 用草图绘制和计算机绘制。布图合理，符合国标，保证视图投影关系。
  2. 选取恰当表达方案，完整、准确、清晰地表达该零件。
  3. 掌握用草图与计算机绘制零件图的方法、步骤。
  4. 完整、清晰地标注尺寸与技术要求。
  5. 零件草图应徒手画，目测比例、零件草图的内容与零件图内容一样。
四、作业指示
  1. 零件分析。箱体类零件是组成机器或部件的主要零件，用于容纳和支承其它零件，形状较复杂。该箱体是蜗杆、蜗轮及圆锥齿轮减速器箱体，箱体上有五个轴承孔，分别用于支承蜗杆轴、蜗轮轴及圆锥齿轮轴；壳体空腔用于容纳蜗杆、蜗轮及圆锥齿轮；空腔下部为存油池，便于润滑运动件；底部有放油孔，以便定期更换润滑油。各轴承孔的外侧有圆柱凸台，孔端面有安装端盖的螺孔，支承从动轴孔内侧也有凸台。箱体顶面有连接箱盖的4个螺孔及凸台。箱体底面有安装板，其中有4个安装孔及凸台。安装板底面有通槽，以减少加工面积。整个箱体外形呈长方体。
  2. 确定表达方案。箱体零件按工作位置安放，即底板平放画主视图，需要较多的图形才能表达清楚。选择视图时，可以多考虑一种方案，然后比较看哪种方案更清晰、简明，择优确定。注意：主要孔（轴孔）应取剖视表达清楚，次要孔（连接螺孔、安装孔）有的不便剖切，可用尺寸表明其深度。
  3. 绘制草图。画草图时，选用A2方格纸，画图框、标题栏，然后布图，目测，徒手画草图。由主视图开始，画出各个视图的主要轮廓线，画图时要注意各视图间的投影关系，然后画出各个视图上的细节，如螺孔、安装孔、倒角、退刀槽、圆角等。对铸件上的一些缺陷（如缩孔、粘沙及位置偏移）应根据实际结构要求修正画出。在画出全部尺寸线后，使用测量工具测量各部分尺寸填入图中，注写公差配合及表面粗糙度代号，写出技术要求。最后经检查并作修改或补充。
  箱体零件的尺寸数量较多，不要遗漏，不要互相矛盾。标注时要先选基准，一般选择安装面、结合面、对称面、主要孔的轴线作为主要基准。箱体的主要尺寸有轴承孔的大小及轴向尺寸，轴承孔的中心距，主动轴孔中心对安装面的中心高等。一般结构按形体分析法标注其定位尺寸与定形尺寸。
  4. 将草图整理成零件图，用计算机画出零件图。
  5. 填写标题栏。名称栏填"箱体"，图号填"06"；比例栏填"1∶1"。材料栏"HT200"。

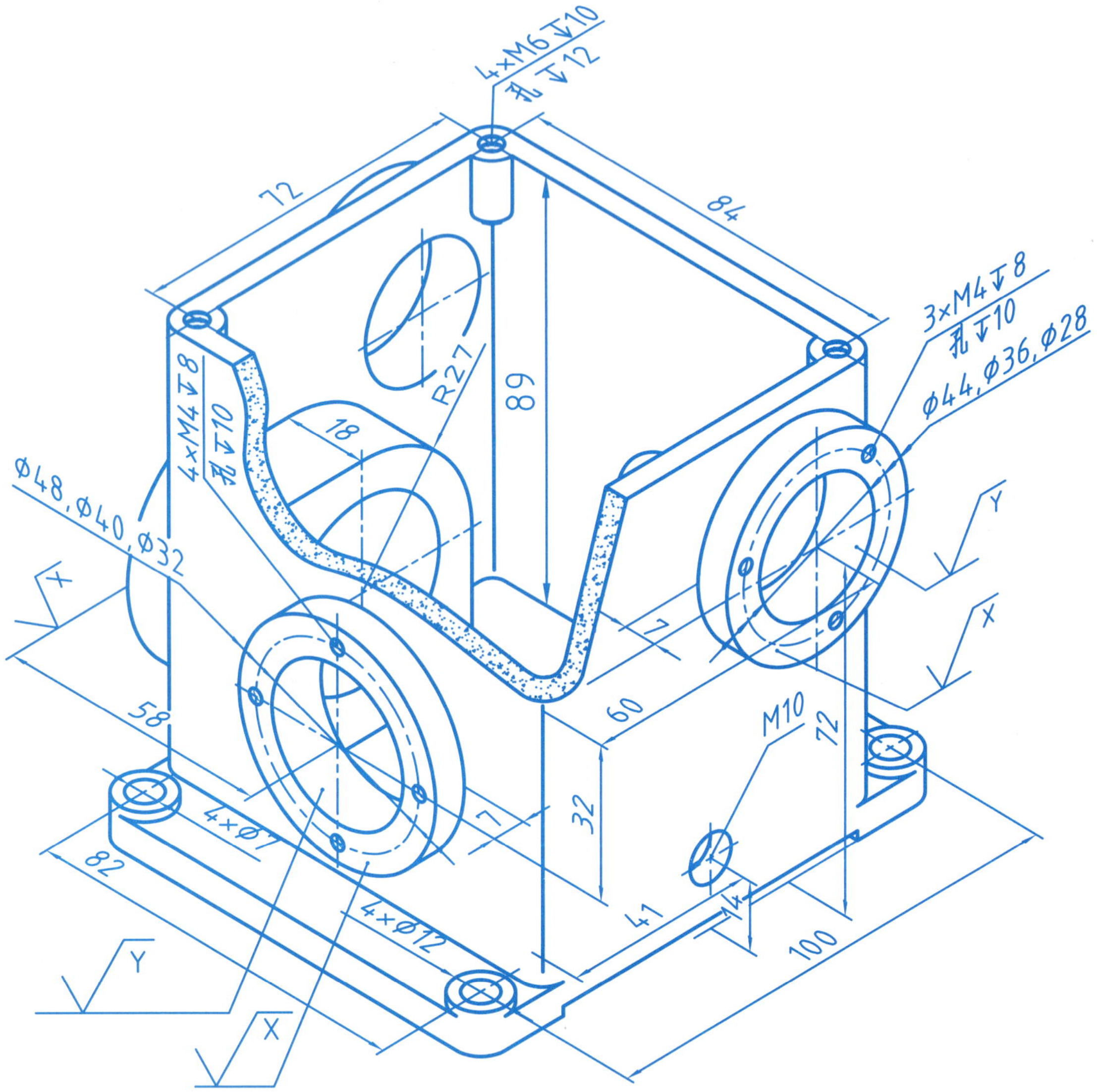

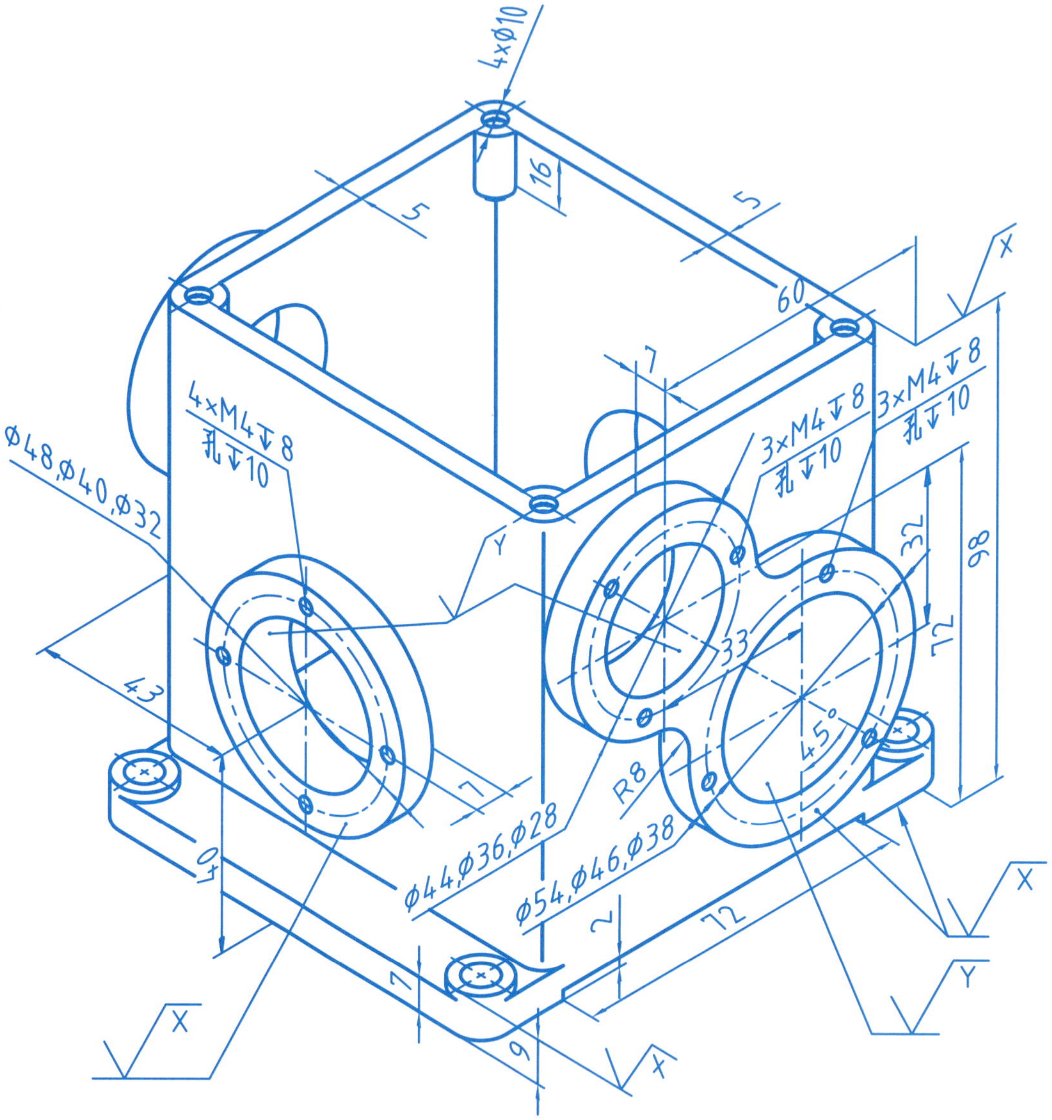

13.1 第六次大作业　测绘零件的零件图（三）

$\sqrt{X} = \sqrt{Ra\ 3.2}$　　$\sqrt{Y} = \sqrt{Ra\ 1.6}$

$\sqrt{\ (\sqrt{\ })}$

五个轴承孔(Φ28，Φ38，Φ32)公差带代号为H7，
孔口倒角为C1.5。
铸造圆角为R1~3。

13.2 零件图的技术要求

1. 根据装配图中的尺寸和配合代号写出配合制的种类，公差代号及配合种类，并在零件图中注出相应的尺寸和偏差数值，画出公差带示意图。

   尺寸φ25 H8/f8，____制配合，公差代号：孔____，轴____；____配合。

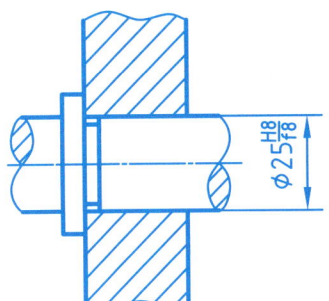 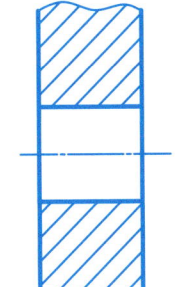 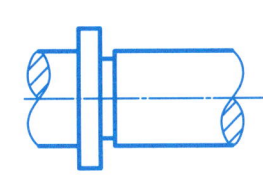

2. 根据零件图中注出的相应尺寸和偏差数值，查极限偏差表，在装配图中注出尺寸和配合代号，并写出配合制的种类，公差代号及配合种类，画出公差带示意图。

   ____制配合，公差代号：孔____，轴____；____配合。

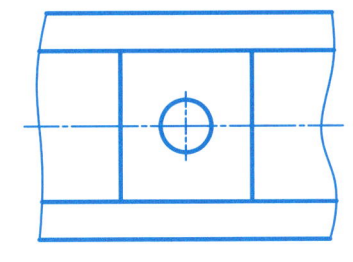 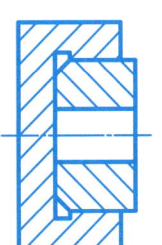

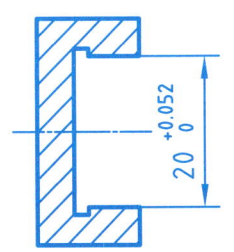 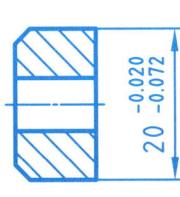

3. 将题中用文字所注的粗糙度，以符号和代号的形式标注在相应的图上。

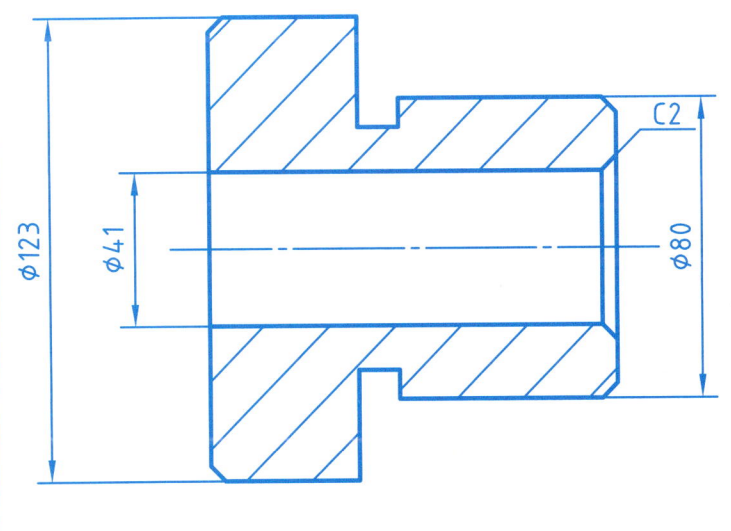

左、右端面的Ra为3.2μm。
φ123 圆柱表面的Ra为3.2μm。
φ80 圆柱表面的Ra为3.2μm。
φ41 圆柱表面的Ra为1.6μm。
C2 倒角的Ra为3.2μm。
其余表面的Ra为12.5μm。

4. 将下列各题中用文字所注的形位公差，以符号和代号的形式标注在相应的图上。

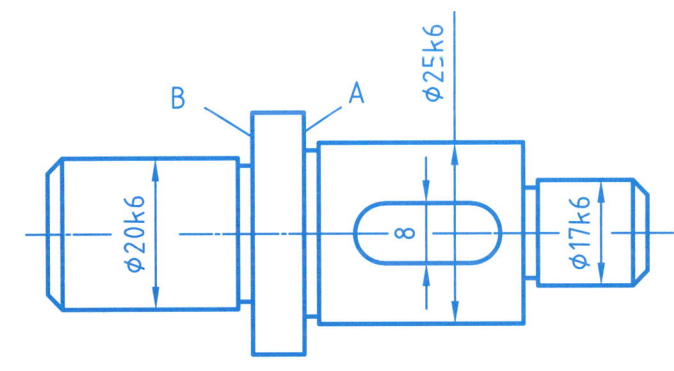

φ25k6对φ20k6和φ17k6的同轴度公差为0.025，端面A对φ25k6轴线的圆跳动公差为0.04，端面B对φ20k6轴线的圆跳动公差为0.04，键槽对φ25k6轴线的对称度公差为0.01。

13.3 读典型零件的零件图（一）

| 班级 | 姓名 | 学号 | 审阅 | 94 |

一、读导筒零件图（零件图在第95页），回答下列问题：
 1. 读导筒零件图，画出其左视图（虚线省略不画）。
 2. 回答下列问题：
  （1）在垂直轴线方向有＿＿＿种孔，一种是＿＿＿的＿＿＿孔，一种是＿＿＿的＿＿＿孔。
  （2）退刀槽有＿＿＿处，其尺寸为＿＿＿mm、＿＿＿mm和＿＿＿mm。
  （3）在图中M6-6H孔有＿＿＿个，其定位尺寸为＿＿＿mm。
  （4）说明M8-6H的含义：M8表示＿＿＿＿＿＿，6H表示＿＿＿＿＿＿。
  （5）说明 6×M6-6H▽8 / 孔▽10EQS 的含义＿＿＿＿＿＿＿＿＿＿。
  （6）导筒左端面的粗糙度Ra值为＿＿＿。
  （7）解释 ◎ ∅0.04 B ＿＿＿＿＿＿＿＿＿＿＿＿。

二、读主动轴零件图（零件图在第96页），回答下列问题：
 1. 读主动轴零件图，画出其B-B断面图、左视图。
 2. 回答下列问题：
  （1）表达该零件采用了＿＿＿、＿＿＿、＿＿＿表达方法。
  （2）组成主动轴的结构有＿＿＿个轴段、＿＿＿处退刀槽、＿＿＿倒角，其中一个轴段有＿＿＿，其中一个轴段有＿＿＿，其中一个轴段有＿＿＿。
  （3）说明 ⊥ 0.02 C 的含义：＿＿＿＿＿＿。
  说明 = 0.02 C-D 的含义：＿＿＿＿＿＿。
  （4）按零件的结构特点分类，该零件属于＿＿＿零件。
  （5）∅20f7 圆柱面的粗糙度代号为＿＿＿。
  （6）解释M12×1.5-6g ＿＿＿＿＿＿。

三、读轴承盖零件图（零件图在第96页），回答下列问题：
 1. 读轴承盖零件图，画出其B-B全剖视图。
 2. 回答下列问题：
  （1）主视图和左视图都采用了＿＿＿视图的表达方法。
  （2）B-B全剖视图是对＿＿＿机件的一种＿＿＿画法。
  （3）在图中∅90为＿＿＿尺寸，∅60为＿＿＿尺寸（定形尺寸或定位尺寸）。
  （3）说明 4×∅9 / ⌴∅18 的含义：＿＿＿＿＿＿。
  （4）∅54圆柱面的粗糙度代号为＿＿＿。
  （5）按零件的结构特点分类，该零件属于＿＿＿零件。

四、读拨叉零件图（零件图在第97页），回答下列问题：
 1. 读拨叉零件图，画出其左视图（虚线省略不画）。
 2. 回答下列问题：
  （1）表达该零件采用了＿＿＿图、＿＿＿图和＿＿＿图。
  （2）$\phi24^{+0.045}_{0}$ 最大极限尺寸为＿＿＿mm，最小极限尺寸为＿＿＿mm。
  （3）Ⅰ表面的表面粗糙度代号为＿＿＿，Ⅱ表面的表面粗糙度代号为＿＿＿。
  （4）拨叉选用的材料为＿＿＿。
  （5）拨叉零件图的绘图比例为＿＿＿。
  （6）按零件的结构特点分类，该零件属于＿＿＿零件。

五、读箱体零件图（零件图在第98页），回答下列问题：
 1. 读体零件图，画出其C-C全剖视图。
 2. 回答下列问题：
  （1）用"△"符号标注出俯视图中所有的定位尺寸。
  （2）说明∅58H7的含义：∅58 表示＿＿＿，H7 表示＿＿＿。
  （3）Ⅰ表面的表面粗糙度代号为＿＿＿，Ⅱ表面的表面粗糙度代号为＿＿＿。
  （4）按零件的结构特点分类，该零件属于＿＿＿零件。

六、读箱体零件图（零件图在第99页），回答下列问题：
 1. 画出A-A全剖视图。
 2. 回答下面问题：（14分，每空2分）
  （1）M6-7H的螺孔有＿＿＿个，其定位尺寸为＿＿＿。
  （2）主视图是＿＿＿剖切的＿＿＿剖视图。
  （3）零件上Ⅰ表面的粗糙度代号为＿＿＿，Ⅱ表面的粗糙度代号为＿＿＿。
  （4）该零件上倒角尺寸为＿＿＿。

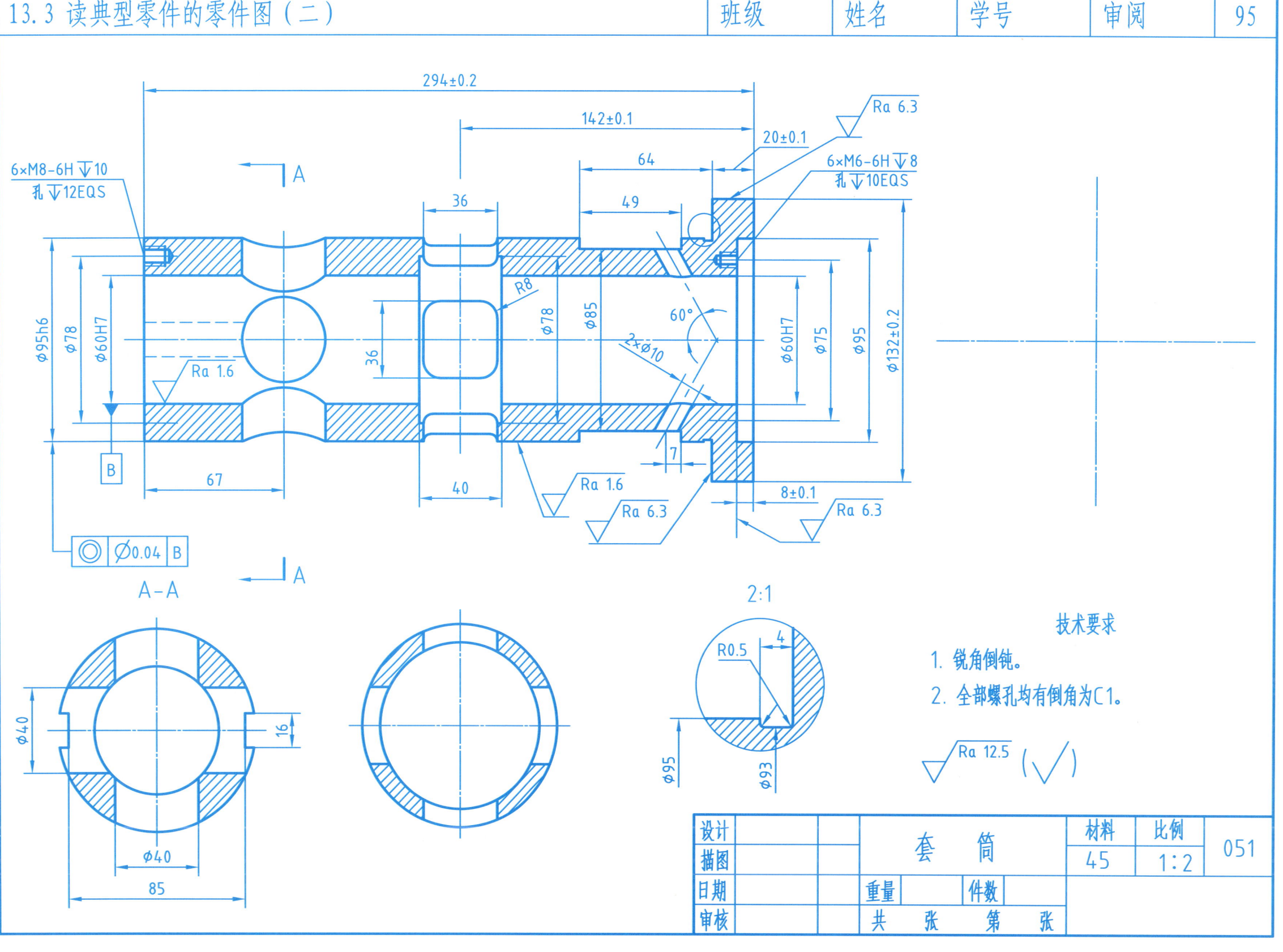

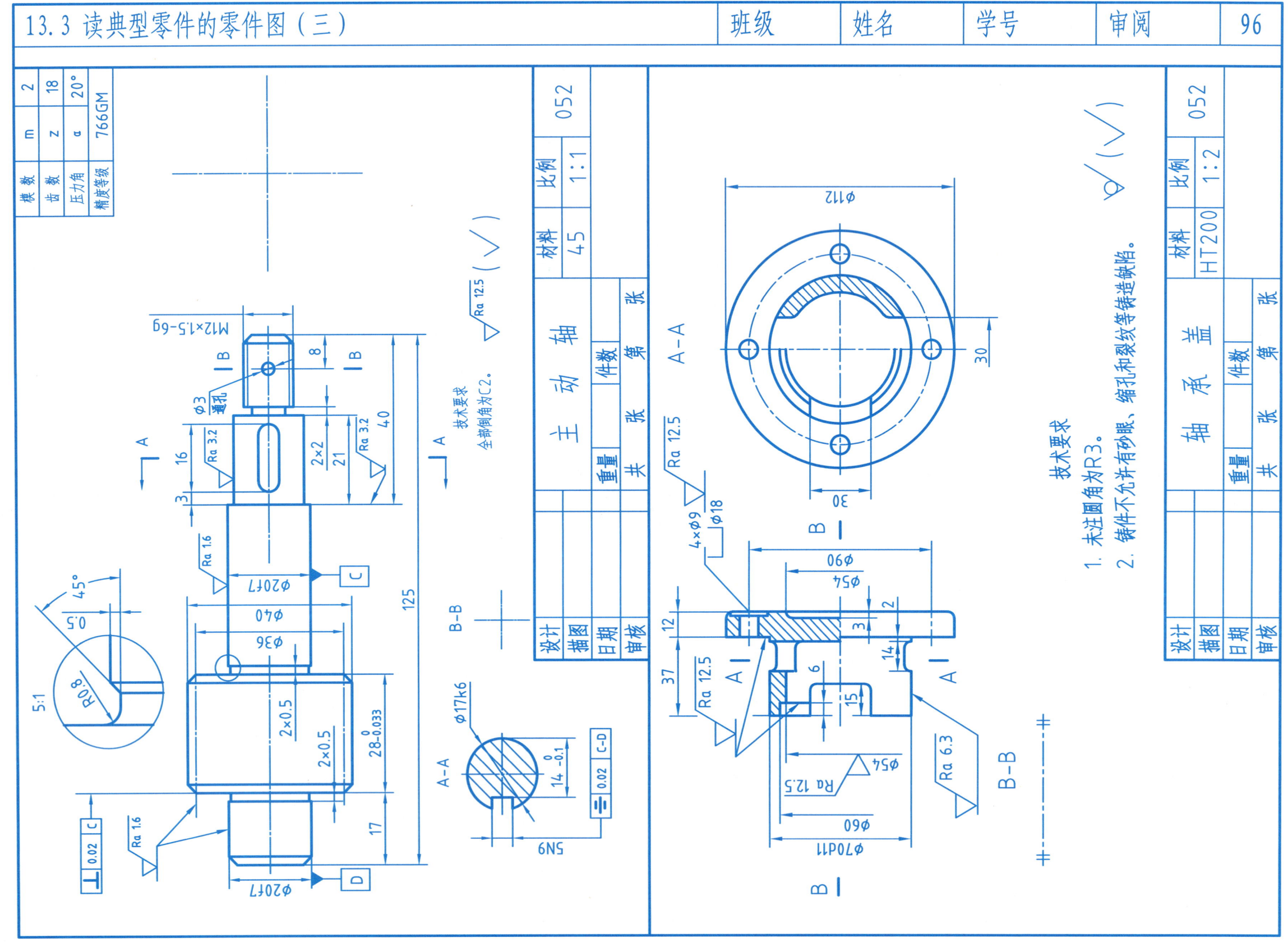

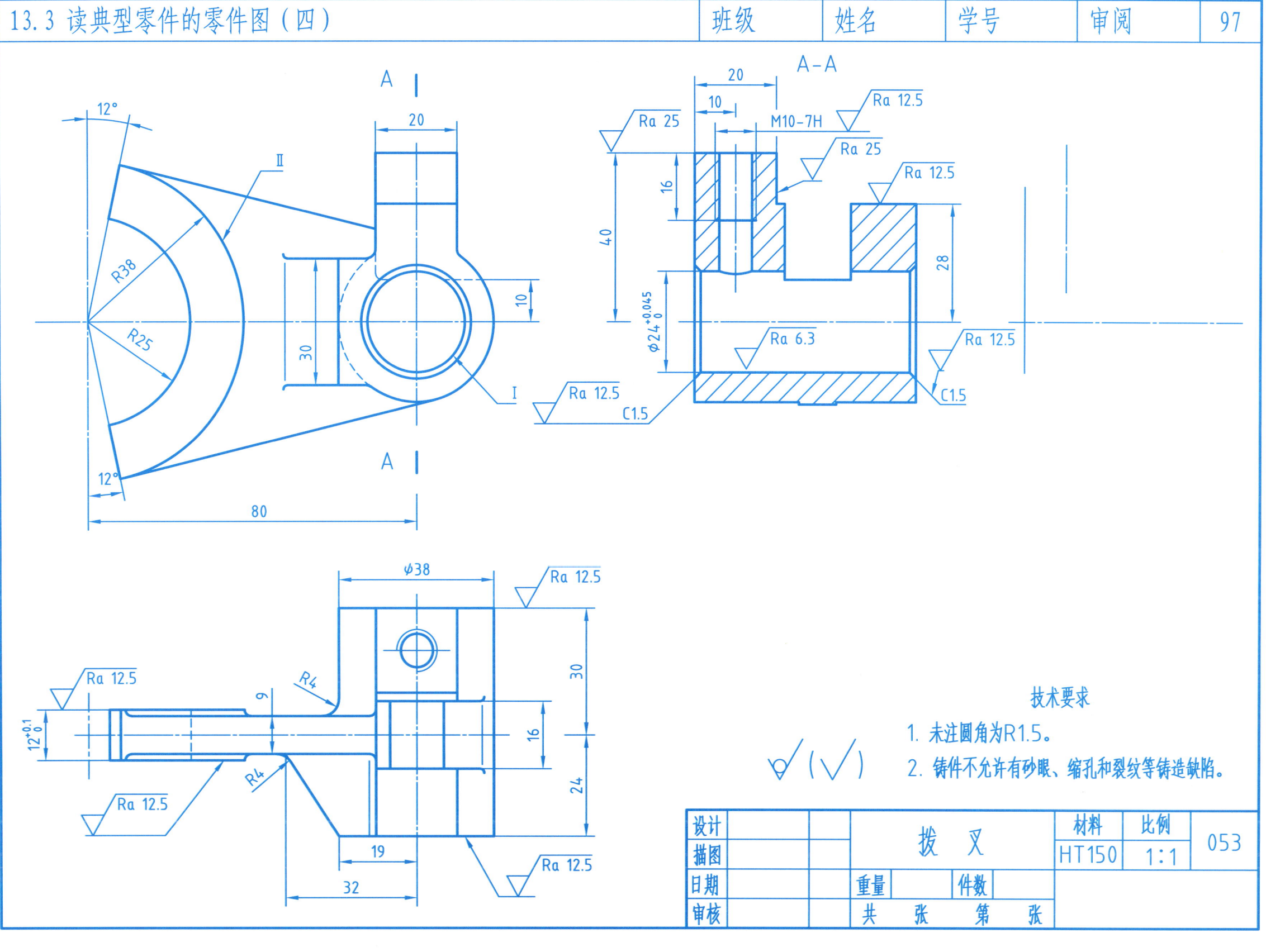

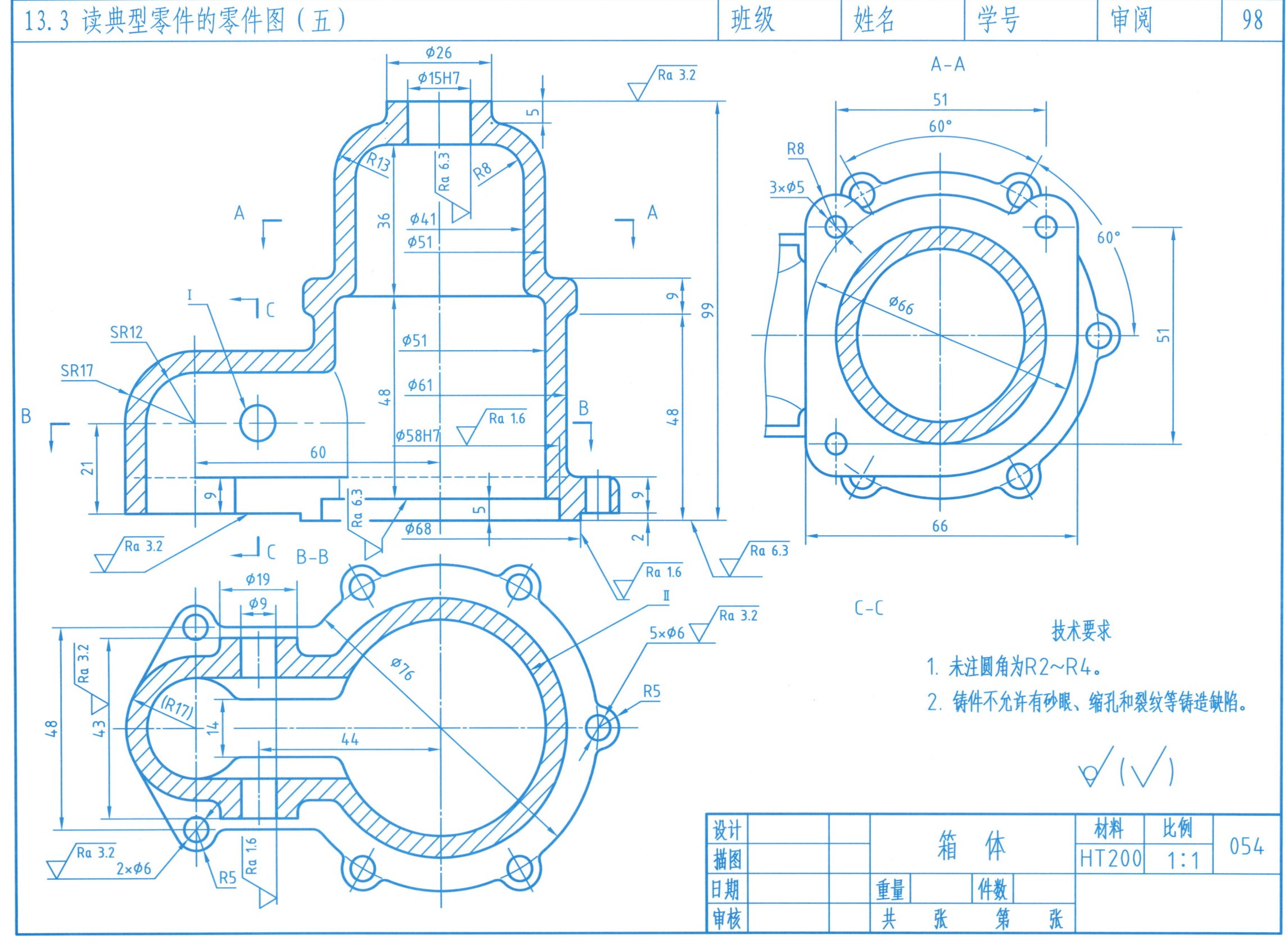

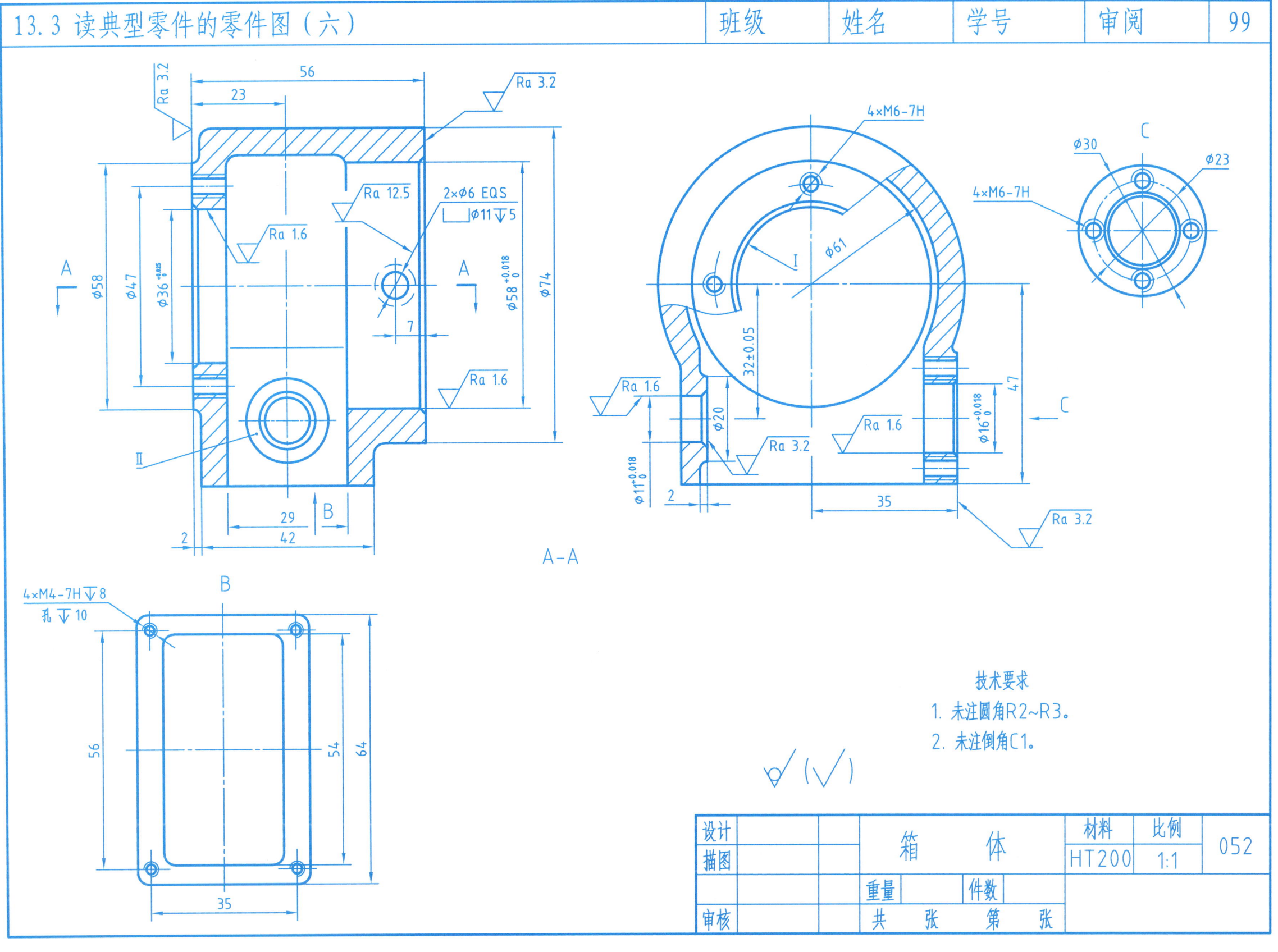

14 装配图　14.1 第七次大作业　由零件图画装配图（一）

一、作业内容　根据螺套千斤顶的零件图（零件图在第100～101页）画出装配图（拼图）。
二、作业目的　了解部件的装配顺序，并练习用手工及AutoCAD绘制装配图。
三、作业要求
　1. 所画装配图对部件的功用、工作原理、零件间的装配关系等要表达完全，所采用的表达方法要正确，同时方便看图，清楚易懂。
　2. 正确标注装配图的尺寸。
　3. 按顺序编号法对零件编号，遵守编号规定。
四、作业指示
　1. 根据螺套千斤顶装一套零件图，结合螺套千斤顶轴测图(见第100页)，仔细阅读每张零件图，想出零件形状，弄清零件之间的装配关系、部件的工作原理和作用。
　2. 选择视图表达方案。螺套千斤顶采用全剖视的主视图。主视图按工作位置安放，如装配示意图所示，过螺杆3轴线取全剖。画螺杆3矩形螺纹牙型的局部剖视图。
　3. 手工画草图。选1:1的比例，用A3图纸横放。布图，画各视图的基准线。如螺杆8轴线及下端面轮廓线，定出标题栏、明细表的位置大小。
　　（1）画视图；螺套千斤顶的主视图按从内向外画的方法作图。画图顺序为：先画螺杆3→螺套6→底座7→顶垫1→紧定螺钉2、5→绞杆4→在螺杆3上螺纹牙型局部剖视图。
　　（2）检查，画剖面线。画剖面线时应特别注意，不同零件的剖面线方向、间隔应不同。
　　（3）注尺寸，描深。
　　（4）对零件编序号、填明细表、标题栏。图名为"螺套千斤顶"，比例为"1:1"，图号"07"。
　4. 用AutoCAD绘制机用虎钳装配图。参考《AutoCAD 2012工程绘图上机指导》的实验十三。

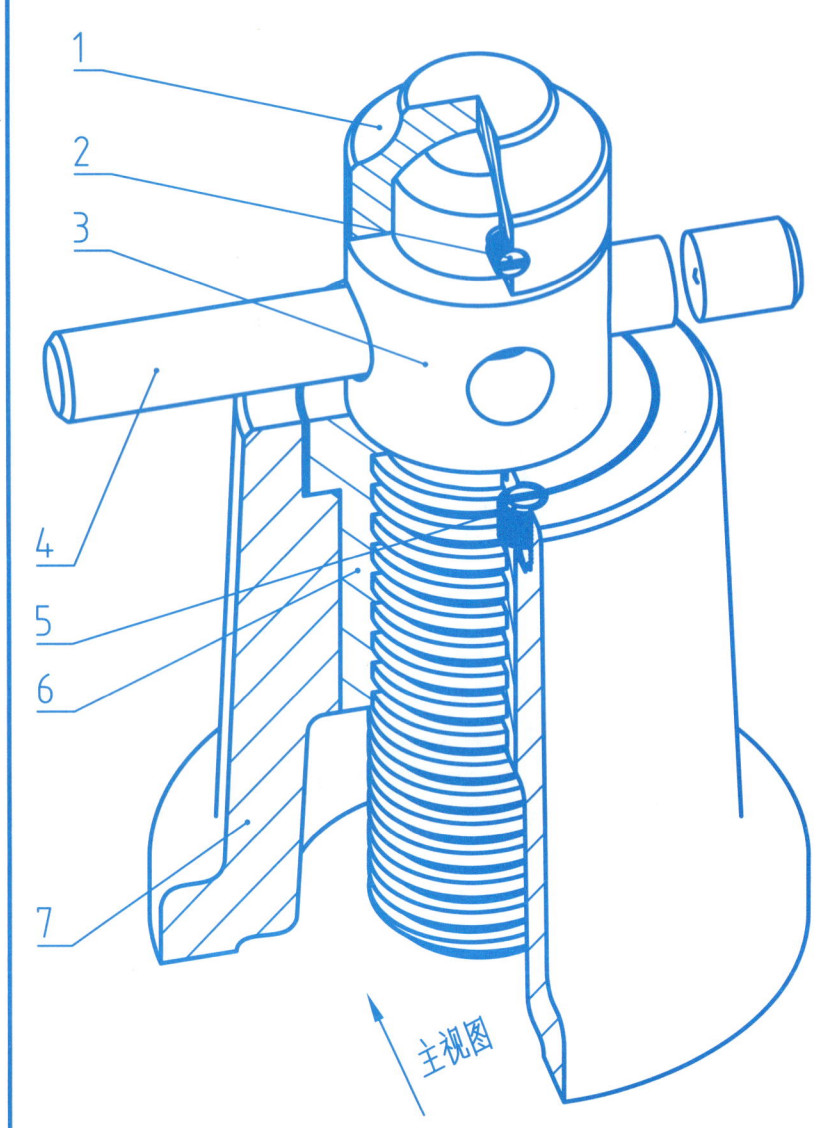

主视图

工作原理与装配关系：

　千斤顶是利用螺旋转动来顶举重物的一种起重或顶压工具，常用于汽车修理及机械安装中。工作时，重物压于顶垫1之上，将绞杠4穿入螺杆3上部的孔中，旋动绞杠4，因底座7及螺套6不动，则螺杆做旋转运动的同时，靠螺纹联结做上、下移动，从而顶起或放下重物。螺套6镶在底座7里，采用 $\phi 65\frac{H8}{f7}$ 配合，并用螺钉5定位，磨损后便于更换；顶垫1在螺杆3顶部，其球面形成传递承重之配合面，由螺钉2锁定，使顶垫1不至脱落。

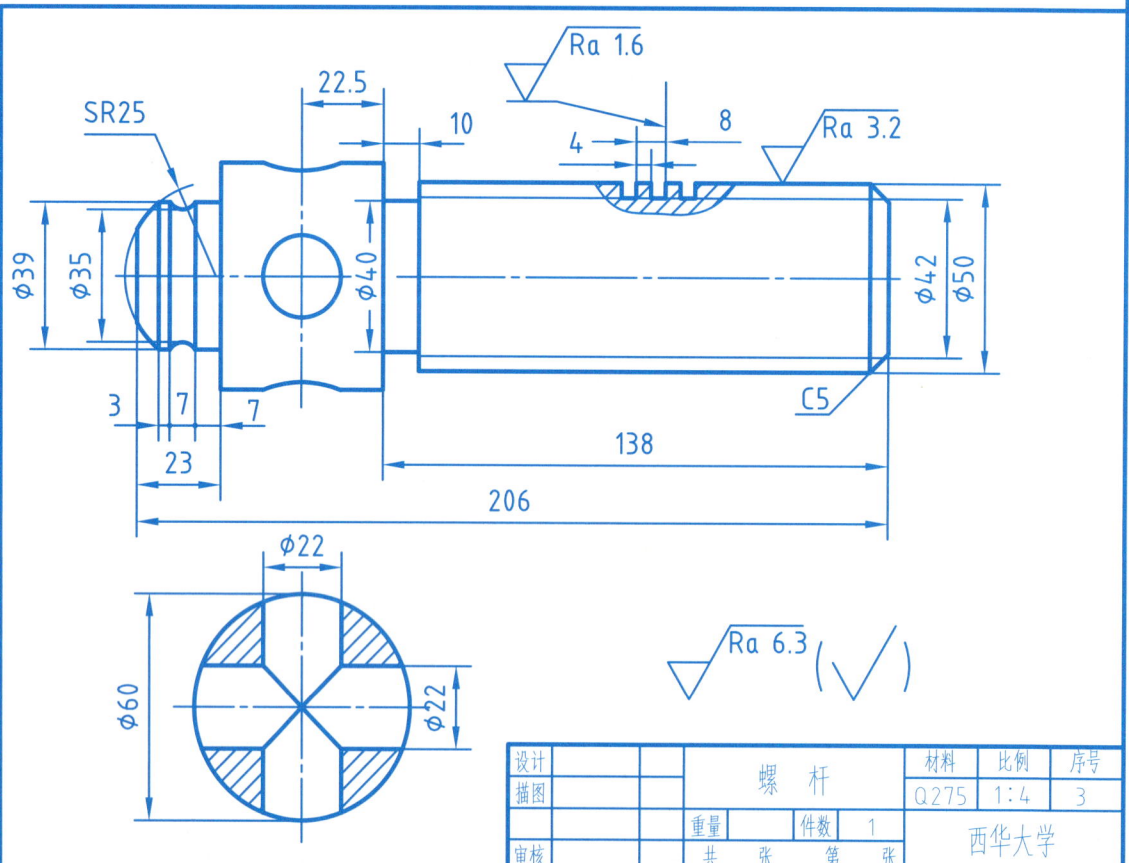

7	底座	1	HT200	
6	螺套	1	ZCuAl10fe3	
5	紧定螺钉 M10×12	1	Q235	GB/T 73 M10×12
4	绞杠	1	Q275	
3	螺杆	1	Q275	
2	紧定螺钉 M8×10	1	Q235	GB/T 75 M8×10
1	顶垫	1	Q275	
序号	零件名称	数量	材料	备注

螺杆　　材料 Q275　比例 1:4　序号 3
西华大学

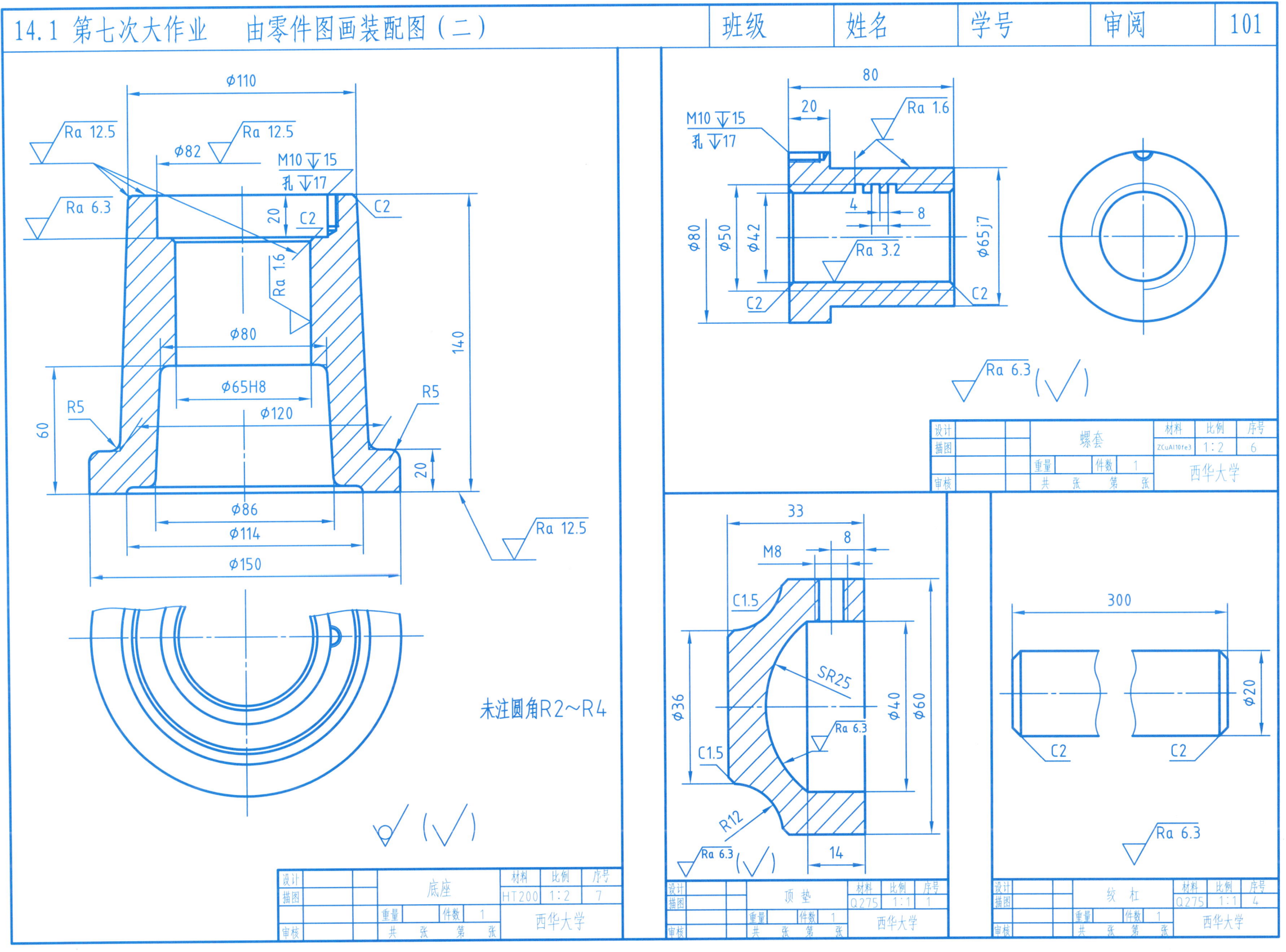

14.1 第七次大作业 由零件图画装配图（三）

一、作业内容 根据机用虎钳的零件图（零件图在第104～106页）画出装配图（拼图）。

二、作业目的 了解部件的装配顺序，并练习用手工及AutoCAD绘制装配图。

三、作业要求

1. 所画装配图对部件的功用、工作原理、零件间的装配关系等要表达完全，所采用的表达方法要正确，同时方便看图，清楚易懂。

2. 正确标注装配图的尺寸。

3. 按顺序编号法对零件编号，遵守编号规定。

四、作业指示

1. 根据机用虎钳装配示意图（见右图）及一套零件图，结合虎钳轴测图（见第103页），仔细阅读每张零件图，想出零件形状，弄清零件之间的装配关系、部件的工作原理和作用。

2. 选择视图表达方案。机用虎钳采用主、俯、左三个基本视图。主视图按工作位置安放，如装配示意图所示，过螺杆8轴线取全剖。俯视图主要画外形，过螺钉10轴线取局部剖。左视图通过螺钉3轴线取半剖。另画螺杆8方头的移出断面、矩形螺纹牙型的局部放大图。

3. 手工画草图。选1:1的比例，用A2图纸横放。布图，画各视图的基准线，如螺杆8轴线及左端面轮廓线、对称中心线等，定出标题栏、明细表的位置大小（见第100页）。

（1）画视图。画图时从主视图开始，以主视图为主，几个基本视图同时考虑，逐个画图。

机用虎钳的主视图按从内向外画的方法作图。画图顺序为：先画螺杆8→（右端）垫圈11→固定钳身1→（左端）垫圈5→环7→销6→螺母9（其上端M12螺孔轴线与固定钳身1下方定位块对称线重合）→活动钳身4→螺钉3→左、右钳口板2断面。

俯视图按从外向内画的方法作图。按主、俯长对正的规律，先固定钳身，再画活动钳身，接着画其余各件的可见轮廓线。重点画清楚通过螺钉10轴线的局部剖视图，表示钳口板与钳身沉头螺钉连接。

左视图通过螺钉3轴线作"A-A"半剖视。按从外向内画，高平齐，画固定钳身外形、活动钳身外形。以中心线为界，视图部分画各件的左视可见轮廓线；剖视部分画安装孔→固定钳身1的内槽→螺母9断面→螺杆8断面→螺钉3。

按2:1画螺杆的矩形螺纹牙型放大图。作"B-B"移出断面，表示螺杆右端方头断面形状。

（2）检查，画剖面线。画剖面线时应特别注意，同一零件在各剖视图、断面图中的方向、间隔应一致。

（3）注尺寸，描深。

（4）对零件编序号。

（5）填明细表、标题栏。图名为"机用虎钳"，比例为"1:1"，图号"07"。

4. 用AutoCAD绘制机用虎钳装配图。参考《AutoCAD 工程绘图上机指导》的实验十三。

五、机用虎钳的工作原理及装配关系

机用虎钳是安装在机床工作台上，用于夹紧被加工零件的工具。它是一种通用夹具，由11种零件组成，其中两种标准件。当用扳手转动螺杆8时，带动方块螺母9使活动钳身4沿固定钳身1的矩形导轨面作直线运动，使钳口闭合或张开，从而夹紧或卸下零件。

固定钳身1左右两个孔支承螺杆8，其配合分别为$\phi13\frac{H9}{f9}$、$\phi20\frac{H9}{f9}$。用销6把环7与螺杆8连接起来，使螺杆只能在固定钳身上转动。活动钳身4的底平面与固定钳身导轨面接触，其宽度配合为$80\frac{H9}{f9}$。方块螺母9的上部装在活动钳身的孔中，其配合为$\phi24\frac{H9}{f9}$，用螺钉3把活动钳身和方块螺母连成一体。两块钳口板2用沉头螺钉10紧固在钳身上，便于磨损后更换。

固定钳身底面的凸块用于安装时定位，$2\times\phi11$螺栓通孔用于紧固。

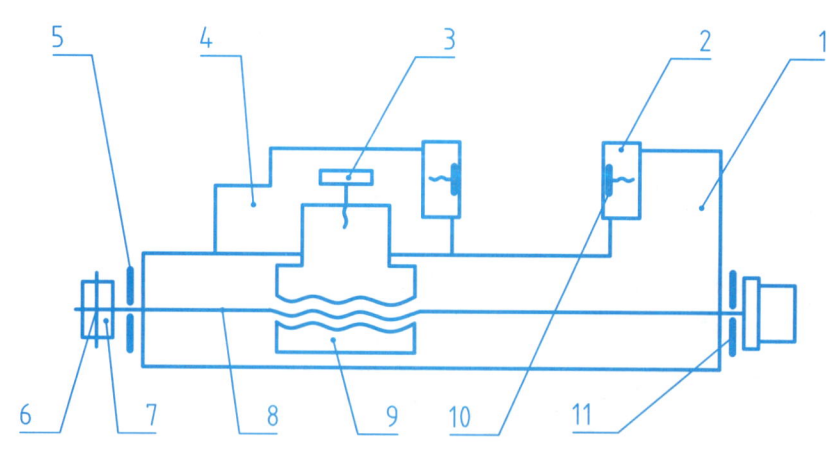

机用虎钳装配示意图

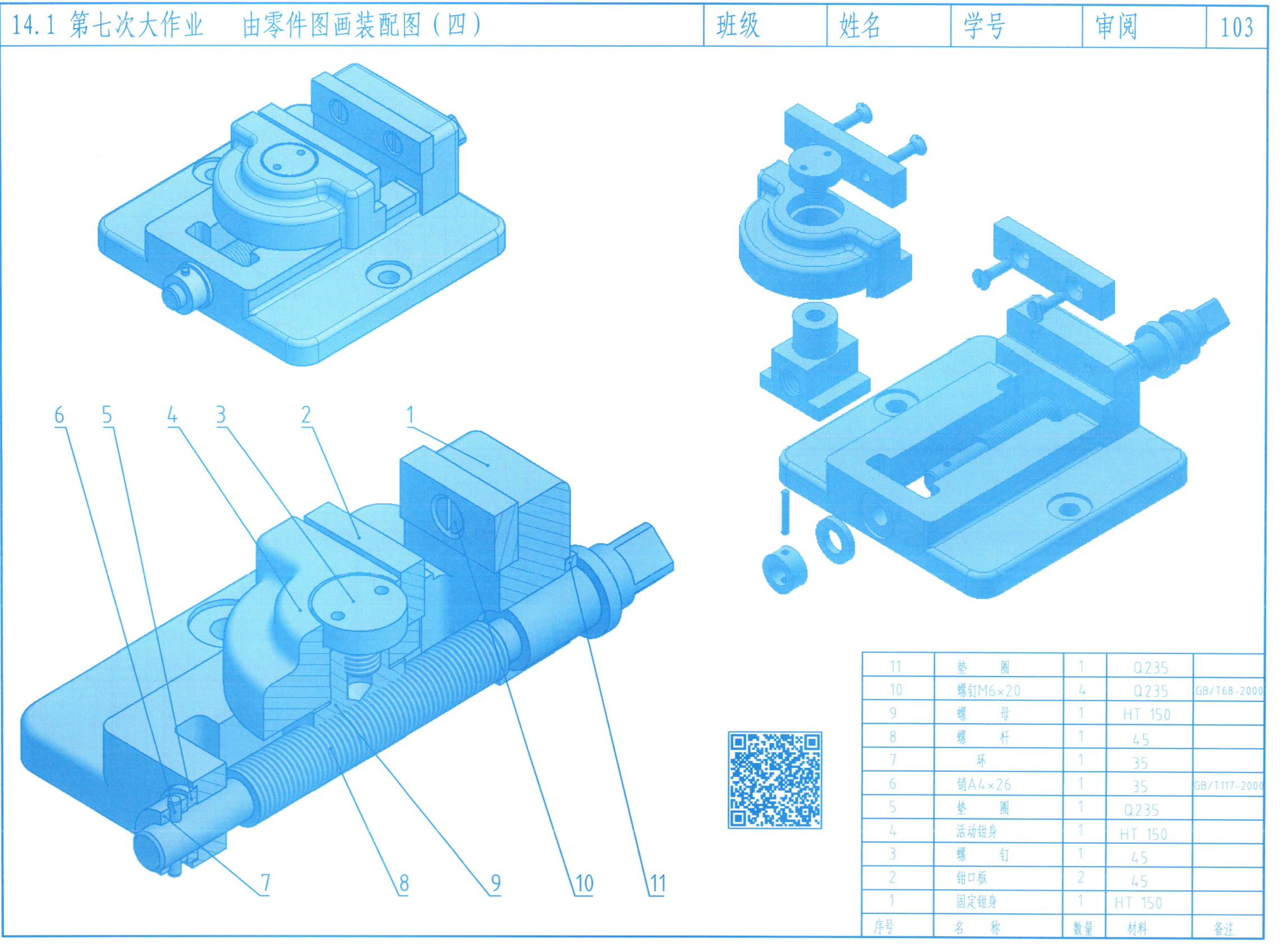

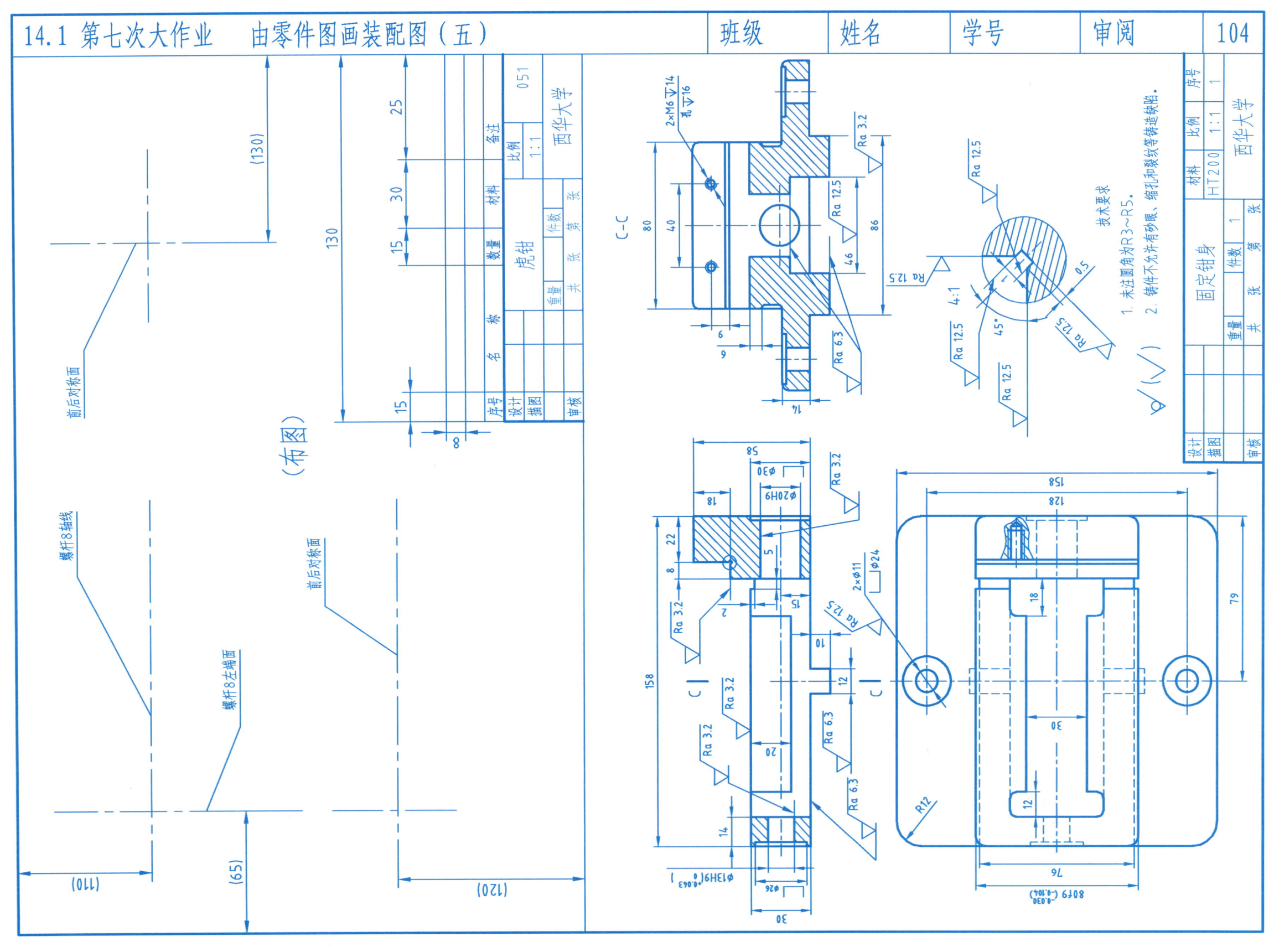

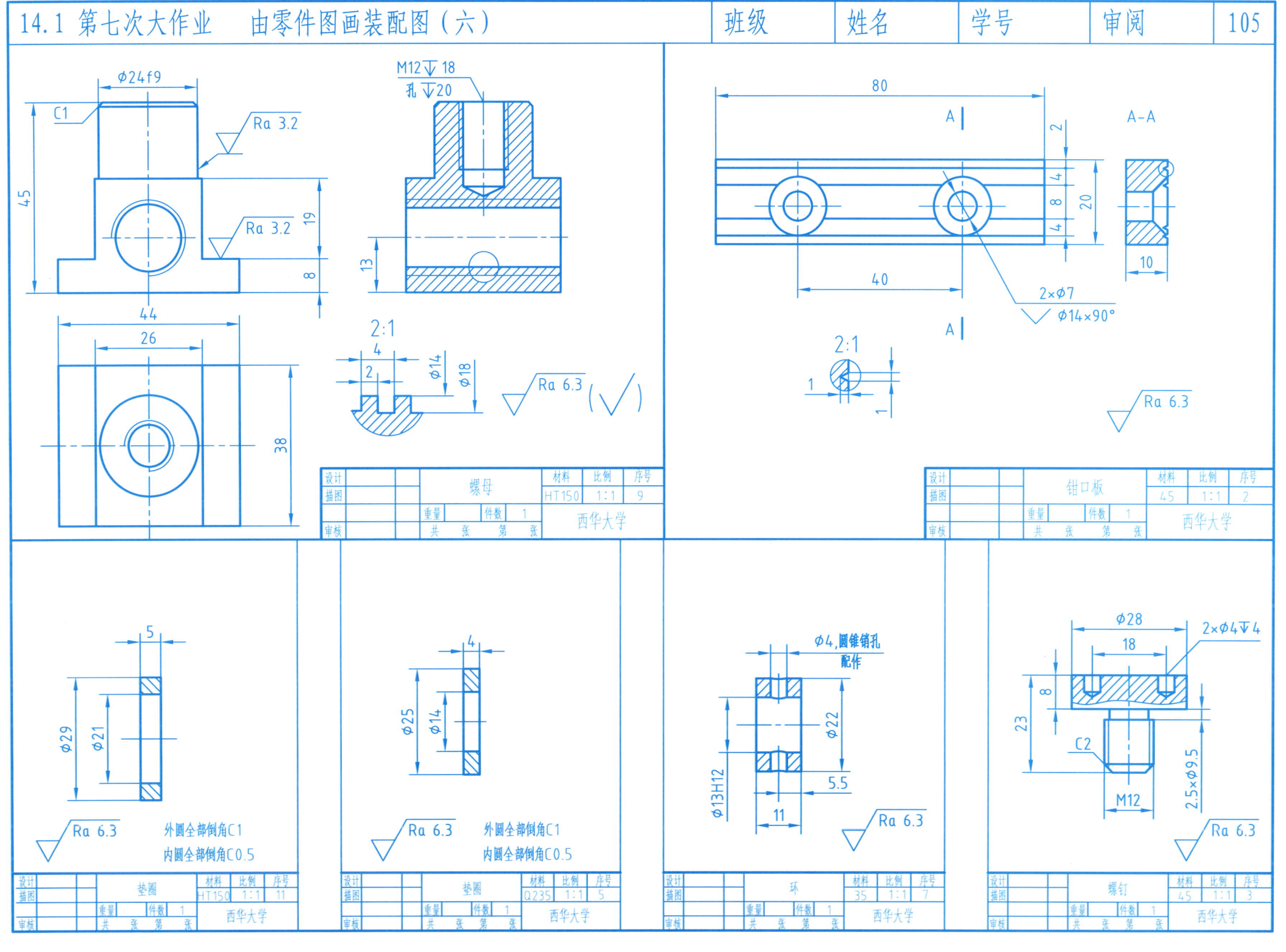

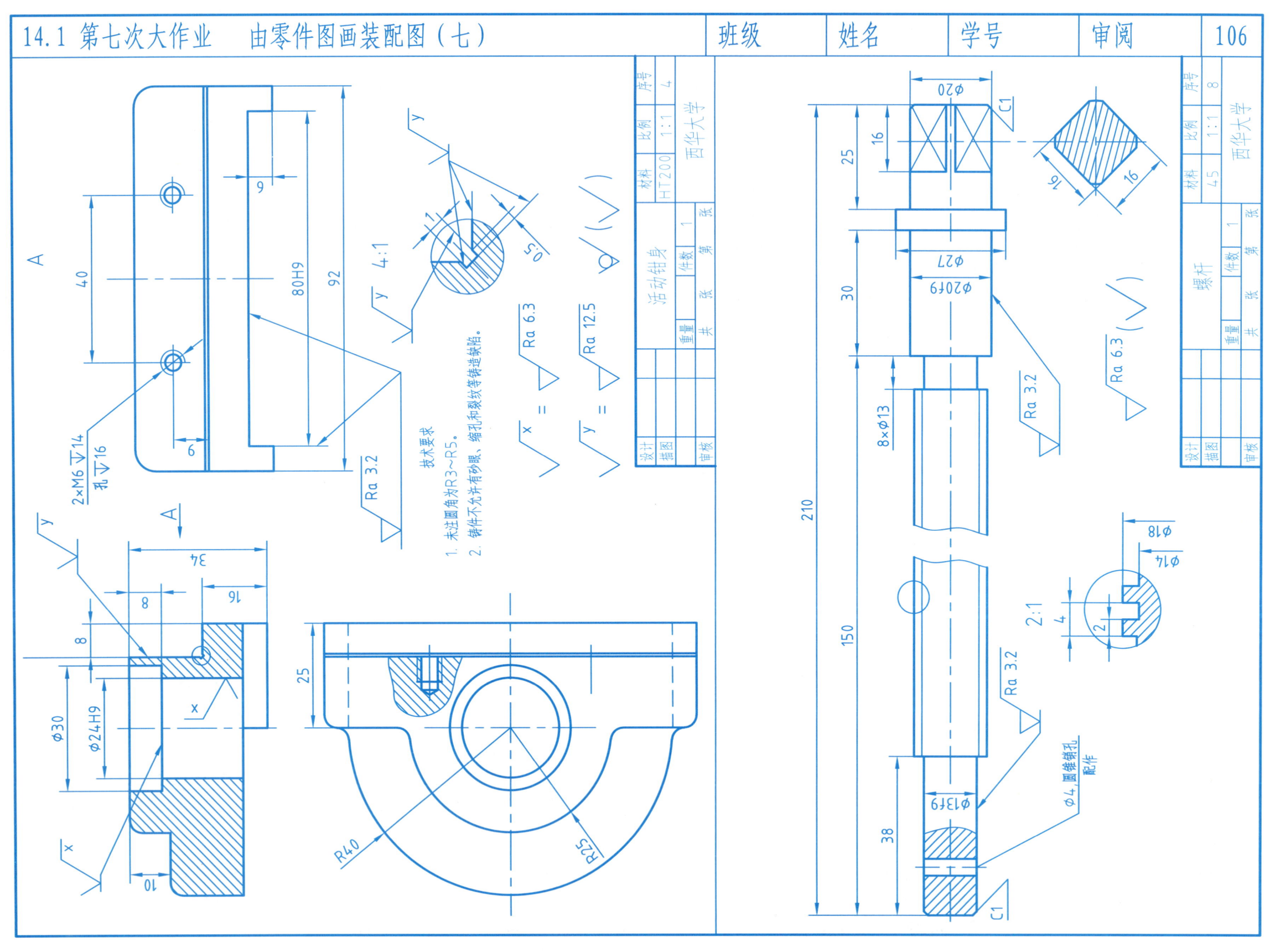

14.2 第八次大作业 读装配图及拆画零件图（一）

一、消防火栓（装配图在第109页）

消防火栓用于灭火，起控制、开关水流的作用。它是由阀体、阀盖、阀杆、阀瓣、阀座、手轮等14种零件组成。转动手轮3，带动阀杆4转动。挡环8限制了阀杆4的上、下移动，而阀体10上的肋又限制阀瓣11的转动。阀杆与阀瓣之间是用梯形螺纹传动的。当阀杆转动时通过螺纹传动，带动阀瓣上、下移动，开启或关闭阀门，起到开关控制水流的作用。为了防泄漏，阀体与阀盖之间加了石棉垫圈9；阀杆与阀盖通孔之间的间隙用石棉填料7，靠填料压盖5压紧；阀瓣与阀座之间用密封环12密封；密封环12通过螺母13连接在阀瓣上。

思考题：
1. 图中采用了装配图的哪些特殊画法？
2. 说明阀杆4的拆卸顺序。
3. 挡环8上的两个小孔的作用是什么？
4. B－B局部剖视表示的阀体的肋和阀瓣槽有何作用？
5. 拆画出阀瓣11、阀盖6的草图。

二、齿轮油泵（装配图在第110页）

1. 用途及工作原理

齿轮油泵是用在液压或润滑系统中，供给一定压力、流量的压力油。泵的主要部分是由一对互相啮合的齿轮组成。轮齿的齿槽和泵体、泵盖之间形成封闭空间。工作时，通过轮齿的旋转将空气从进油口带到出油口，进油区气压降低，形成部分真空，油箱里的油液在大气压力的作用下被吸入进油区，然后由轮齿齿间按旋转方向沿着壁壳将油压送到出油口，形成一定压力的油液，由出油管道输送到需要的地方。

2. 视图分析

主视图：沿主、从动轴线作"A－A"全剖视，表达齿轮油泵传动及轴系零件的装配关系、动力来源，泵体、泵盖的定位与连接。左视图：沿泵体、泵盖结合面作局部的拆卸剖视，表达油泵的工作原理；再取泵体的两处局部剖视分别表达进油孔及底板安装孔。俯视图：沿泵体进、出油孔及泵盖安全装置轴线作"B－B"全剖视，表达油泵的安全装置。

3. 结构分析

（1）传动、装配关系：件7为主动轴，件17为从动轴。主、从动轴与齿轮18分别用圆柱销6连接，其配合为$\phi 6 \frac{H7}{m6}$。主、从动轴的两端支承在泵盖3及泵体16的孔中，其配合均为$\phi 22 \frac{H7}{g6}$。

主动轴7的右端伸出泵体，皮带轮14用平键11与轴连接，用弹簧垫圈12，盖形螺母13紧固并防松。主动轴与泵体通孔之间用填料9密封，用轴套10及压紧螺母15压紧填料。小圆螺母8的作用是并紧，防松。

动力通过皮带传动带动皮带轮7转动，通过键11带动主动轴7及主动齿轮回转，主动齿轮拨动从动齿轮回转，油泵开始工作。泵体前端油孔为进油口，后端油孔为出油口，用G1/4管螺纹与进、出油管连接。

泵体16与泵盖3用纸垫片4密封，两个圆柱销5定位，6个螺栓19紧固。

（2）安全装置：泵盖3上设有安全装置。由钢球20、弹簧21、调节螺钉1、锁紧螺母2、丝堵22及回油孔构成。

当出油口油压过高时，高压油可以克服弹簧的弹力，冲开钢球20，通过回油孔流回进油区，使出油口的油压迅速降到规定的数值。弹簧的弹力通过调节螺钉1调节，用圆螺母2锁紧。当出油口压力恢复正常时，钢球在弹簧的作用下自行关闭回油孔。

思考题：
1. 简述齿轮油泵的工作原理。
2. 拆画泵体16的零件工作图。
3. 画出泵盖3的零件草图。
4. 分析齿轮油泵的几类尺寸。

三、C6128车床尾座（装配图在第111页）

1. 用途

车床尾座是车床的一个部件，用来支承工件；或用来安装钻头，在车床上对工件钻孔、扩孔。

2. 视图分析

（1）主视图：通过顶尖轴线作局部剖视，主要表达顶尖的轴向移动机构；其次表达尾架的夹紧机构；外形部分表达了横向调节的导向面（$40 \frac{H7}{h6}$）及调节螺钉位置。

（2）左视图：上部通过套筒夹紧杆18轴线作"A－A"局部剖，表达套筒的锁紧机构，下部通过偏心轴27轴线作"B－B"局部剖，表达尾座的夹紧机构。

（3）"C－C"剖视：通过调节螺钉20轴线作"C－C"局部剖，表达横向调节机构。

（4）"D向"局部视图：表达导向板1和尾座体2的对中位置及横向调节的刻度（尾座顶尖与主轴顶尖的偏移距离）。

3. 结构分析

（1）轴套及顶尖的轴向移动机构：支承工件的顶尖5装在轴套4的孔内，莫氏3号锥度配合。螺母9用键10与轴套4连接，用挡圈11作轴向固定。滑键3与轴套4的键槽配合，限制了轴套4的转动，只能作轴向移动。转动手轮13，通过键15带动螺杆8转动。螺杆8安装在端盖12孔内，配合为$\phi 16 \frac{H8}{f8}$，用垫圈16，螺母17作轴向固定。螺杆8只能转动，而不能

14.2 第八次大作业 读装配图及拆画零件图（二）

作轴向移动。螺母9与螺杆8旋合。当螺杆8转动时，迫使螺母9带动轴套4及顶尖5作轴向移动，顶住或松开工件。

（2）轴套的锁紧机构：当顶尖随轴套移动到工作位置后，转动手柄7，使夹紧杆18和夹紧套19将轴套4锁紧，防止工作时轴套的松退。

（3）尾座的夹紧机构：整个尾座是靠导向板1放置在床身的导轨上。转动手柄30(图中实线位置)，通过销26带动偏心轴27转动，轴27的ø16h7处是偏心圆柱，它带动拉杆25、压板21向上运动(偏心向上)，将尾架夹紧在床身上。当手柄30处于细双点画线位置，偏心向下，压板向下移动，则松开尾座，可以用手推动整个尾座沿床身导轨作纵向移动。

4. 横向调整机构

尾座体2可以相对于导向板1作横向移动。调整螺钉20，使尾座体相对于导向板作横向移动，从而使尾座顶尖轴线与车床主轴轴线偏移一个距离，偏移量可从"D向"刻度示出，这样可直接车出圆锥表面。

思考题：
1. 手轮13沿什么方向旋转，使顶尖伸出顶住工件？
2. 如何取下顶尖5？
3. 简述夹紧杆18的拆卸顺序。
4. 滑键3、螺钉29各起什么作用？
5. 说明尾座横向调整的具体步骤。
6. 拆画出端盖12、压板21的零件草图。

四、换向阀（装配图在第112页）

工作原理：换向阀主要用于流体管路中控制流体的输出方向。在图示情况下，流体由右边进入，因上出口不通，就从下出口流出。当转动手柄4，使阀门2旋转180°时，则下出口不通，就改从上出口流出。根据手柄转动角度不同，还可以调节出口处的流量。

思考题：
1. 简述手柄4如何固定的？如何传递运动？
2. 简述阀门2的拆卸顺序。
3. 锁紧螺母3起什么作用？
4. 拆画出阀体1、阀门2、锁紧螺母3的零件草图。

14.3 读装配图拆画零件图的作业指示

一、作业内容 读"齿轮油泵"装配图（装配图在第107页），拆画"泵体"零件图。

二、作业目的 学习拆画零件图的方法、步骤，进一步提高读图、画图能力。

三、作业要求

1. 所拆画零件图是制造和检验零件的依据，应按零件图的要求正确绘制。

2. 对于装配图上表达不完全的零件形状，应根据零件功用、零件结构知识和装配结构知识来加以补充完善。

3. 对于装配图上省略了的零件工艺结构，如倒角、退刀槽、圆角等，拆图时应补画出。

4. 零件的视图选择不应简单照抄装配图的表达方案，应从零件的总体形状出发，根据零件类型，重新考虑新的表达方案。

5. 拆图时零件尺寸的处理。一般结构尺寸按装配图的比例直接量取标注。下列尺寸则视情况不同分别处理：装配图上已标注的尺寸在相关的零件图上直接标注；与标准件连接或配合的有关尺寸，如螺孔尺寸、螺钉通孔直径、销孔直径等，要从相应标准中查取；常用件的尺寸，如齿轮的尺寸，按要求计算；有标准规定的尺寸，如倒角、沉孔、螺纹退刀槽、砂轮越程槽等，要从有关标准中查取。

四、作业指示

1. 按照装配图的读图方法，参看齿轮油泵工作原理的说明，分析齿轮油泵的表达方法，弄清其用途、工作原理、各零件间的装配关系，所拆泵体的结构、形状和作用。

2. 在装配图各视图上找出泵体的投影。根据与泵体相连接的零件形状，如泵盖，分析泵体的形状。泵体的各部分结构形状在齿轮油泵装配图的三个视图上分别表达（应注意区分）。

3. 选择视图。泵体属箱体类零件，按工作位置放置画主视图；用主、俯、左三个基本视图表达。泵体的主视图与其装配图一致，取"A-A"旋转剖的全剖视图。左视图与装配图左视图基本一致，取三处局部剖，分别表达进、出油孔管螺纹和底板安装孔，画少量细虚线表示长圆壳体及支承柱体外形。俯视图用一水平面从支承部位切断，作"B-B"剖视，表示底板形状、安装孔分布及支承部分的断面形状，另外两肋板的断面形状用断面表示。

4. 画底图。选1:1的比例，用A3图纸竖放或A2图纸横放。合理布图，画基准线、对称中心线。画图时注意各视图的投影关系，注意壁厚均匀及铸造圆角的画法。

5. 检查，画剖面线，描深。

6. 标注尺寸及公差，标注表面粗糙度代号；写技术要求。

7. 填标题栏。名称填"泵体"，比例为"1:1"，材料填"HT200"，图号填"08"。

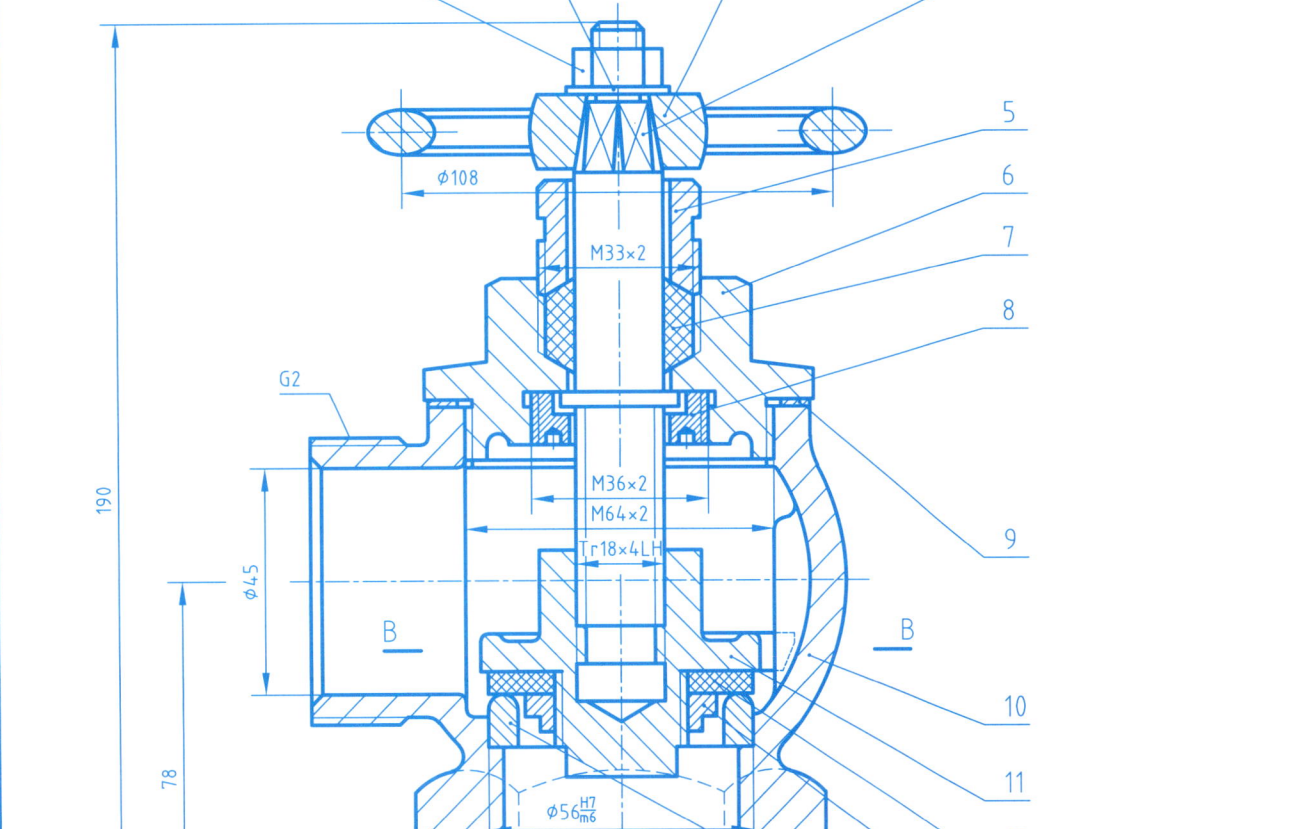
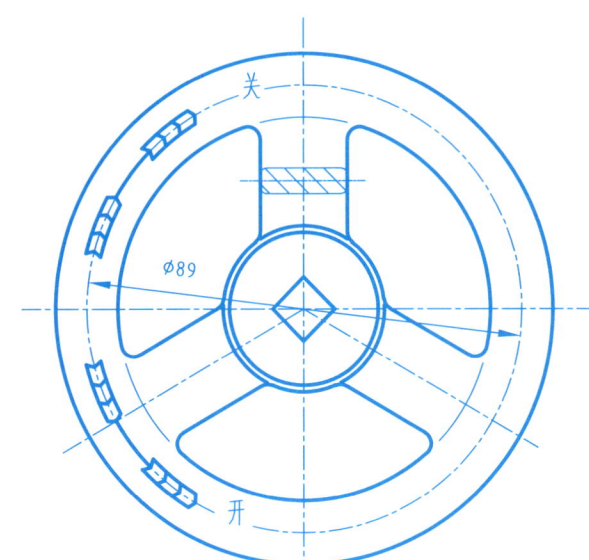

零件3 A

B-B

零件13 C
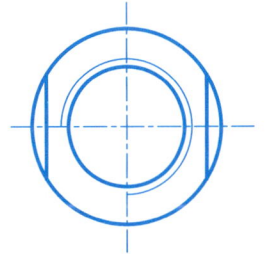

14	阀座	1	铜	
13	阀瓣螺母	1	HT150	
12	密封环	1	皮革	
11	阀瓣	1	HT150	
10	阀体	1	HT150	
9	垫圈	1	石棉	
8	挡环	1	HT150	
7	填料	1	石棉粉、油漆	
6	阀盖	1	HT150	
5	填料压盖	1	HT150	
4	阀杆	1	45	
3	手轮	1	HT150	
2	垫圈 10	1	Q235	GB/T 97.1
1	螺母M10	1	45	GB/T 6179
序号	零件名称	数量	材料	备注

设计		消防火栓	比例 1:1.5
描图			
日期		重量 件数	
审核		共 张 第 张	

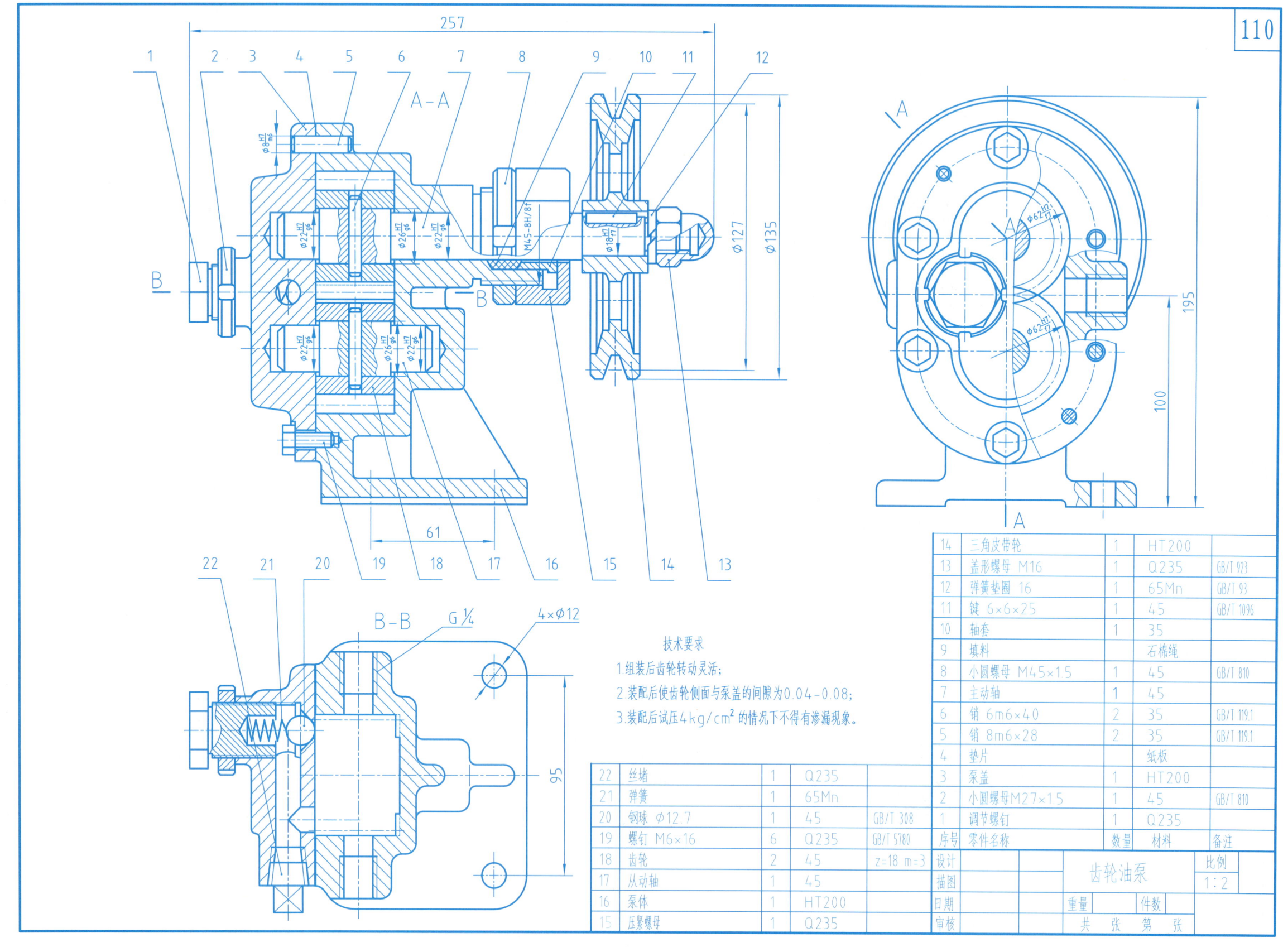

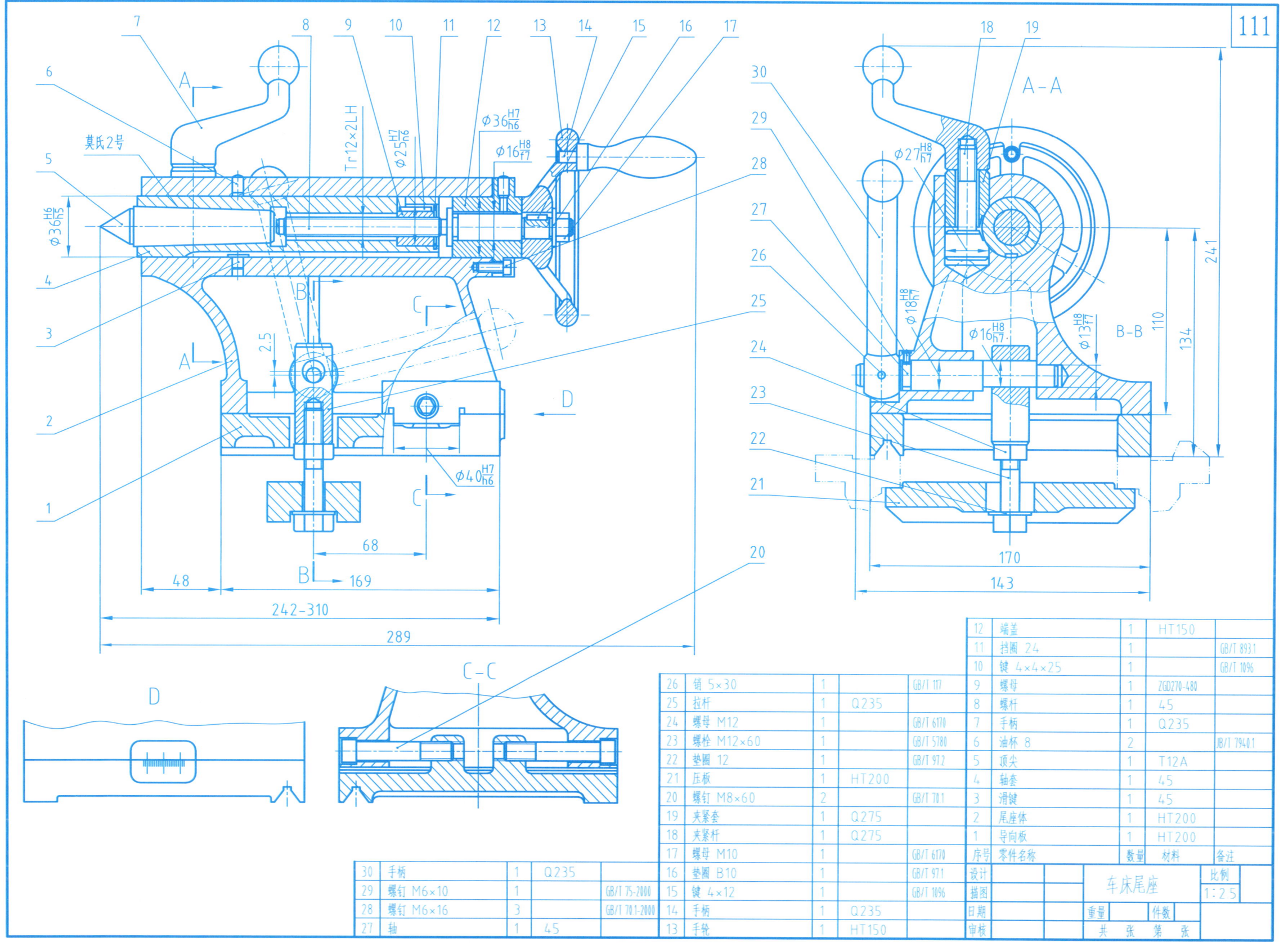

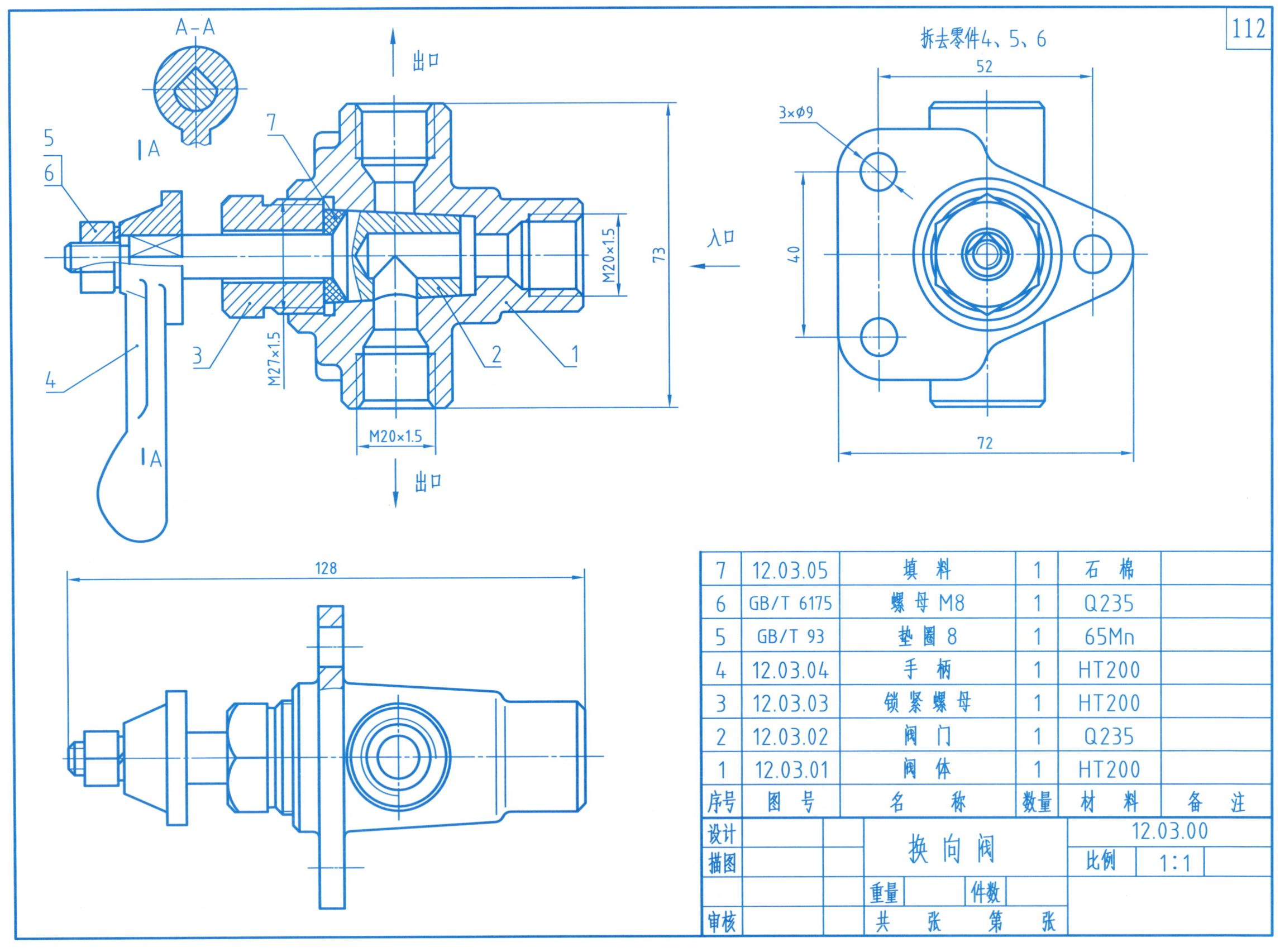

15 计算机绘图（一）

第一课 AutoCAD的使用基础

1. 填空题

（1）在AutoCAD的"启动"对话框中，有_____、_____、_____和使用向导四个功能按钮，来完成启动AutoCAD之前的相关操作。

（2）AutoCAD的下拉菜单包括_____、编辑、_____、_____、_____、工具、_____、标注、_____、帮助等菜单构成。

（3）点的坐标输入方式主要有_____、_____、_____、_____几种。

（4）AutoCAD的操作界面主要由标题栏、_____、_____、绘图区、命令行和_____六部分组成。

（5）执行_____命令可以创建新的图形，执行_____命令可以打开图形，执行_____命令可以保存图形。

（6）执行_____菜单命令或_____命令可退出AutoCAD。

2. 判断题

（1）NEW命令用于保存已绘制的图形文件。（　）

（2）"模型/布局"选项卡位于绘图界面的下边缘，可以让用户在模型（图形）空间和布局（图纸）空间来回切换。（　）

3. 选择题

（1）以下（　）命令可以打开已经存在的图形文件。
    A. NEW   B. OPEN   C. SAVE   D. QSAVE

（2）以下坐标（　）输入方式是绝对坐标输入方式。
    A. @12,20,0   B. 12,20,0   C. @60<30   D. 10<60,3

（3）在AutoCAD中，标准图形文件的后缀名为（　）。
    A. *.dwt   B. *.dwg   C. *.dws   D. *.dwx

（4）在执行命令的过程中，若要取消该命令的执行，可按（　）键即可。
    A.【Ctrl】   B.【Alt】   C.【Esc】   D.【Shift】

4. 问答题

（1）AutoCAD用户界面由哪几部分组成？各部分有何作用？

（2）如何在AutoCAD中新建、打开、保存和关闭文件？试举出多种操作方法。

（3）如何在命令执行过程中执行透明命令？

5. 上机操作题

（1）上机练习文件的新建、打开、保存以及关闭等文件管理操作。

（2）上机练习使用AutoCAD的"启动"对话框进行文件的打开、创建操作。

第二课 二维绘图命令

1. 填空题

（1）在AutoCAD中，绘制点的命令主要包括_____、_____以及MEASURE等。点可以作为实体，可以通过_____命令来控制点的大小及其显示的样式。

（2）用PLINE命令可以绘制由若干_____和_____连接而成不同宽度的曲线或折线，而且无论该多段线中含有多少条直线或圆弧，它们都是一个实体，可以用_____或_____命令对其进行编辑。

（3）绘制直线命令是_____，多线命令是_____，多段线命令是_____，构造线的命令是_____，样条曲线的命令是_____。

（4）可以使用_____命令来设置多线样式，使用_____命令可编辑多线。

（5）POLYGON命令最多可以绘制_____条边的正多边形。

（6）FILL命令用于控制有宽度的多段线、实体填充和平行多线的显示。该命令直接影响_____、_____、_____、_____、_____和MLINE等命令绘制的对象。

（7）使用_____命令可绘制矩形，在绘制过程中，可以为其设置倒角或_____的效果，同时在三维空间中还可以绘制具有一定_____的矩形。

（8）使用RECTANG命令绘制的实体是一条封闭的多段线，用_____命令可对进行编辑操作。

（9）图案填充是AutoCAD中一种重要的操作，其操作步骤主要包括_____、选择填充图案和_____三步。

（10）填充图案时应首先确定填充边界。填充边界可以是_____，也可以是由曲线、_____、_____等以端点相接围成的形体。

（11）用任何一个编辑命令修改填充边界后，如果其填充边界继续_____，则图案填充区域自动更新，并保持关联性；如果边界不再_____，则丧失其关联性。

2. 判断题

（1）DIVIDE命令可将所选择的对象用给定的距离放置点或图块。（　）

（2）多段线的宽度大于0时，绘制闭合的多段线，必须选择"闭合"选项，才能使其完全封闭，否则，即使起点与终点重合，也会出现缺口。（　）

（3）XLINE命令用于绘制无限长直线，这类线通常作为辅助线使用。（　）

（4）在AutoCAD中，LINE命令和PLINE命令的使用方法是完全相同的。（　）

（5）使用MLINE命令不能绘制弧形平行多线，只能绘制由多条直线段组成的平行多线。（　）

（6）用RECTANG命令绘制的矩形是一个整体，不能被单独编辑。（ ）

（7）执行"工具/选项"命令，在弹出的"选项"对话框中选择"显示"面板，通过修改"圆弧和圆的平滑度"的参数值，或修改系统变量VIEWRES来控制圆或圆弧等的显示分辨率，其值与出图无关，无论值多大均不影响出图后圆的光滑度。（ ）

（8）使用POLYGON命令也可以绘制矩形体。（ ）

（9）当用FILL命令修改填充模式为ON时，有宽度的实体以填充方式显示；修改填充模式为OFF，有宽度的实体以轮廓方式显示。（ ）

（10）填充的孤岛检测方式有普通、外部、忽略三种方式。（ ）

3. 选择题

（1）以下（ ）命令不可以绘制圆形的线条。
A. CIRCLE　　B. ARC　　C. POLYGON　　D. ELLIPSE

（2）以下各命令中，使用（ ）命令不能绘制三角形。
A. LINE　　B. RECTANG　　C. POLYGON　　D. PLINE

（3）在进行图案填充时，如果用"拾取点"的方式来指定填充边界，则其填充边界必须是（ ）的图形；否则，系统会认为边界无效。
A. 不封闭　　B. 封闭　　C. 无所谓　　D. 前面三个都不是

4. 问答题

（1）等分点（DIVIDE）与等距点（MEASURE）命令有何不同？

（2）如何使用XLINE命令绘制水平或垂直的直线？在设计中该命令有何作用？

（3）简述LINE命令与PLINE命令的区别。请问如何在不改变图层特性的情况下，用PLINE命令绘制具有宽度且完全闭合的多段线？

（4）请问有几种绘制圆弧的方法，各种方法有何特点？

（5）请问有几种绘制圆的方法，如何绘制一个三角形的内切圆和外接圆？

5. 上机操作题

（1）用PLINE、LINE、CIRCLE等命令绘制如右图所示的支架。（提示：先用PLINE、LINE命令绘制支架的轮廓，然后用CIRCLE命令绘制阶梯孔等。）

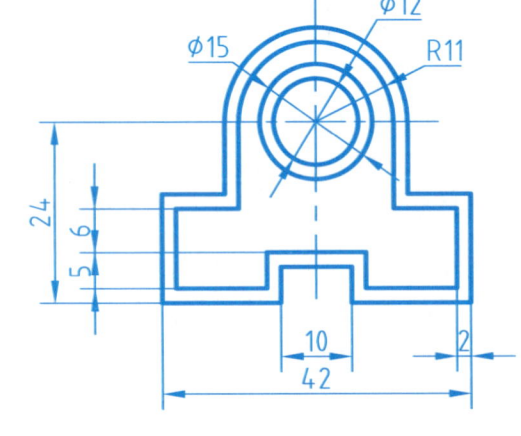

（2）绘制如右图所示的端盖左视图。
（提示：先用XLINE命令绘制作图中心线，然后用CIRCLE命令分别绘制端盖轮廓及端盖的螺纹孔。）

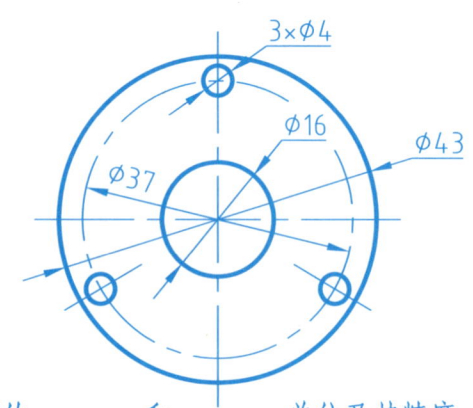

第三课　精确绘图与环境设置

1. 填空题

（1）执行_____命令用于可以设置绘图的_____和_____单位及其精度。

（2）利用SNAP命令（或块捷键_____）可以将_____与捕捉栅格对齐，即光标将以指定的X、Y间距值作_____移动。

（3）用_____命令可以在当前图形窗口中显示/关闭栅格，栅格显示和关闭的块捷键是_____。

（5）交点捕捉可捕捉_____、圆、椭圆、_____、直线、多线、_____、射线、样条曲线或_____等对象所形成的交点。

（6）AutoCAD当前被选中的文档称为_____，AutoCAD的所有绘图操作都在当前活动文档中进行。

（7）设置当前活动文档的方法有三种：其一是_____；其二是使用快捷键_____和【Ctrl+Tab】快捷键；其三是在"窗口"菜单下部的打开文档列表中选择。

（8）PAN命令用于_____，以便观察当前图形上的其它区域。

（9）_____命令用于恢复最近一次由ERASE、BLOCK或WBLOCK等命令从图中移去的对象，该命令仅恢复_____的对象。

（10）在AutoCAD中，系统提供了两种坐标系统，即_____和_____。

（11）在设置绘图单位时，系统提供了长度单位，类型有：___、工程、___、科学和___五种；角度单位的类型有：____、度/分/秒、____、勘测单位和_____五种。

（12）使用_____捕捉类型可以捕捉圆、圆弧、椭圆的圆心位置。

（13）使用_____命令可以在绘图区中放大或缩小当前视窗中图形的显示。

（14）在图形查询命令中，点坐标测量命令是_____，距离测量命令是_____，面积和周长查询命令是_____。

15　计算机绘图（三）

(15) 在AutoCAD中，系统为用户提供了_____和_____两种绘图空间。

(16) 执行LAYER命令，可以设置图层的颜色、_____、_____、打印样式和打印五种特性，以及设置图层的_____、冻结/解冻和_____三种控制。

(17) 在AutoCAD中，图线的特性有_____、_____、_____和线宽等特性。

(18) 在AutoCAD中，图线的颜色、线型和线宽的取值有_____、随块和具体值。

2. 选择题

(1) 在绘图区中按住（　）键再单击鼠标右键，在弹出的快捷菜单中可以选择对象捕捉方式。
　　A. Shift　　B. Ctrl　　C. Alt

(2) 下列对象选择方式中，哪种方式可以快速全选绘图区中所有的对象。（　）
　　A. Esc　　B. Box　　C. All

(3) 若用户打开了多个文档，可按下（　）或【Ctrl+Tab】快捷键在各个文档之间快速切换。
　　A. Alt+F5　　B. Ctrl+F6　　C. Ctrl+F7

(4) 在AutoCAD中，若要恢复前两步操作，可使用（　）命令来进行。
　　A. OOPS　　B. UNDO　　C. REDO

(5) 在使用ID命令查询点的坐标时，可以通过在输入点的下一提示输入（　）符号来引用上一点。
　　A. %　　B. @　　C. #

(6) （　）图层时，该图层上的对象可以从屏幕上消失，执行REGEN（重生成）操作时，该该图层上的对象仍然要被重新计算。
　　A. 关闭　　B. 锁定　　C. 冻结

(7) （　）图层时，该图层上的对象可以从屏幕上消失，执行REGEN（重生成）操作时，该该图层上的对象不会被重新计算。
　　A. 关闭　　B. 锁定　　C. 冻结

(8) （　）图层时，该图层上的对象不会从屏幕上消失，但不能对其进行编辑。
　　A. 关闭　　B. 锁定　　C. 冻结

3. 判断题

(1) LIMITS命令用于定义绘图的界限，相当于绘图时确定图纸的大小。（　）

(2) 用LIMITS命令可设置绘图界限检查功能，当检查功能处于打开状态时，则只能在绘图界限内绘制图形；反之，则不受绘图界限的限制。（　）

(3) 端点捕捉可捕捉离圆弧、直线、多线、多段线等最近的端点。（　）

(4) AutoCAD为用户提供了多文档设计环境，即在一个打开的AutoCAD绘图环境中，还可以打开多个绘图文档。（　）

(5) ZOOM命令用于放大或缩小图形显示，便于用户观察和绘制图形，但是该命令并不改变图形在绘图空间中的实际位置和大小。（　）

(6) 用ZOOM命令放大图形后，可能出现曲线看上去像折线的情况，可用VIEWRES命令修改显示分辨率，使曲线显得光滑。此命令将影响图形显示和出图效果。（　）

(7) REDO命令是UNDO命令的逆操作。（　）

(8) DIST命令可在绘图过程中透明地查询2D或3D点之间的距离，常与对象捕捉配合使用。（　）

(9) 在AutoCAD中，对于当前图层是不能被关闭的。（　）

(10) 在AutoCAD中，对于当前图层是不能被冻结的。（　）

(11) 在AutoCAD中，对于当前图层是不能被锁定的。（　）

(12) 在AutoCAD中，无能该图层上有没有对象，都可以将该图层删除。（　）

4. 问答题

(1) 如何设置绘图单位以及绘图极限？

(2) AutoCAD中，对象捕捉包含哪几种类型？

(3) 如何对图层进行设置与管理（如新建、删除、置为当前图层等）？

(4) 如何设置图层属性（如设置线宽、线型、颜色等）？

(5) 在AutoCAD中，若用户打开了多个文档，如何将多个文档同时显示出来？

(6) 如何对图形进行缩放及平移操作？简述其操作步骤。

(7) 图形的恢复命令中，OOPS和UNDO命令有何区别？

(8) 在AutoCAD中，如何进行多视窗设置？

(9) 在AutoCAD中，如何修改对象的特性？

(10) 试用OOPS和UNDO命令来恢复误操作，区分两者之间的不同之处。

5. 上机操作题

(1) 制作AutoCAD绘图样板，要求图幅尺寸为A0图纸，图框相距上下边为10个绘图单位，右为25个绘图单位，并建立"轮廓线"、"标注"、"细实线"和"细点画线"等图层。其中："轮廓线"图层的线宽为0.6 mm，其余线宽为0.30 mm，"细点画线"的线型为"Center"，其余线型为"Continuous"。

(2) 根据本课所学的知识，设置如下绘图参数：A4（297×210）图纸；捕捉的水平和垂直间距为10，且置于开启状态；设置栅格水平和垂直间距为10，且置于开启状态。

15 计算机绘图（四）

第四课　AutoCAD图形编辑

1. 填空题

（1）图形的复制主要是指对已经有的图形，使用_____、_____、_____和_____等命令生成同样或相对的图形，并不改变原图的方法。

（2）_____命令可以将直线、圆、多段线等作同心复制，对于直线而言，其圆心在无穷远，相当于平行移动一定距离进行复制(或称等间距复制)。

（3）使用STRETCH命令时，若所选实体全部在交叉框内，则拉伸实体等同于_____命令；若所选实体与选择框相交，则框内的实体被拉长或缩短。

（4）使用TRIM命令修剪对象时，首先应选择_____，然后选择_____，并且其选择方法常用_____，而不能用窗选；对于一个对象，既可作为_____也可作为_____。

（5）PEDIT命令可以编辑任何类型的_____、_____、_____、2D或_____等，也可用于编辑多边形网格。

（6）_____命令可以改变图形对象的尺寸大小。该命令可以把整个对象或者对象的一部分沿X、Y、Z方向以相同的比例放大或缩小，由于3个方向的缩放率相同，保证了缩放实体的形状不变。

（7）图形的复制命令主要包括_____、镜像复制、_____及_____等命令。

（8）使用MIRROR命令可以绘制出与所选对象相_____图形，使用该命令时需指定镜像的_____。

（9）在对实体进行偏移操作中，点、_____、_____和_____不能进行偏移操作。

（10）在选择对象时，若要取消部分对象的选择，可使用_____命令的单选方式来完成该操作。

（11）在AutoCAD中，可以用于"打断"的对象有：圆弧、_____、_____、多段线、_____、_____、构造线等对象。

（12）夹点编辑是AutoCAD中的一种快速编辑图形的方式，它可帮助用户快速完成对象的移动、_____、_____、缩放和_____等操作。

（13）编辑多线命令是_____，编辑多段线命令是_____。

（14）先选中需要进行夹点编辑的对象，然后键入相应的命令才能执行相应的夹点编辑操作。其中：夹点拉伸命令是_____，夹点移动命令是_____，夹点旋转命令是_____，夹点缩放命令是_____，夹点镜像命令是_____。

2. 选择题

（1）进行拉伸操作时，其选择对象的方式只能是（　　）选择方式。
　A. 单选　B. 窗选　C. 交叉选　D. 栏选

（2）用MIRROR命令对文本属性进行镜像操作时，要让文本的方向不变，应将系统变量MIRRTEXT的值设置为（　　），如果要让文本的方向改变，应将系统变量MIRRTEXT的值设置为（　　）。
　A. 0　B. 1　C. 2　D. 3

（3）（　　）命令用于把直线、弧和多段线的端点延长到指定的边界，这些边界可以是直线、圆弧或多段线等。
　A. EXTEND　B. PEDIT　C. FILLET　D. ARRAY

（4）（　　）命令可以对两个对象用圆弧进行连接。
　A. EXTEND　B. PEDIT　C. FILLET　D. CHAMFER

（5）复制操作时，如果要连续复制多次，则应该复制命令的执行中输入（　　）来执行。
　A. E　B. T　C. N　D. M

（6）用下列（　　）命令可以将直线、圆、多段线、圆弧等绘制的线条进行等间距的复制多次。
　A. MOVE　B. PEDIT　C. OFFSET　D. MIRROR

3. 判断题

（1）COPY命令用于复制具有对称性或部分具有对称性的图样，将指定的对象按给定的镜像线镜像处理。（　　）

（2）MOVE命令用于把单个对象或多个对象从它们的当前位置移至新位置，这种移动并不改变对象的尺寸和方位。（　　）

（3）CHAMFER命令可将两条平行的直线或多段线进行有斜度的倒角。（　　）

（4）在对图形对象进行复制的过程中，可以使用对象捕捉功能准确确定所复制的对象，以达到精确复制。（　　）

（5）使用MIRROR命令镜像后的对象是一个整体，不能单独进行编辑。（　　）

（6）在对图形编辑操作中，使用STRETCH或LENGTHEN命令编辑的对象，可以得到相同的效果。（　　）

（7）执行圆角操作时，圆角半径的大小决定圆角弧度的大小。当圆角的半径为0且圆角处于修剪模式时，可使两条直线段相交。当圆角的半径较大以至两直线段不能容纳该圆弧且圆角处于修剪模式时，那么AutoCAD将会因圆角的半径太大而无法完成圆角操作。（　　）

（8）填充图案时应确定填充边界，而其边界必须首尾相连形成封闭区域，否则会出现或生成错误的填充图案。（　　）

15 计算机绘图（五）

（9）对于圆环，若启动的夹点位于0°、180°方向或位于90°、270°方向的象限点时，对其进行拉伸，则结果等效于对半径进行缩放。（ ）

（10）使用PEDIT命令可以对多段线的线宽、颜色等特性进行修改，也可将所有非多段线的图形对象转换为多段线。（ ）

（11）在AutoCAD中，可通过"特性"对话框来修改所选对象的特性。（ ）

（12）在进行图案填充时，填充边界必须完全封闭才能被填充。（ ）

4. 问答题

（1）OFFSET（偏移）命令与COPY（复制）命令有何区别？使用COPY命令如何连续复制对象？

（2）使用ARRAY命令的操作中，有哪三种阵列方式？各阵列方式有何不同？

（3）使用ERASE命令删除的实体能否被恢复？如果可以，有哪几种方式可以恢复？

（4）圆角与倒角操作有何不同？

（5）如何使用MLEDIT命令编辑多线？试简述各个多线编辑工具的含义。

（6）如何确定图案填充边界？如何进行图案填充？

（7）如何通过夹点编辑功能编辑对象，如夹点拉伸、夹点移动等？

5. 上机操作题

试绘制下图所示的圆锥滚子轴承的图形。

（提示：先用LINE或PLINE命令绘制其轮廓，然后用BHATCH命令对其进行填充。）

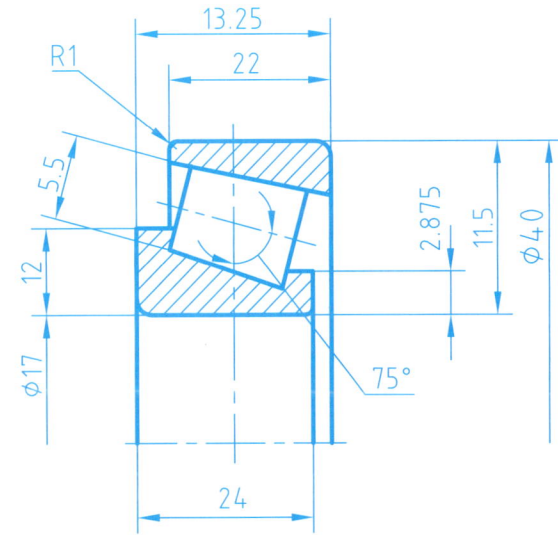

第五课 AutoCAD文字标注

1. 填空题

（1）在AutoCAD中标注文字之前，一般需要执行_____命令来进行文字样式的设置，其设置的内容包括_____、_____和效果等。

（2）在机械设计中，可以使标注的尺寸文字有_____的"倾斜角度"。

（3）在AutoCAD中输入文字有两种方法，一是用_____命令输入单行文本，其输入文本的特点是每行文本是一个独立的对象；二是用_____命令输入多行段落文本，其输入文本的特点是在该命令下所输入的整段文本均是一个独立的对象，并且还可以在其对话框中完成表格文本和下划线文本等特殊文字的输入。

（4）"多行文字编辑器"对话框有___个选项卡，即_____、_____、行距和查找/替换选项卡。

（5）_____命令用于对用TEXT命令标注的文本进行查找和替换。

（6）在进行文本格式设置操作中，_____字型不能进行重命名和删除操作。

（7）在进行文字标注时，若要输入"度数"符号，则应输入的文本代码是_____。

（8）在AutoCAD中，用户可以使用_____命令将文本设置为快速显示方式，使图形中的文本以线框的形式显示，从而提高图形的显示速度。

2. 判断题

（1）字型是具有一定固有形状，由若干个单词（字）组成的字描述库。而字体是具有字体、字的大小、倾斜度、文本方向等特性的文本样式。（ ）

（2）"重命名"和"删除"按钮对样式名为"Standard"的样式不能进行操作。（ ）

（3）宽度比例取值为1时，表示保持正常字符宽度；大于1时，表示加宽字符；小于1时，表示使字符变窄。（ ）

（4）使用TEXT命令输入特殊字符过程中，在命令结束之前，这些特殊字符不会转换出来。（ ）

（5）FIND命令对用RTEXT、ARCTEXT命令标注的文本不起作用。（ ）

（6）在AutoCAD中，除"Standard"文字样式外，其余文字样式在任何情况下都可以被删除。（ ）

（7）在进行单行文本标注时，也可设置文字为倾斜、加粗等效果。（ ）

（8）使用DDEDIT命令可以对标注的文本进行编辑操作，如缩放文本等。（ ）

3. 问答题

（1）如何新建一种文字样式，并为其设置颠倒、倾斜等效果？

（2）简述单行文本标注与多行文本标注有何区别，各有什么特点？

15 计算机绘图（六）

（3）如何在标注文字中插入特殊字符？如何输入欧元符号？

4. 上机操作题

用MTEXT命令书写如下图所示的技术要求。

（提示：执行MTEXT命令，然后将输入法转换为中文输入状态，在输入框中输入技术要求。）

技术要求

铸件不得有砂眼、裂纹；

未注圆角R3；

未注倒角1×45°；

ϕ25轴线的端面圆跳动公差为0.02。

第六课　图块与属性

1. 填空题

（1）所谓图块，就是由一个或多个_____组成的、以一个名称命名的_____。

（2）AutoCAD中的图块分内部块和外部块两种类型，内部块的创建命令是_____，并通过_____对话框来完成，此类图块只能在当前图形文件中调用，而不能在其它图形中调用；而外部块的创建命令是_____，并通过_____对话框来完成，此类图块是将所选实体形成一个图文件的形式保存，故可以在多个图形文件中调用。

（3）EXPLODE命令用于_____。启动该命令，并选择要分解的对象，然后按下键盘中的_____键后即可对该对象进行分解。

（4）图块的插入命令包含有_____、_____、_____和_____四个命令。

（5）在图块的插入中，需要确定插入块的_____、_____和_____三方面的参数。

2、判断题

（1）在应用过程中，AutoCAD将图块作为一个独立的对象来操作。（　）

（2）在建立一个块时，组成块的对象特性将随块定义一起存储。当在其它图形中插入块时，这些特性也随着一起带入，并根据不同的情况有所变化。（　）

（3）图块可以用TRIM、EXPLODE、OFFSET等命令进行编辑。（　）

（4）使用EXPLODE命令可以对任何图形进行分解。（　）

（5）将内部图块写为外部块文件后，系统将图块的插入点指定为外部块文件的坐标原点(0,0,0)。（　）

（6）用WBLOCK命令定义的外部块其实就是一个DWG图形文件。（　）

（7）0层上"随层"块的特性随其插入层的特性改变而改变。（　）

3. 上机操作题

试绘制如下图所示的端盖图块。

（提示：先用XLINE命令绘制端盖图块的中心辅助线，然后用LINE、CIRCLE和TRIM等命令绘制图形，最后用BLOCK命令将其定义为图块。）

第七课　AutoCAD尺寸标注

1. 填空题

（1）"文字位置"栏用于设置标注文字的放置位置。其中_____下拉列表框用于设置标注文字沿着尺寸线垂直对正，包含_____、_____、_____、_____和"JIS"选项。

（2）DIMLINEAR命令用于对_____、垂直尺寸及_____等长度类尺寸进行的标注。

（3）_____命令用于创建平行于所选对象或平行于两尺寸界线源点连线的线性尺寸。

（4）_____命令用于测量并标注被测对象之间的夹角。

（5）执行_____命令，可打开"标注样式管理器"对话框，在其中可对标注样式进行设置。

（6）执行DIMRADIUS或DIMDIAMETER命令的系统提示相同，如果用户采用系统测量值，则AutoCAD能在测量数值前自动添加_____符号。

2. 选择题

（1）在设置标注样式时，系统提供了（　）种文字对齐方式。
A. 3　　B. 4　　C. 2　　D. 2

（2）快速标注命令是（　）。
A. QLEADER　B. QDIM　C. QDIMLINE　D. DIMANG

3、判断题

（1）选择复选框"尺寸线1"可以隐藏第一条尺寸线；选择复选框"尺寸线 2"可以隐藏第二条尺寸线。（　）

(2)如果使用"文字"选项卡上的"文字高度"设置，可以不将文字样式中的文字高度设为"0"。（ ）

(3)"多行文字（M）"、"文字（T）"和"角度（A）"等选项在所有的尺寸标注命令中的含义及功能一样。（ ）

4. 问答题

(1)如何创建一种新的标注样式？简述其操作步骤。

(2)在AutoCAD中，有哪几种设置标注样式替代的方式？

(3)如何编辑尺寸文本位置？如何编辑尺寸文本？

5. 上机操作题

用AutoCAD中的绘图命令绘制如下图所示的低速轴，然后用标注命令对其进行标注。（提示：分别用DIMLINEAR、DIMALIGNED、DIMRADIUS、QLEADER等命令对低速轴进行标注。

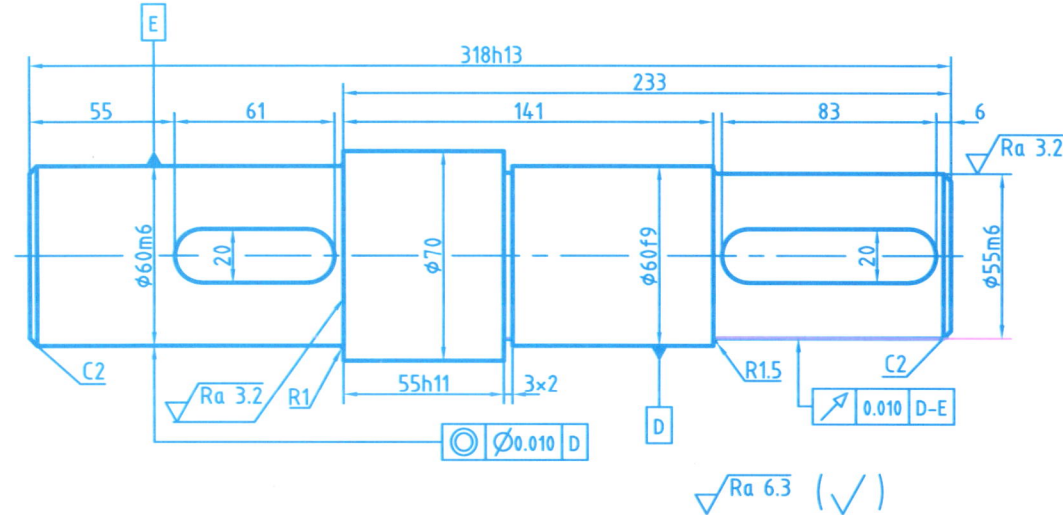

第八课 AutoCAD三维造型

1. 填空题

(1)在任何用户坐标系（UCS）下，都可以输入相对世界坐标系（WCS）的坐标，这种坐标在AutoCAD中被称为_____。

(2)绝对坐标可以分为_____、_____和_____等。

(3)绘制三维图形时，为了在形体的不同表面上作图，必须将坐标系设置为当前作图面的方向及位置，这时，便可利用_____命令方便、准确、快捷地完成工作。

(4)_____命令用于为视图指定观察视点，可用三维坐标指定与____、____夹角或通过"视图"对话框指定一个观测视点。

(5)____命令用于绘制由_____或_____空间点所确定的空间平面。虽然屏幕上只显示该平面的外框轮廓，但它是一个实体面，具有不透明的特性，能遮挡其它图形。

(6)_____命令可以用于绘制旋转体网格曲面，旋转的轮廓线可以是____、圆弧、_____、二维多段线、_____，但旋转轴只能是_____、_____和三维多段线。

(7)_____命令可以将一条轨迹线沿某一指定矢量方向或直线进行拉伸，从而形成曲面。

(8)_____命令可以在两条指定的曲线或直线间生成空间网格曲面。用户可以使用这个命令创建一些规则曲面。

(9)_____命令可以绘制复杂的自由网格曲面。用户可以用此命令绘制机械零件中的三维异形曲面。

(10)由EDGESURF生成的曲面可由_____和_____分别控制M、N方向的曲面网格密度，值越大曲面越光滑。

(11)_____命令用于创建由四边形平面组成的三维网格面，可用_____命令编辑，也可用_____命令分解成许多小3D面后再分别进行渲染。

(12)_____命令可根据中心点和半径或直径创建球体，球体的纬线平行于_____平面，中心轴与当前UCS的_____轴方向一致。

(13)_____命令用于生成圆柱实体，在机械建模中，常用于创建管状物体。

(14)_____命令用于生成圆锥形实体，用此命令所绘制的圆锥体由圆或椭圆底面以及顶点所定义。

(15)_____命令可以将二维形体绕指定轴进行旋转，从而生成三维实体，许多复杂的设计造型、旋转体常以此命令进行创建。

2. 判断题

(1)在AutoCAD中，不可以通过输入相对于一点的位移、距离与角度的方法来输入新点的坐标。（ ）

(2)坐标（20<60<80）表示距坐标原点20个绘图单位，XY平面从X轴开始的角度为60°，与XY平面的夹角为80°的点。（ ）

(3)坐标（10<75,60）是表示XY平面上距原点的距离为10个绘图单位、XY平面上从X轴开始的角度为75°、沿Z轴正60个绘图单位的三维坐标点。（ ）

(4)用3DFACE命令绘制图形时，如果希望某条边不可见，必须在输入点之前先选择"不可见"选项，然后再确定点的位置。（ ）

(5)用TABSURF命令可绘制剖面复杂，并且有一定厚度的曲面零件。（ ）

(6) 用RULESURF命令绘制曲面，在选择边界时，如果选择的第一条边界是封闭的，则另一边界必须选择封闭图形或点；如果选择的第一条边界不封闭，则另一边界也不能封闭。（　）

(7) 使用3DMESH命令时，必须要掌握所有网格节点的坐标，而其他命令可以根据网格数目和边界线的情况自动确定节点位置。（　）

(8) 用TORUS命令绘制圆环时，当环管的半径大于圆环的半径时，所绘制的图形类似于球体；当圆环的半径为负值，环管的半径为正值且大于圆环半径的绝对值时，所形成的图形类似于椭圆球体。（　）

(9) 拉伸多段线时，多段线包含的顶点数可以少于3个，且不能多于500个，也不能拉伸自交叉或重叠的多段线。（　）

(10) 当旋转轴选取方向不同时，输入相同旋转角度值，三维实体的旋转方向也会不同。（　）

3. 上机操作题

(1) 试绘制如右图所示零件图的三维线框模型。（提示：首先分析零件的形状，然后用LINE、UCS等命令绘制该图形的线框模型。）

(2) 对如右图所示的零件图形作蒙面处理。（提示：首先绘制图形的蒙面模型，然后用TABSURF、EDGESUR、RULESURF等命令对图形进行蒙面，最后用RENDER命令对其进行渲染处理。

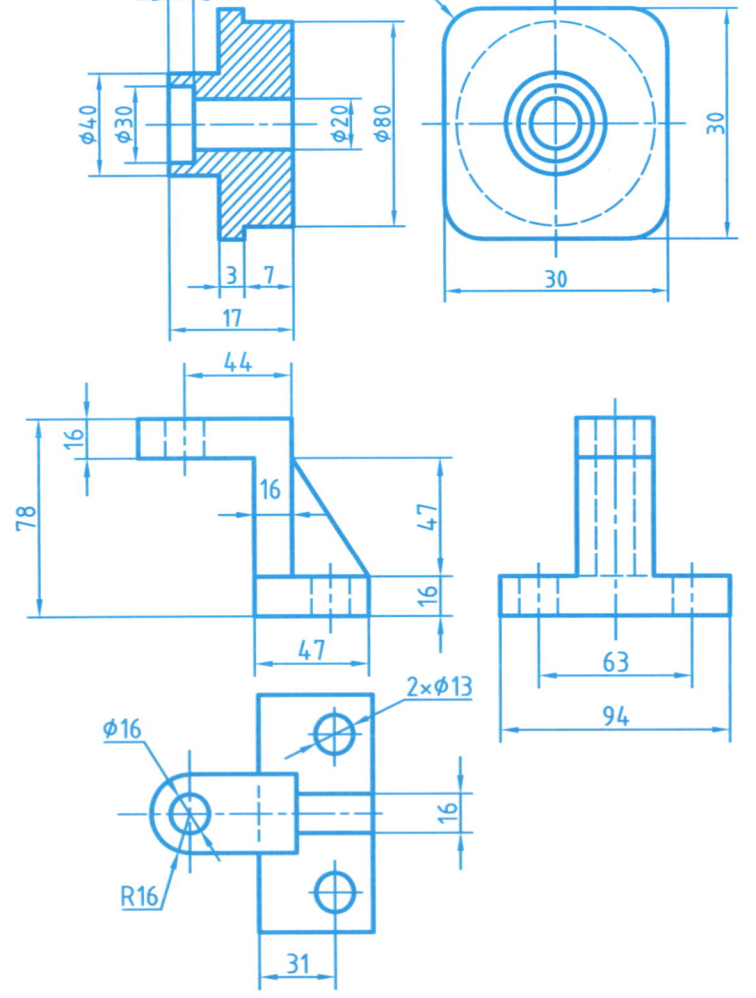

(3) 试绘制如下图所示蜗轮的三维实体图形。
（提示：首先分析蜗轮的尺寸，然后利用本课所学的三维实体命令绘制蜗轮的实体模型，最后可用RENDER命令对实体进行渲染处理。）

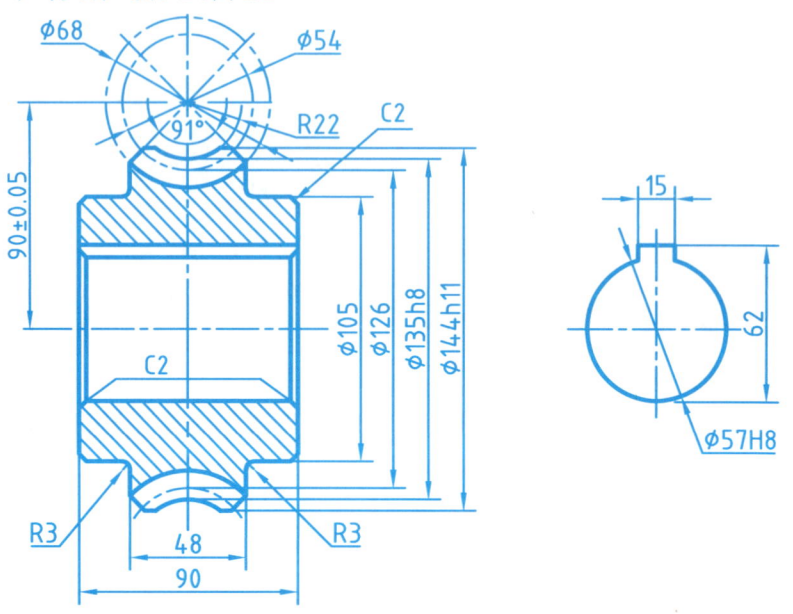

第九课　AutoCAD图形输出

1. 填空题

(1) 在模型空间中，可以绘制_____，也可以绘制_____，但是通过模型空间只能打印输出_____，且只能打印一个视口的图形对象。

(2) 在_____的布局中，可以布局和打印输出在模型空间中各个不同视角下产生的视图，或将不同比例的两个以上的视图安排在一张图纸上。

(3) 在"打印设置"选项卡的"图形方向"栏中可以选择____、____、____等选项。

(4) 在完成打印参数的设置之后，即可通过AutoCAD中所提供的_____和_____两种预览方式来预览图形输出后的效果。

(5) 在"打印机配置编辑器"对话框的"基本"选项卡中显示了_____基本信息，用户可在"说明"栏中添加或修改打印机配置的说明信息。

(6) 在绘制图形过程中所采用的比例是_____。

(7) 在AutoCAD中有_____和_____两种打印预览方式。

2. 判断题

(1) 在绘图过程中，用1个单位图形长度代表真实长度为50个单位的物体，则在绘图时必须设置绘图比例为50∶1。（　）

(2) 在使用AutoCAD进行机械绘图时，绘图过程中可不必考虑图形尺寸与图幅大小的关系，但在用图纸出图时则必须了解和设置相关比例。（ ）
(3) 在模型空间中只能输出一个视图的图形对象。（ ）
(4) 在AutoCAD中可以将对象输出为BMP、3DS、TXT等格式的文件。（ ）

3. 选择题
(1) （ ）选项不属于"图纸方向"设置的内容。
　　A. 纵向　　B. 反向　　C. 横向　　D. 逆向
(2) 在"打印样式表"栏中选择或编辑一种打印样式，可编辑的扩展名为（ ）。
　　A. WMF　　B. PLT　　C. CTB　　D. DWG

4. 问答题
(1) 如何在模型空间中输出图形？如何在布局中输出图形？
(2) 如何为图形对象设置超链接？什么是绝对超链接？什么是相对超链接？

5. 上机操作题
(1) 试绘制如图所示零件的三维实体模型，并由实体模型自动生成如图所示的平面样。（尺寸请在图中按1∶1直接量取）

第十课　AutoCAD绘制正等轴测图

1. 填空题
(1) ＿＿＿＿＿＿就是将物体和在空间中确定该物体的笛卡尔直角坐标系一起沿倾斜于投影面一定角度的方向，用平行投影法投影到一个投影平面上所得到的图形。
(2) 笛卡尔直角坐标系的坐标轴在投形面上的投影，称为＿＿＿＿＿＿。
(3) 空间直角坐标系中，X、Y、Z轴上的单位长度投影到轴测轴X1、Y1、Z1上的长度叫做＿＿＿＿＿＿，轴测轴之间的夹角叫做＿＿＿＿＿＿，通常把轴向变形系为＿＿＿＿＿＿、轴间夹角为＿＿＿＿＿＿的轴测投形称为正等轴测。

(4) ＿＿＿＿＿＿实际上是把当前正交十字光标变换成正等轴测轴，为互成60°的十字光标。
(5) AutoCAD定义了三个轴测平面，即＿＿＿＿＿＿、＿＿＿＿＿＿及＿＿＿＿＿＿。

2. 判断题
(1) 用户可以在两个轴测平面内绘图，当切换轴测平面时，相应的十字光标、光标定量位移与网点都要进行相应的调整。（ ）
(2) 可以使用【Ctrl+E】组合键或【F5】键对轴测平面进行切换。（ ）
(3) 在轴测图形中，可以用CIRCLE命令绘制圆。（ ）

3. 上机操作题
(1) 试绘制下图所示的轴测图。
（提示：先设置轴测图绘图模式，并分析零件的尺寸，然后绘制其轴测图。）

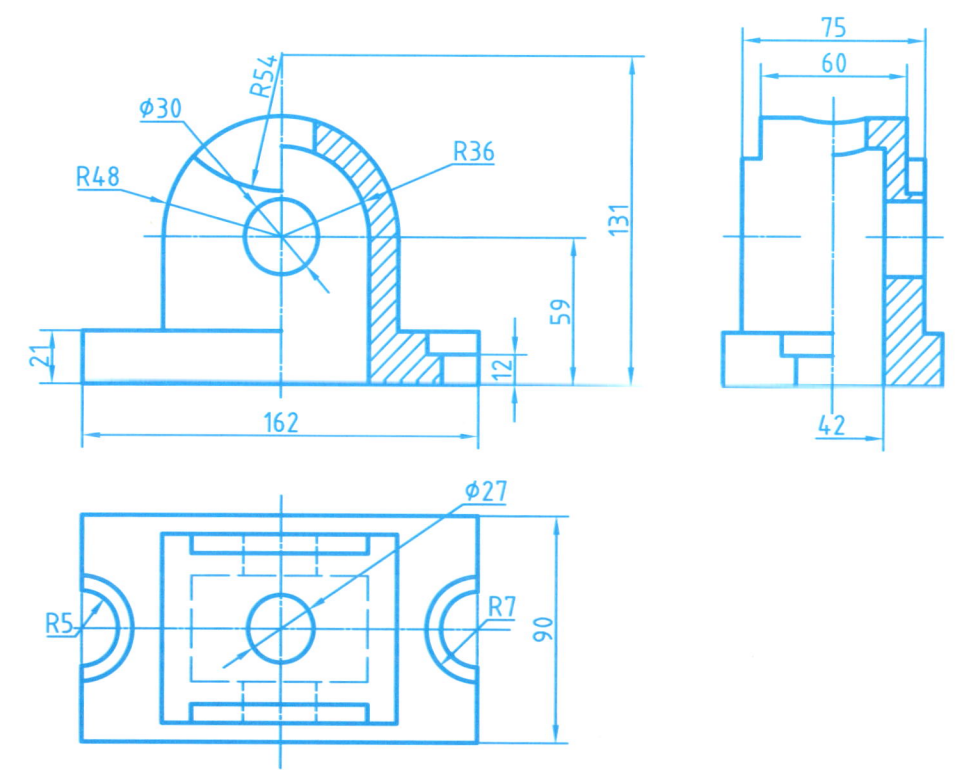

16　工程制图测绘（课程设计）指导（一）

一、测绘（课程设计）的目的

综合培养学生绘图和识图的能力，以素质、创新能力培养为主线，与后续课程和学生实际能力相结合，对本科学生应用1周时间进行强化训练。通过本课程设计，要求达到的教学目的是：熟练掌握部件测绘的基本方法和步骤。

1. 培养学生应用已学的基本理论、方法，分析和解决实际问题的能力。培养学生的空间构思能力。为学生学习后续课程和完成课程设计、毕业设计打下基础。
2. 强化制图技能和阅读、绘制工程图样的能力，进一步提高零件图和装配图的表达方法和绘图的技能技巧。
3. 提高零件图上的尺寸标注、公差配合及几何公差标注的能力。
4. 了解有关机械结构方面的知识，正确使用参考资料、手册、标准及规范等。

二、测绘（课程设计）步骤

1. 了解和分析测绘对象

在测绘之前，认真阅读指导书，对部件进行全面的分析研究，通过观察、研究、分析该部件的结构和工作情况，了解部件的用途、性能、工作原理、结构特点以及零件间的装配关系。

2. 减速器的工作原理、装配关系及结构特点

减速器是改变原动机(如电机)的转速，以适应工作机械(如皮带运输机，起重机等)要求的中间传动装置，用来减低转速，并相应地增大其扭矩。

如右图示：减速器工作时，动力由电机经皮带传动带动齿轮轴30回转，主动齿轮轴30与从动齿轮22啮合，从而带动从动齿轮旋转，经过键21将减速后的回转运动传给从动轴23输出给工作机械。

主动轴与从动轴两端均由滚动轴承27、35支承。工作时，箱体内盛有一定高度的润滑油，齿轮采用飞溅润滑，轴承则用润滑脂润滑，改善了工作情况。为了防止润滑油渗漏及灰尘进入轴承，采用了如下密封措施：油面指示器处加垫片6(两处)，视孔盖用垫片9，放油螺塞处用垫圈20，主动轴通盖用毛毡圈31，从动轴通盖用毛毡圈25密封，主动轴前后轴承的内侧轴肩处装有挡油环29。油面指示器(由反光片2、垫片6、油面指示片3、螺钉4、小盖5组成)用于观察润滑油面高度。为了定期排放污油，更换润滑油，箱体底部有放油螺孔，平时用垫圈20、螺塞19封闭。为了观察齿轮工作情况及向箱内注入润滑油，箱盖顶部有观察孔，平时用垫片9、视孔盖10、螺钉11连接并盖住。工作时箱内温度升高，空气受热膨胀，为了使热空气能自由排出箱外，视孔盖上装有通气塞12，用垫圈13、螺母14与视孔盖10连接。

主动轴、从动轴分别用调整环28、33调整轴向间隙。箱体1、箱盖8用圆锥销7(2件)定位，用螺栓18(2件)、15(4件)、螺母16(6件)、弹簧垫圈17(6件)紧固。箱体连接板下方铸有4个吊耳，便于提升、搬运减速器。箱体底板上有4×φ9通孔，用于安装。

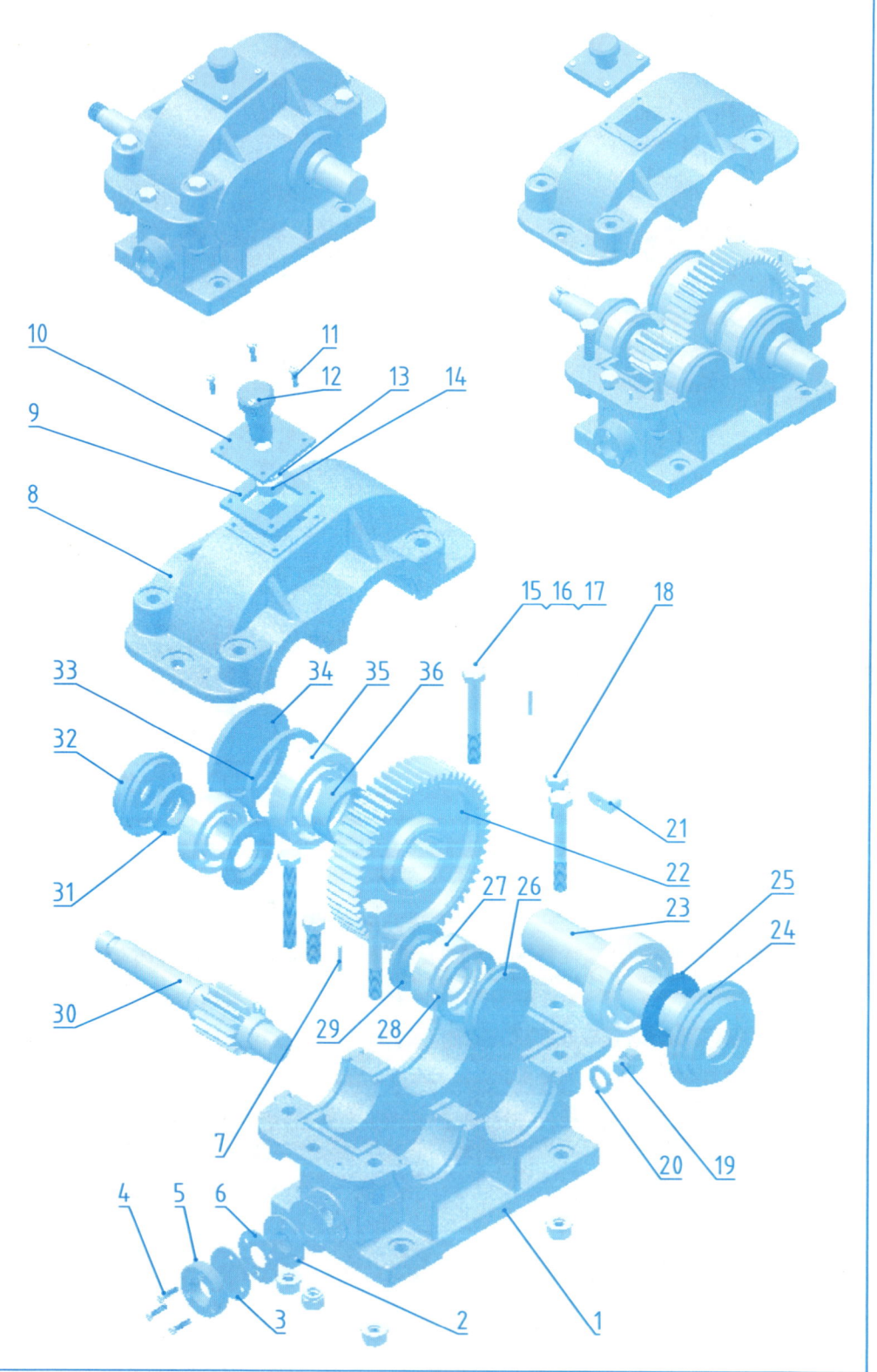

16 工程制图测绘（课程设计）指导（二）

3. 拆卸部件和画装配示意图（了解）

1）拆卸部件

在初步了解部件的基础上，依次拆卸各零件，这样可以进一步搞清减速器部件中各零件的装配关系、结构和作用，弄清零件间的配合关系和配合性质。注意：拆卸前应先测量一些重要的装配尺寸，如零件间的相对位置尺寸，两轴中心距、极限尺寸和装配间隙等；注意拆卸顺序，对精密的或主要零件，不要使用粗笨的重物敲击，对精密度较高的过盈配合零件应尽量不拆，以免损坏零件。拆卸后各零件要妥善保管，以免损坏丢失。

2）画装配示意图

装配示意图是在部件拆卸过程中所画的记录图样，其作用是避免由于零件拆卸后可能产生错乱而给重新装配时带来困难，它是通过目测，徒手用简单的线条示意性地画出部件的图样，主要表达部件的结构、装配关系、工作原理、传动路线等，而不是整个部件的详细结构和各个零件的形状。画装配示意图时，应采用国家标准《机构运动简图用图形符号》（GB/T 4460-2013）中所规定的符号。装配示意图如右图所示。减速器零件明细表如右表所示。

注意事项：①图形画好后，应编上零件序号或名称；②标准件应及时确定其尺寸规格。

4. 绘制零件草图（了解）

绘制减速器(标准件除外)所有零件的草图，对于标准件只需测得几个主要尺寸，查阅标准手册确定其规定标记。画零件草图的基本要求及注意事项：

零件草图是目测比例、徒手画出的零件图，它是实测零件的第一手资料，也是整理装配图与零件工作图的主要依据。草图不能理解为潦潦草草的图，而应认真地对待草图的绘制工作，零件草图应满足以下两点要求：①零件草图所采用的表达方法、内容和要求与零件工作图一致，视图选择、尺寸标注、技术要求及标题栏四个内容必须完整，并按零件图的要求进行绘制；②表达完整、线型分明、投影关系正确、字体工整、图面整洁。

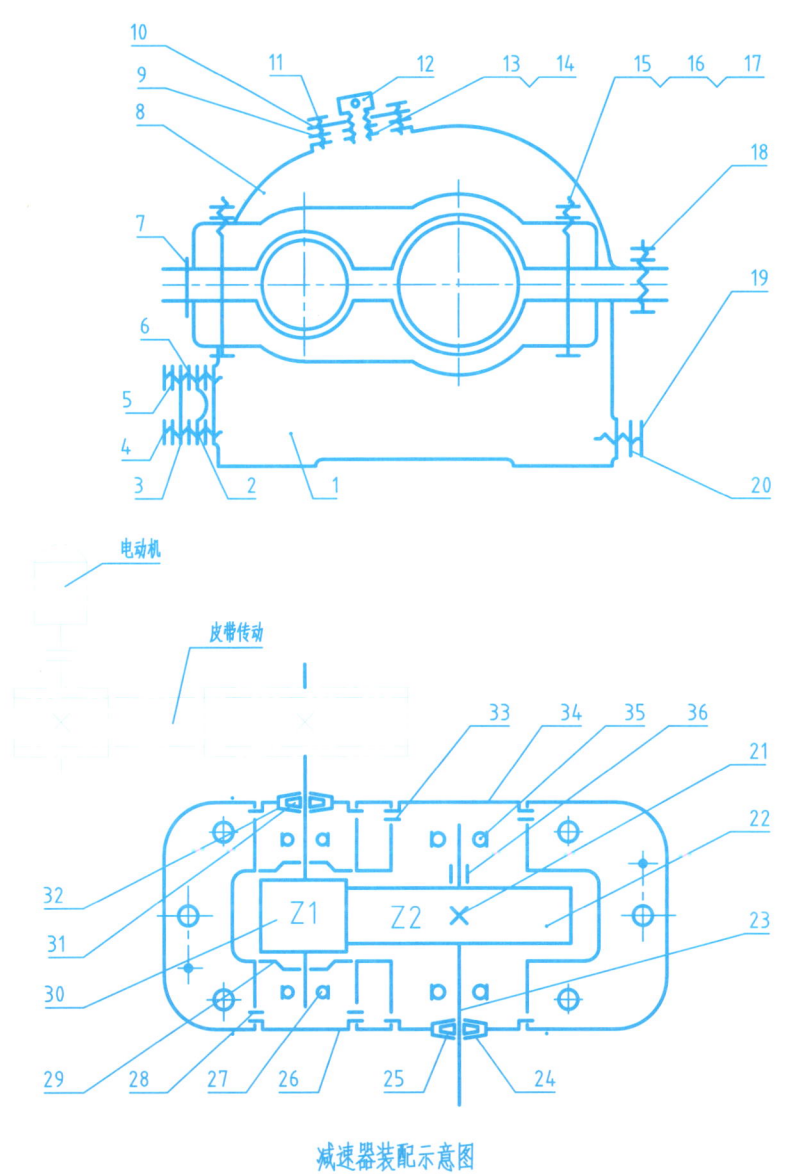

减速器装配示意图

36	套筒	1	Q235	
35	滚动轴承6206	2		GB/T276-2013
34	端盖	1	HT150	
33	调整环	1	Q235	
32	端盖	1	HT150	
31	密封圈	1	毛毡	
30	齿轮轴	1	45	
29	挡油环	2	HT150	
28	调整环	1	Q235	
27	滚动轴承6204	2		GB/T276-2013
26	端盖	1	HT150	
25	密封圈	1	毛毡	
24	端盖	1	HT150	
23	轴	1	45	
22	齿轮	1	45	
21	键10×8×22	2	A6	GB/T1096-2003
20	密封圈	1	耐油橡胶石棉板	
19	螺塞M10	1	Q235	
18	螺栓M8×25	2	Q235	GB/T5780-2016
17	垫圈 8	6	62Mn	GB/T93-1987
16	螺母M8	6	Q235	GB/T41-2016
15	螺栓M8×65	4	Q235	GB/T5780-2016
14	螺母M10	1	Q235	GB/T41-2016
13	垫圈 10	1	Q235	GB/T97.1-2002
12	通气螺塞	1	Q235	
11	螺钉M3×14	4	Q235	GB/T67-2016
10	视孔盖	1	Q235	
9	垫片	1	压纸板	
8	箱盖	1	HT150	
7	销3×18	2	35	GB/T117-2000
6	垫片	2	毛毡	
5	小盖	1	HT150	
4	螺钉M3×14	3	Q235	GB/T67-2016
3	油面指示片	1	赛璐珞	
2	反光片	1	铝	
1	箱座	1	HT150	
序号	名称	数量	材料	备注

16 工程制图测绘（课程设计）指导（三）

1) 视图
   按视图选择基本原则与要求，结合零件分类，用一组视图表达零件。

2) 尺寸标注
   零件图上的尺寸标注，要做到完整、清晰、符合标准，且能满足设计要求和工艺要求。标注尺寸时应注意以下问题：
   （1）从设计要求和工艺要求出发，选择恰当的尺寸基准，不要标注成封闭尺寸链。部件中两零件有联系的部分，尺寸基准应统一。
   （2）重要尺寸，如配合尺寸、定位尺寸、保证工作精度和性能的尺寸等，应直接标注出来。
   （3）对于标准结构，如螺纹、退刀槽、轮齿，应把测量结果值通过查标准手册，进行核对，采用标准值。
   （4）零件上一些常见结构，如底板、法兰盘等图形要按一定的标注方式进行尺寸标注。
   （5）尺寸尽量标注在视图外边、两视图中间。

3) 尺寸测量与尺寸数字的处理
   在绘制的草图上把尺寸按要求标注好后，统一进行尺寸测量。
   在测量零件时，应根据零件尺寸的精确程度选用相应的量具，常用的测量工具有游标卡尺、外卡、内卡、直尺、角度规、螺纹规等，精度低的尺寸可用内、外卡及钢尺测量，精度较高的尺寸应采用游标卡尺进行测量。零件的尺寸有的可以直接量得，有的要经过一定的运算后才能得到，如中心距等。测量尺寸时应注意：
   （1）测量时应尽量从尺寸基准出发以减少测量误差。
   （2）尽量采用直接测量，避免尺寸换算以减少错误。
   测量所得的尺寸数字，还必须进行一些相应的处理：
   （1）一般尺寸，大多数情况下要圆整到整数。
   （2）重要的直径要取标准值。
   （3）对标准结构(如螺纹、键槽、齿轮的轮齿)的尺寸要取相应的标准值。
   （4）没有配合关系的尺寸或不重要的尺寸，一般圆整到整数。
   （5）有配合关系的尺寸（配合孔轴）只测量它的公称尺寸，其配合性质和相应公差值可查阅手册。
   （6）有些尺寸要进行复核，如齿轮传动轴孔中心距要与齿轮的中心距核对。
   （7）因磨损、碰伤等原因而使尺寸变动的零件要进行分析，标注复原后的尺寸。
   （8）零件的配合尺寸要与相配零件的相关尺寸协调，即测量后尽可能将这些配合尺寸同时标注在有关的零件上。

4) 技术要求
   （1）材料
   零件材料的确定，可根据实物结合有关标准、手册分析初步确定。常用的金属材料有碳钢、铸铁、铜、铅及其合金。参考同类型零件的材料，用类比法确定或参阅有关手册。
   （2）表面粗糙度
   零件表面粗糙度等级可根据各个表面的工作要求及精度等级来确定，可以参考同类零件的粗糙度要求或使用粗糙度样板进行比较确定，表面粗糙度等级可根据下面几点决定：
   ①一般情况下，零件的接触表面比非接触表面的粗糙度要求高。
   ②零件表面有相对运动时，相对速度越高所受单位面积压力越大，粗糙度要求越高。
   ③间隙配合的间隙越小，表面粗糙度要求应越高，过盈配合为了保证连接的可靠性，亦应有较高要求的粗糙度。
   ④在配合性质相同的条件下，零件尺寸越小则粗糙度要求越高，轴比孔的粗糙度要求高。
   ⑤要求密封、耐腐蚀或装饰性的表面粗糙度要求高。
   ⑥受周期载荷的表面粗糙度要求应较高。
   （3）几何公差
   标注几何公差时参考同类型零件，用类比法确定，无特殊要求时一律不标注。可参阅有关手册。
   （4）公差配合的选择
   参考相类似部件的公差配合，通过分析比较来确定。我们测绘的减速器中，主动轴与轴承之间，箱座与端盖等有配合要求，选择时可参考有关手册。
   （5）技术要求
   凡是用符号不便于表示，而在制造时或加工后又必须保证的条件和要求都可注写在"技术要求"中，其内容参阅有关资料手册，用类比法确定。

5) 标题栏
   根据减速器的测绘，即上述分析与工作，正确填写标题栏。
   通过以上处理后，可以绘制出零件图，以下127-132页为测绘好的零件工作图，同学们验证其尺寸，在此基础上绘制装配图。

5. 绘制部件装配图

根据零件图和装配示意图画出部件装配图。在画装配图时，零件的尺寸大小一定要画得准确，装配关系不能搞错，必须认真仔细。具体步骤如下：

1）认真拆装减速器部件实物，了解结构及装配关系。

减速器部件共5条装配线，两处销连接、6处螺栓连接、7处螺钉连接。即：
（1）主动轴装配线；
（2）从动轴装配线；
（3）视孔盖及通气塞装配线；
（4）油面指示器装配线；
（5）放油螺塞。

2）仔细阅读给定的一套零件图，想出每个零件的形状，结合装配示意图及部件实物，查对每个零件，找出零件间的相互关系，进而搞清该部件的原理、功用、装配关系。

3）确定表达方案

由于装配图不仅表达了部件的工作原理和各零件的装配关系，而且反映了主要零件的形状结构，所以我们应根据已学过的装配图的各种表达方法(包括一些特殊的表达方法，如拆卸画法、夸大画法、简化画法等)，选用适合的表达方法，较好地反映部件装配关系、工作原理和主要零件的结构形状，根据前面对减速器的表达分析，减速器部件按工作位置安放，主动轴输入端向后，从动轴输出端向前，如123页"减速器装配示意图"所示。

主视图表达减速器的整体外形，取四处局部剖视分别表达：视孔盖及通气塞、油面指示器、圆锥销定位、螺栓连接及放油螺塞。

俯视图沿箱盖、箱座结合面作拆卸剖视，表示减速器的主要装配关系：主、从动轴轴系零件的装配及传动关系。

另取"A向"斜视图表达视孔盖、通气塞端面形状。

所以，减速器采用主、俯两个基本视图及"A向"斜视图。

4）选用图幅、比例、布图

选1：1的比例，用A2竖放。合理布图，考虑留有标注尺寸和编序号的地方，定出标题栏、明细表的位置，画各视图的基准线、对称中心线、轴线。（图面布局见右图）

5）画底图

从俯视图开始画，先画两条轴系零件的装配线，后补画箱体(即从内向外画)。

（1）主动轴装配线的画图顺序：主动轴30(其前后定位为齿宽对称面与箱体前后对称面重合)→(后端)挡油环29→轴承27→通盖32→毡圈31(在通盖梯形槽内画上剖面线即可)→(前端)挡油环29→（前端）轴承27→调整环28→端盖26 （共9个零件）。

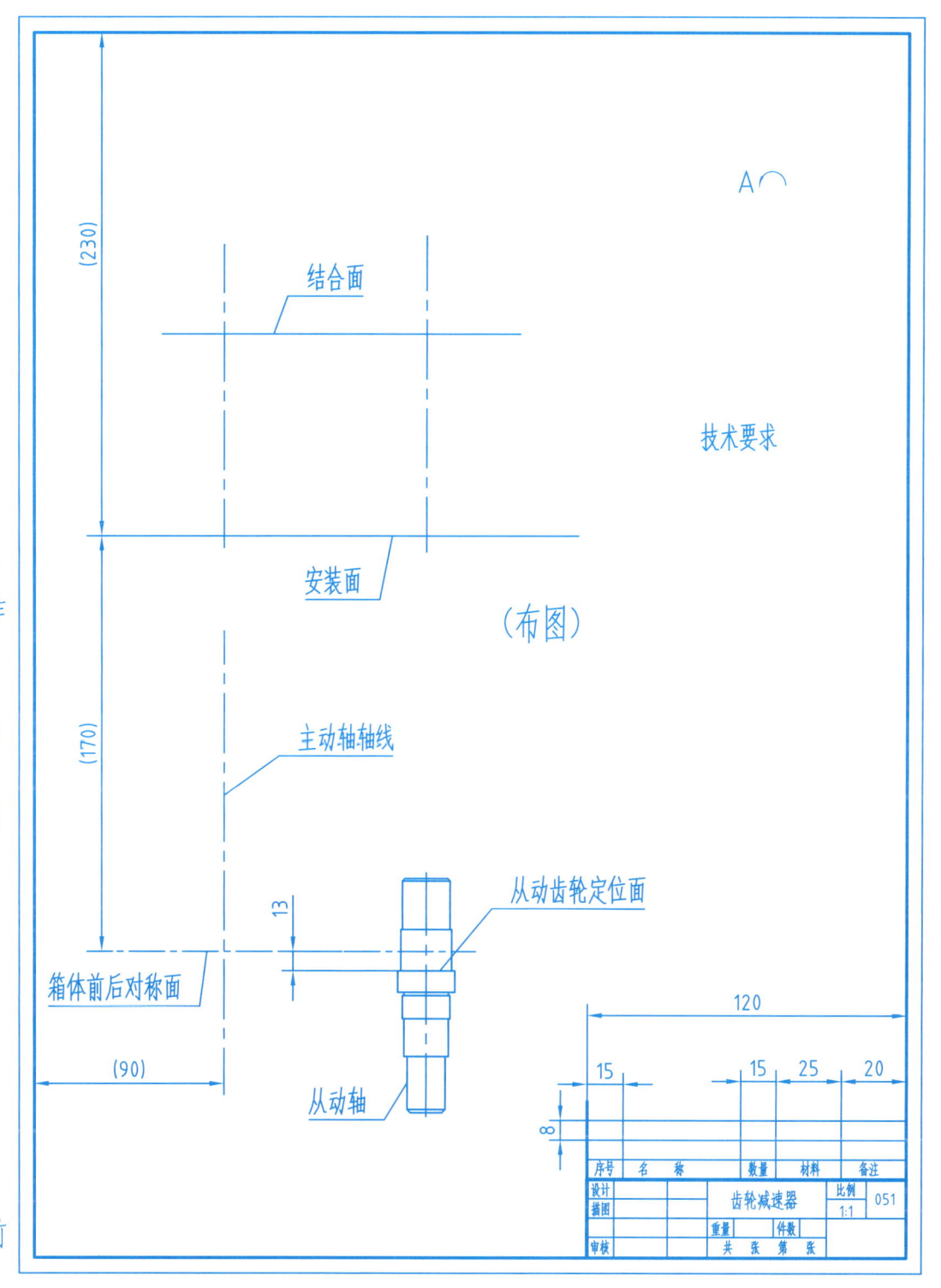

(2) 从动轴装配线的画图顺序：从动轴23（与主动轴之间按中心距70定位，前后定位为箱体前后对称面向前13即为从动轴齿轮定位台肩面）→从动齿轮22 → 键连接 →（后端）套筒36 → 轴承35→ 调整环33 → 端盖34 →（前端）轴承35 → 通盖24 → 毡圈25（在通盖梯形槽内画上剖面线即可）（共10个零件）。

(3) 补画箱体俯视图可见轮廓线及螺栓通孔、螺栓断面、销断面。

接着按长对正画主视图，先画箱体1、箱盖8外形，再逐一画出4处局部剖视细节（即从外向内画）。画通气塞处连接，应注意内侧垫圈应与小盖3内平面接触。画油面指示器，应注意反光片2的位置，其球面凸起向箱体内侧，球面上2×φ3小孔在上下方位。补画端盖及从动轴端面投影后，应特别注意画箱体、箱盖的结合面。

最后画"A向"斜视图，表达视孔盖10及通气塞12的端面形状。

6）检查，清洁图面，画剖面线，完成全图。

7）尺寸标注，编序号、填写明细栏。

装配图主要是设计和装配机器或部件时用的图样，因此不必注出零件的全部尺寸，只需标出一些必要的尺寸。如特征尺寸、装配尺寸、安装尺寸、外形尺寸和其它重要尺寸等，具体参阅有关手册。附应注尺寸如下：

(1) 配合尺寸：①主动轴通盖与箱体孔配合：$\phi47\frac{H7}{h8}$；②箱体孔与主动轴轴承外圈配合：$\phi47J7$（两处）；③主动轴与轴承内圈配合：$\phi20js6$（两处）；④主动轴端盖与箱体孔配合：$\phi47J7/h8$；⑤从动轴端盖与箱体孔配合：$\phi62\frac{H7}{h8}$；⑥从动轴与轴承内圈配合：$\phi30js6$（两处）；⑦箱体孔与从动轴轴承外圈配合：$\phi62J7$（两处）；⑧从动轴与齿轮孔配合：$\phi32\frac{H7}{k6}$；⑨从动轴通盖与箱体孔配合：$\phi62\frac{H7}{h8}$。

(2) 装配时加工的尺寸：销孔定位尺寸：34, 23；16, 23。

(3) 相对位置尺寸：两轴线中心距：70±0.08；轴线中心高：80±0.1。

(4) 外形尺寸：总长230，总宽212，总高172。

(5) 安装尺寸：①底板安装孔：4×φ9; 135, 78；②从动轴输出端尺寸：φ24k6；③主动轴输入端尺寸：M14，锥度1:20。

8）技术要求及性能

不同性能的机器或部件，其技术要求也不同，一般可以从以下几个方面来考虑：

(1) 装配要求

装配后必须保证的准确度和装配时的要求及需要在装配时的加工说明。

(2) 检验要求

基本性能的检验方法和要求，装配后必须保证达到的准确度，关于检验方法的说明，其他检验要求等。

(3) 使用要求

对产品的基本性能、维护、保养的要求以及使用操作时的注意事项等。

上述各项内容，并不要求在装配图上全部注写，要根据具体情况而定，如已在零件图上提出的技术要求在装配图上一般可以不必注写。技术要求一般写在明细表上方或图纸下方的某空白处，也可以另编技术文件附于图纸。附一级齿轮减速器技术要求如下：

①装配时各零件需用煤油洗净并涂一层黄甘油。

②装好后箱内需注入工业用45#润滑油，油面高度应使大齿轮的2～3齿浸入油中。在1000rad/min的速度下正反转1h，检查浸油、过热、噪声等缺陷并消除。

③箱盖与箱座的定位销孔，在装配调整好之后加工，然后装入定位销。箱盖、箱座连接螺栓允许由上向下装。

9）注意事项

(1) 合理绘制装配工艺结构，参阅有关手册。

(2) 采用画法几何及机械制图国家标准中的简化画法。

(3) 为表达清楚起见，采用 1:1绘制。

(4) 再次检查，准确无误后再描深。

三、测绘(课程设计)要点

1. 表达方案合理，内容完整，图面整洁，线型、字体符合机械制图国家标准。

2. 标准件与常用件的画法（特别是：键联结、齿轮啮合、螺栓、螺钉连接）。

3. 在使用模型、测量工具时，按相关操作规范进行，注意安全。

四、技术制图复制图折叠方法（GB/T 10609.3-2009 ）

1. 折叠后的图纸幅面一般应有A4或A3的规格，对于需装订成册有无装订边的复制图纸，折叠后的尺寸可以是190×297或297×400。

2. 无论采用何种折叠方法，折叠后复制图纸上的标题栏均应露在外面。

3. 不需要装订成册的有装订边的A2图纸，折成A4复制图的折叠方法如下图所示：

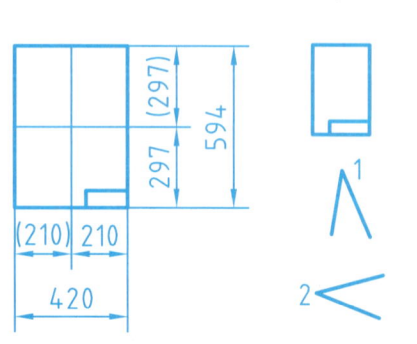 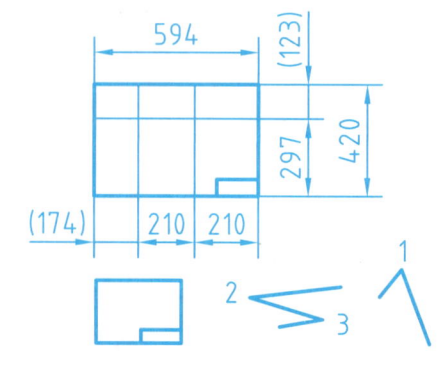

16 工程制图测绘（课程设计）指导（七）

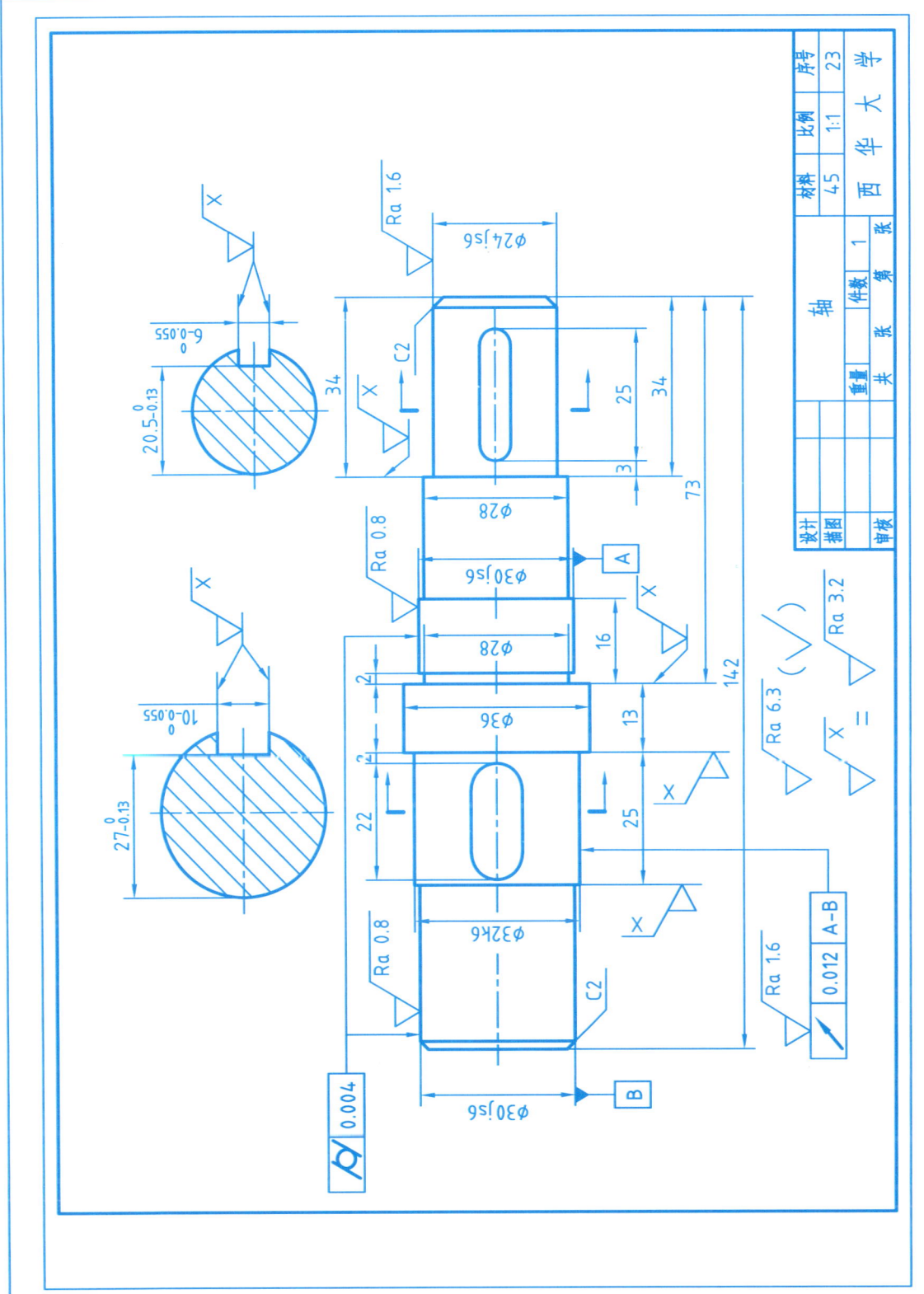
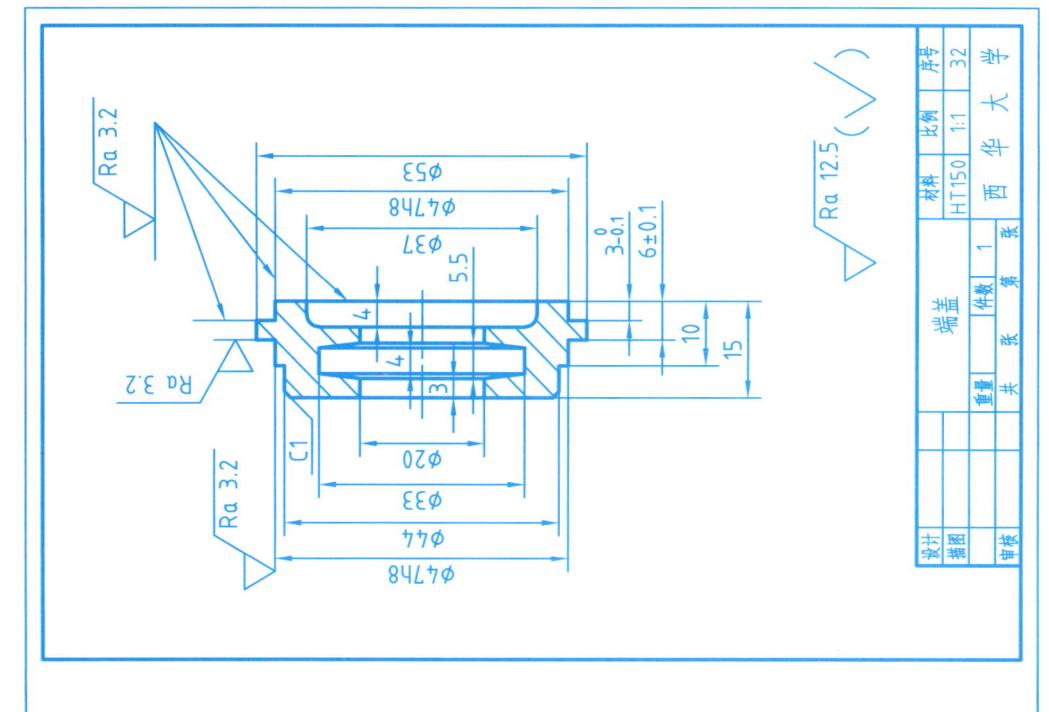
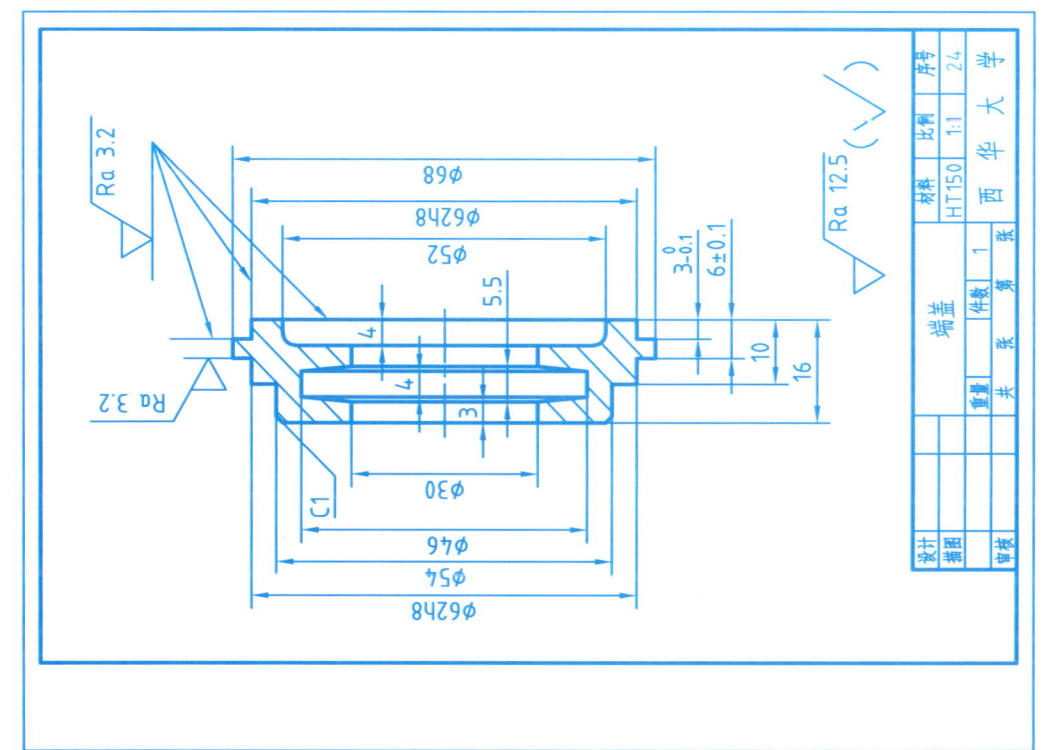

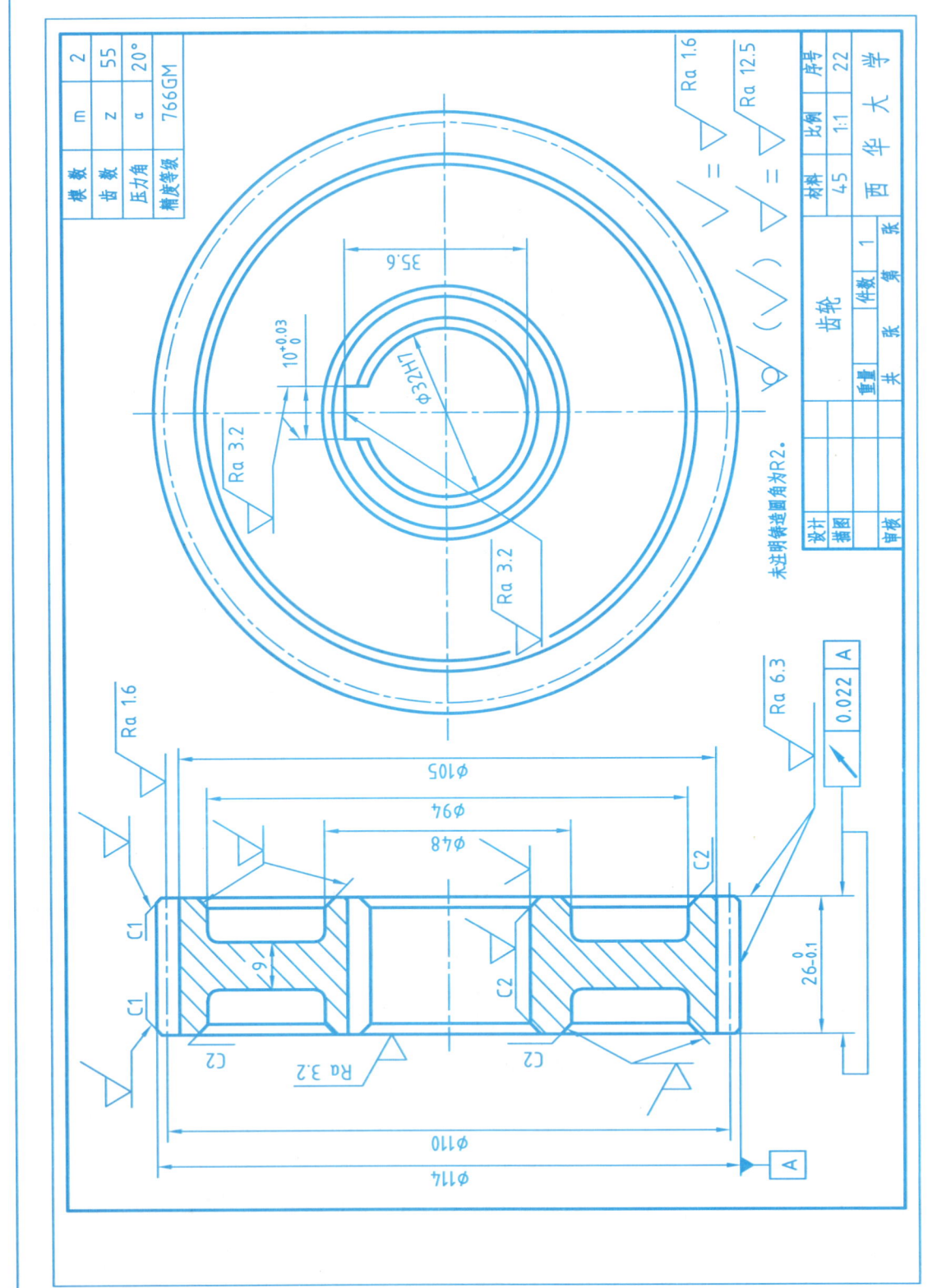
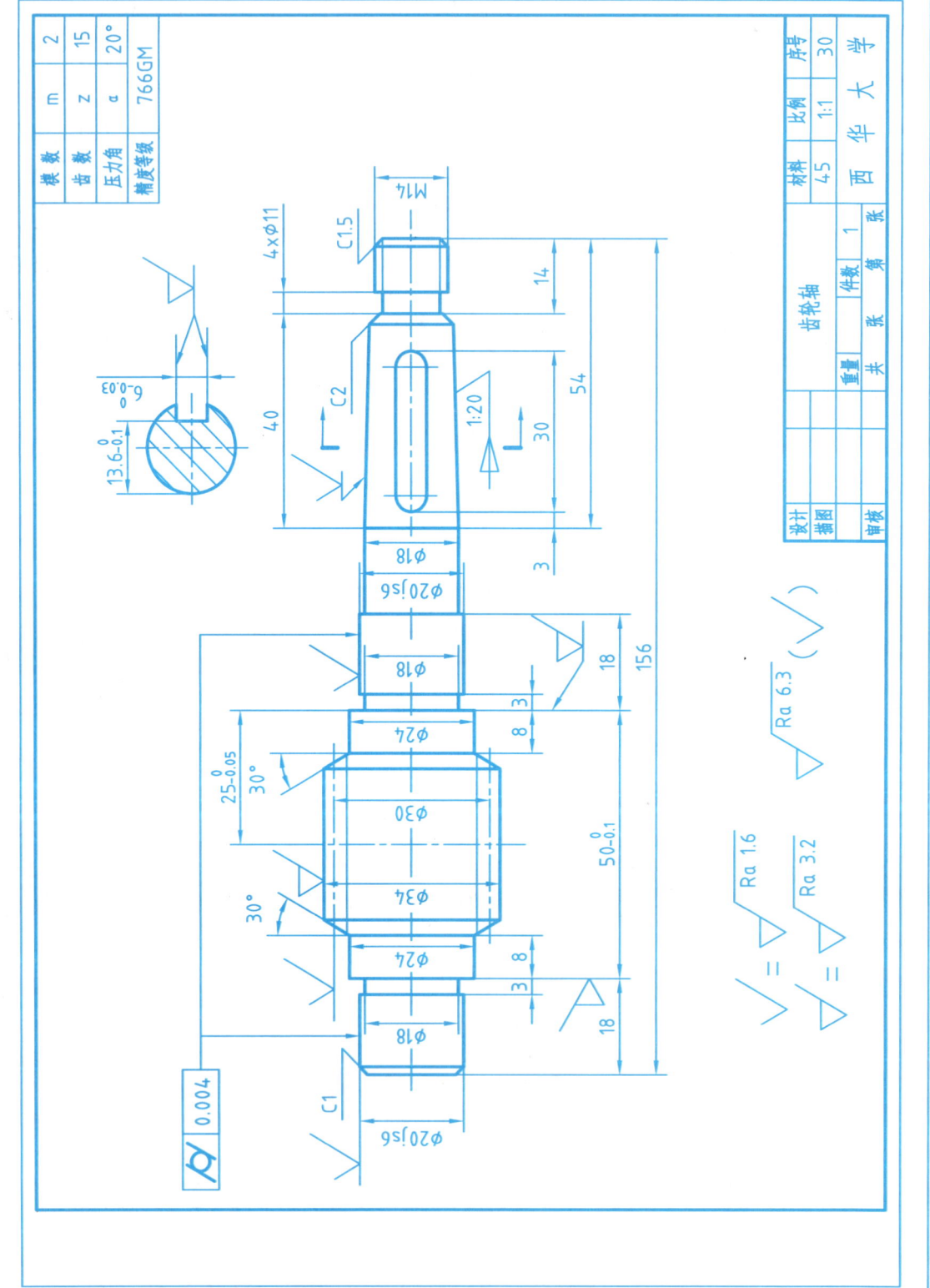

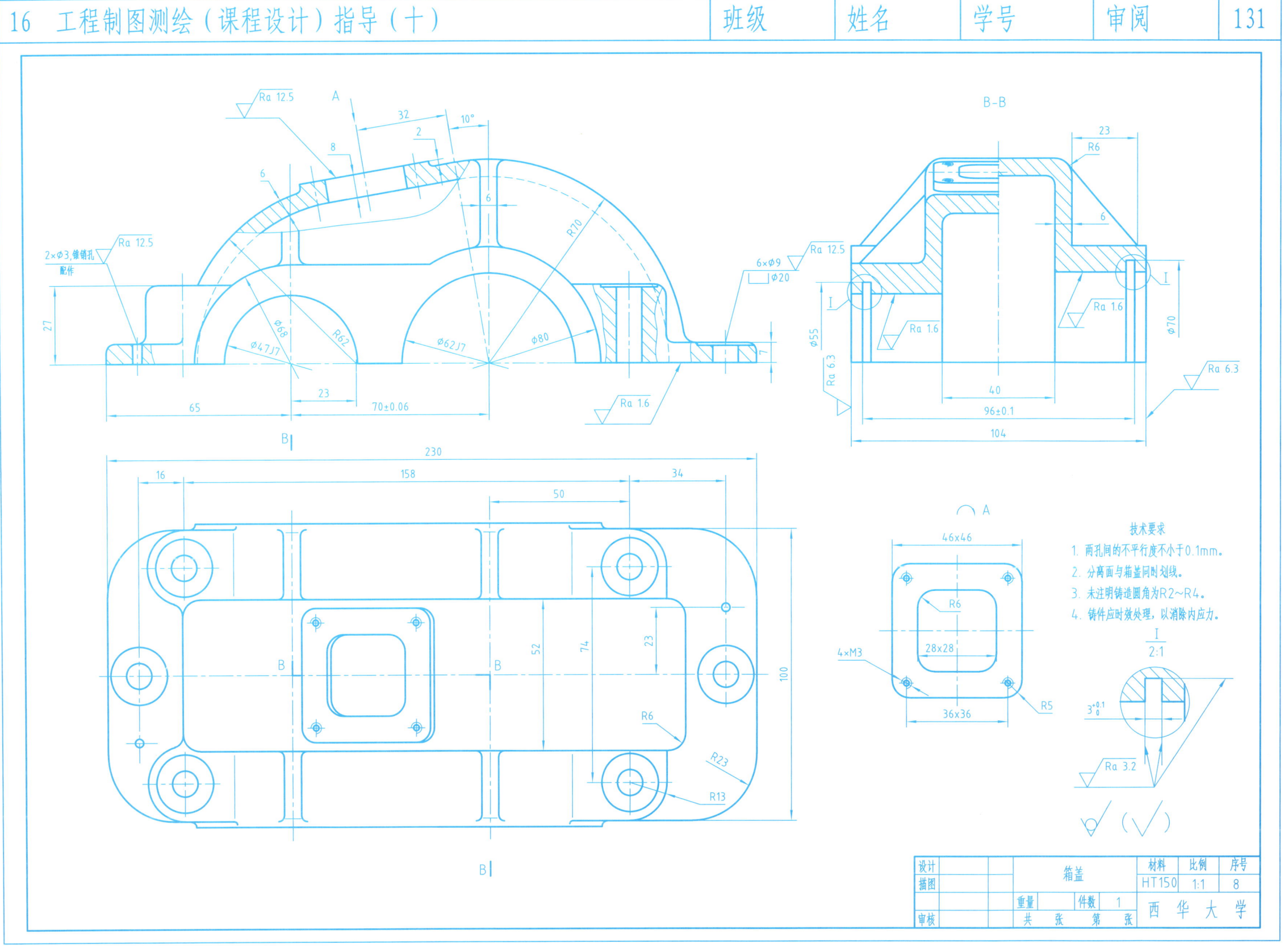

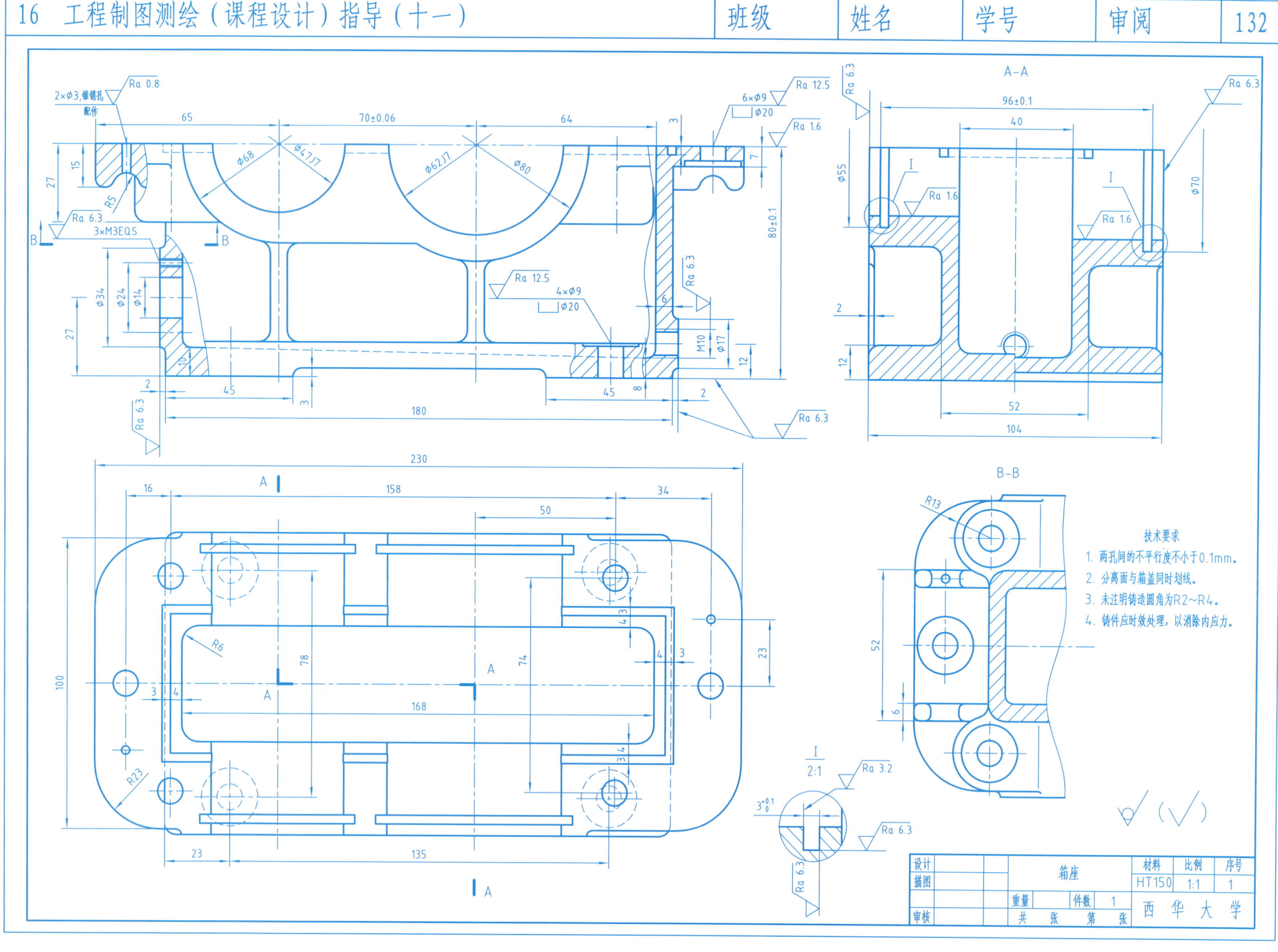

17 阶段性测试（一）

| 班级 | 姓名 | 学号 | 审阅 | 133 |

平时作业练习效果检测

检测单元：点线面　　适用课程：机械类

时间：45 分钟　　成绩：_____

1. 已知直线AC=L，求作AC的正面投影。

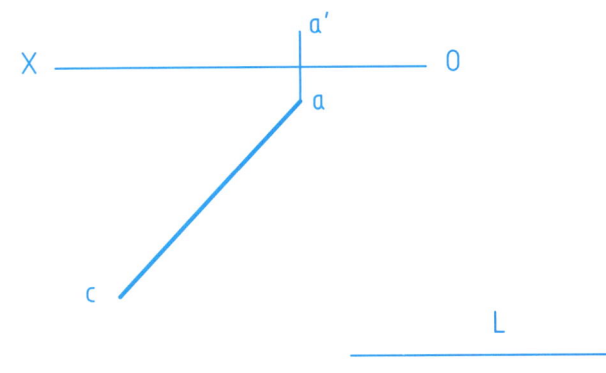

2. 已知ABCDEF为正垂面，与侧面的夹角为60°试作其正面、侧面投影。

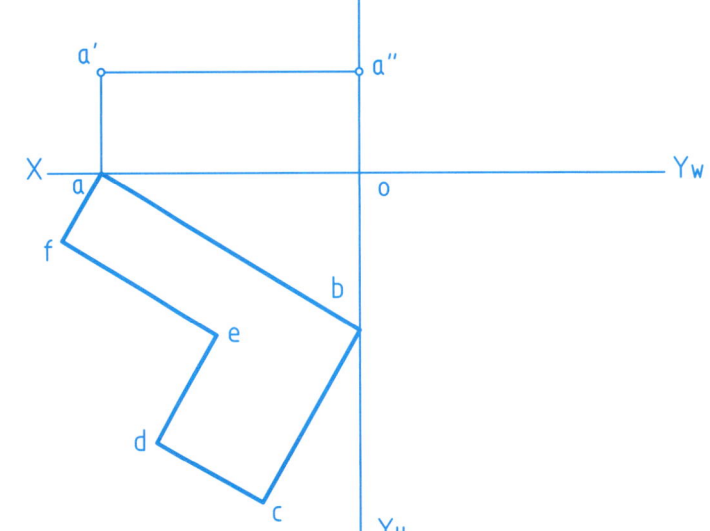

3. 已知线段AB=45。与H面夹角30°，与V面夹角45°以及A点的两面投影。求作直线AB的两面投影。

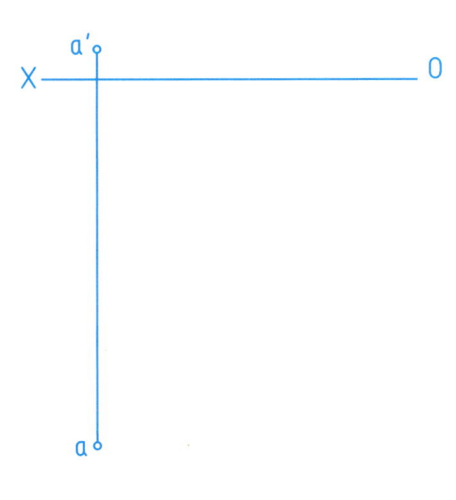

4. 平面ABCDEFG的BC边平行于H面，补全平面图形ABCDEFG的正面投影。

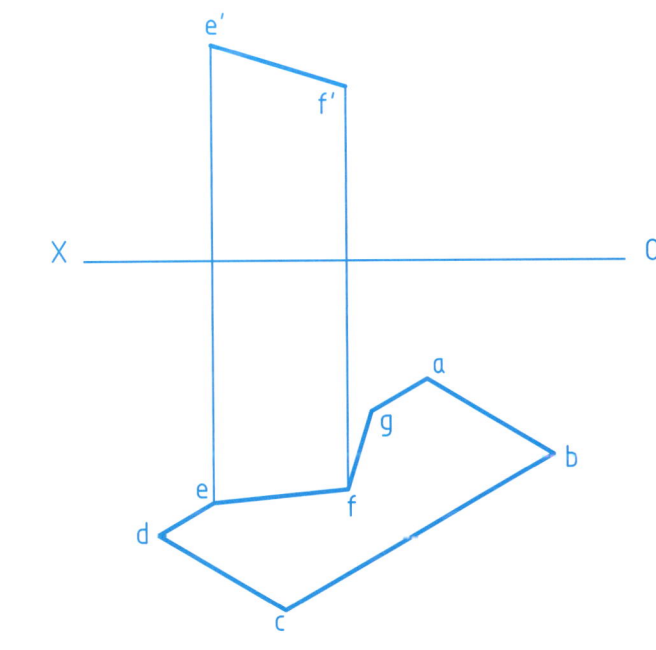

5. 已知正方形ABCD的顶点B在EF上，顶点D在AL上，补全此正方形的两面投影。

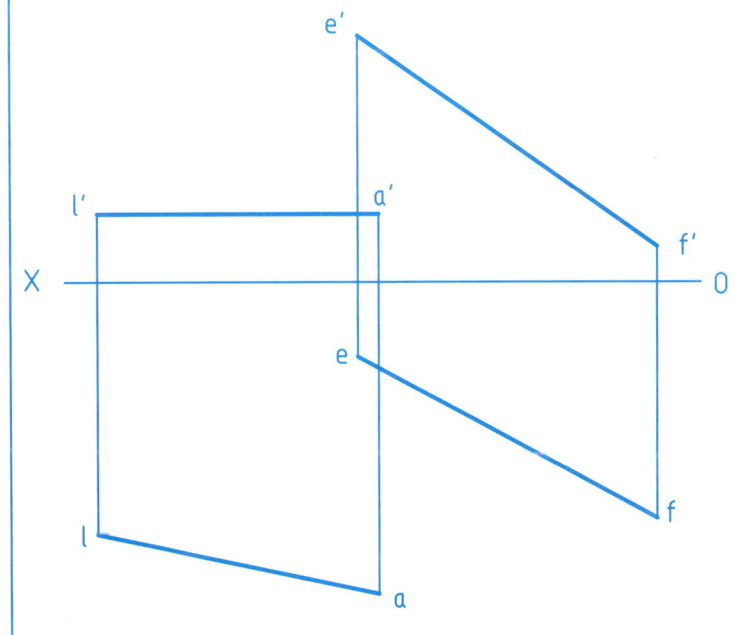

6. 作直线MN与直线AB平行，与直线CD、EF相交。

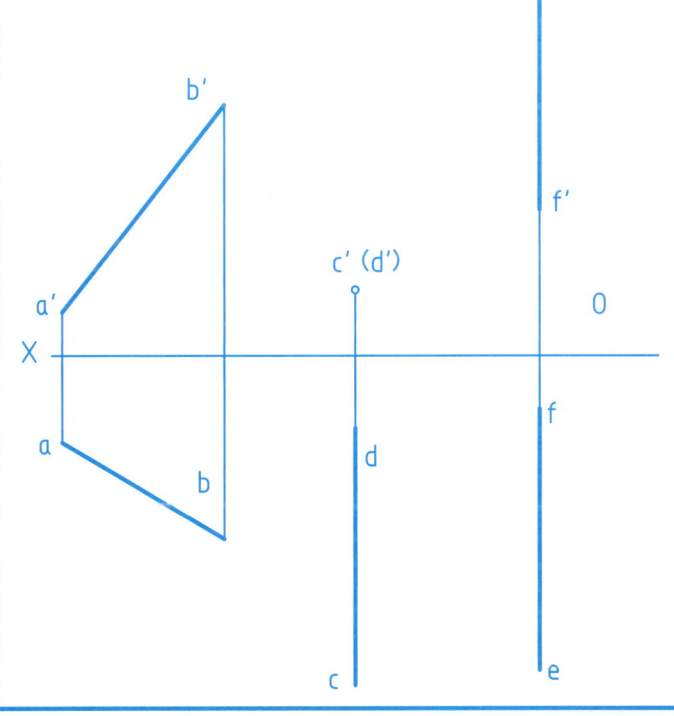

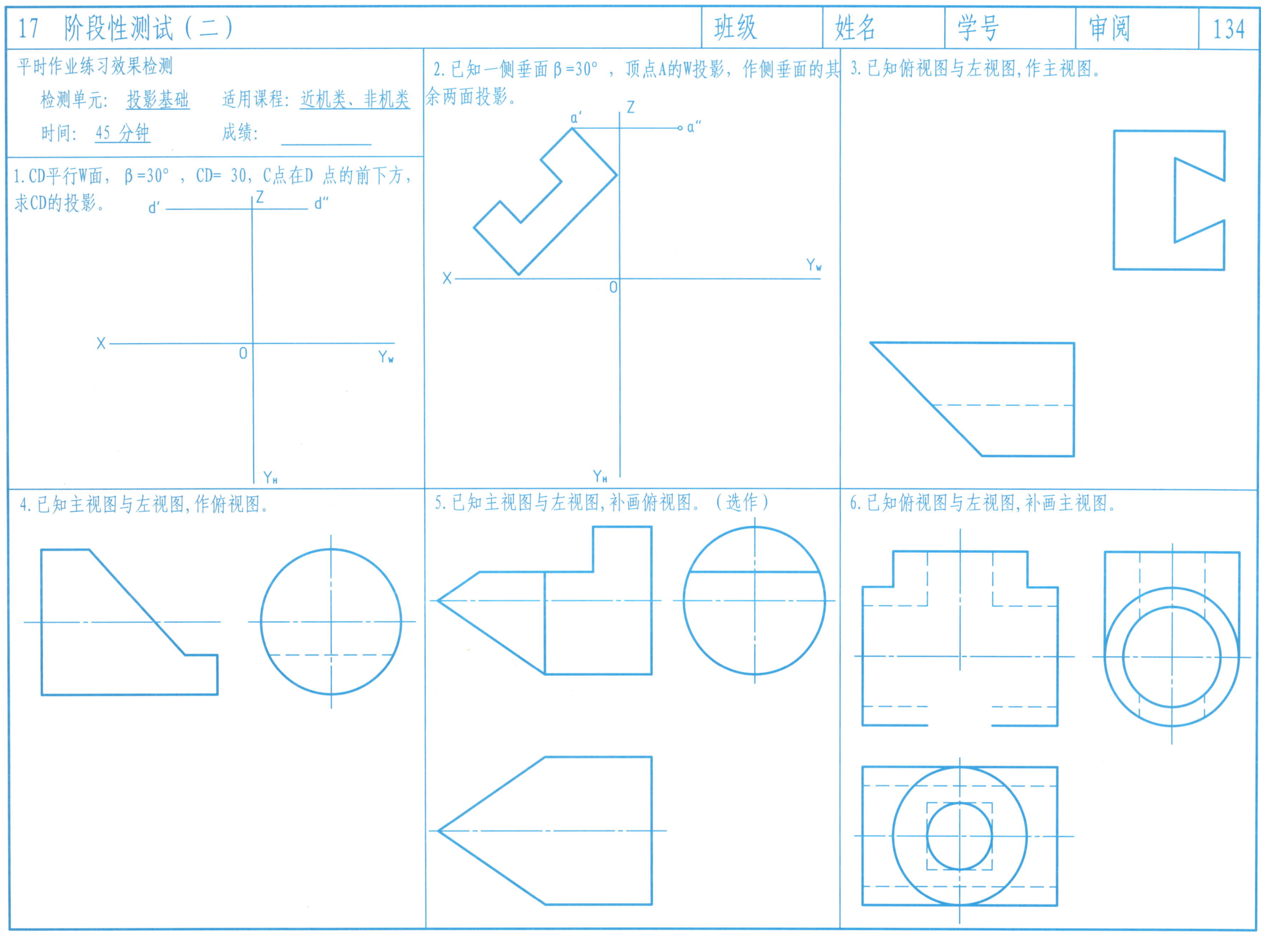

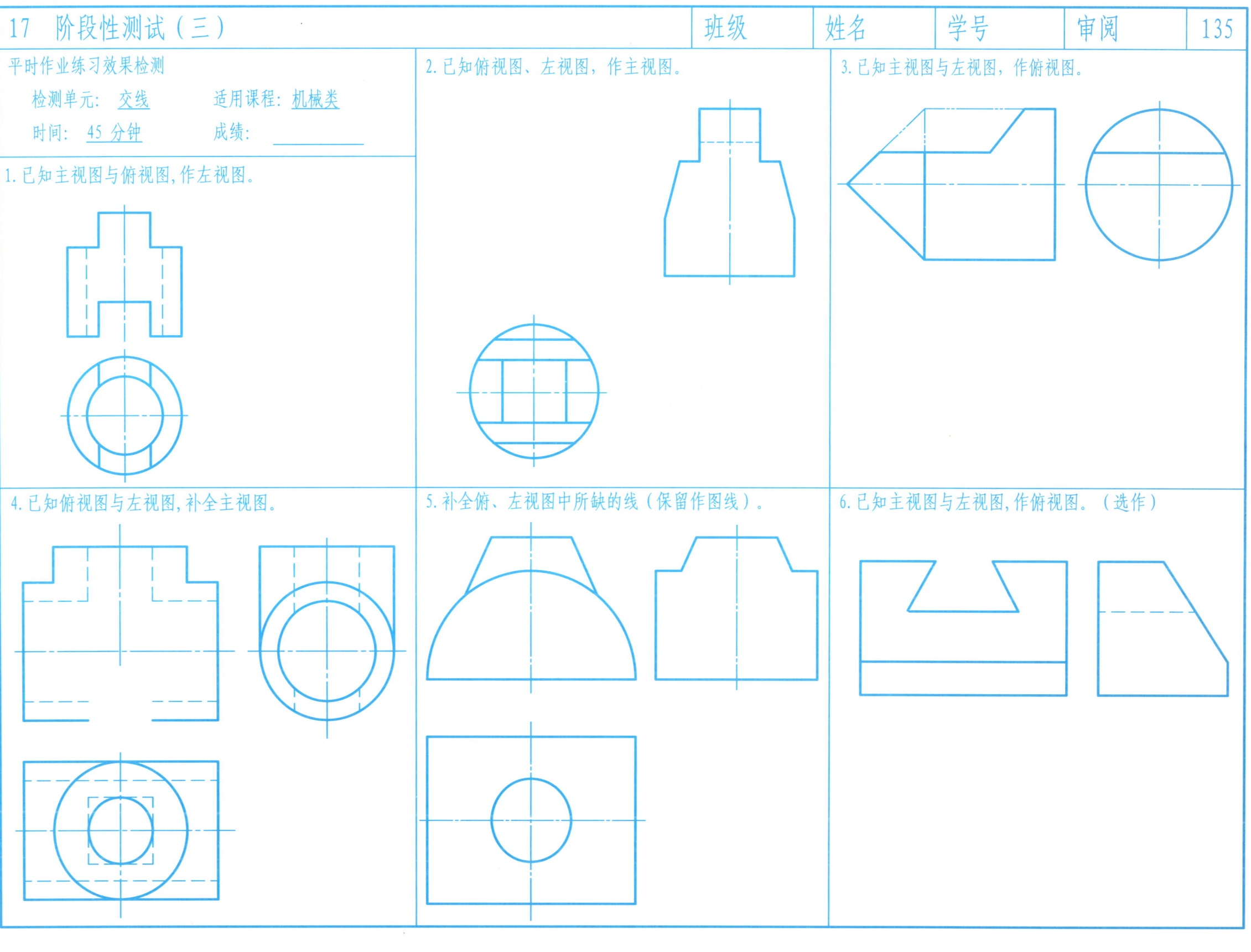

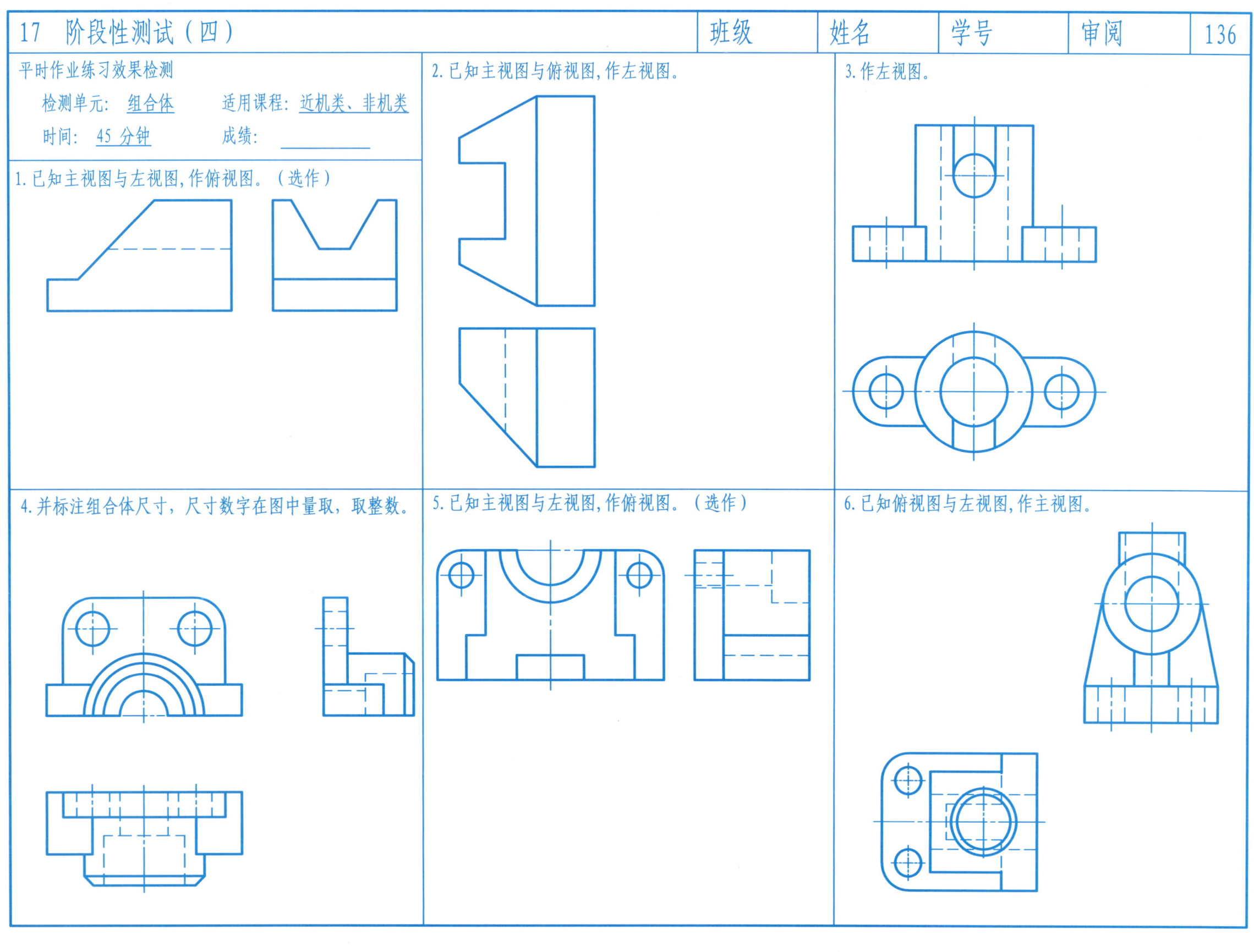

17 阶段性测试（五）

| 班级 | 姓名 | 学号 | 审阅 | 137 |

平时作业练习效果检测

检测单元：组合体　　适用课程：机械类

时间：45 分钟　　成绩：_____

1. 已知主视图与左视图，作俯视图。（选作）

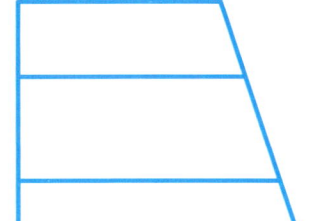

2. 已知主视图与左视图，作俯视图。

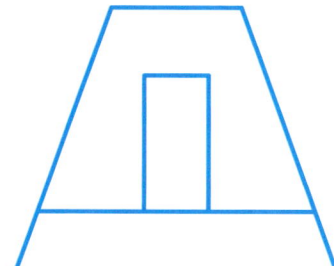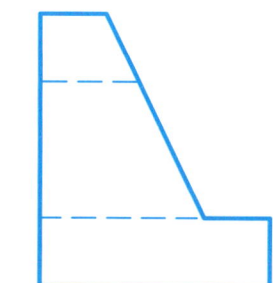

3. 已知主视图与俯视图，作左视图。

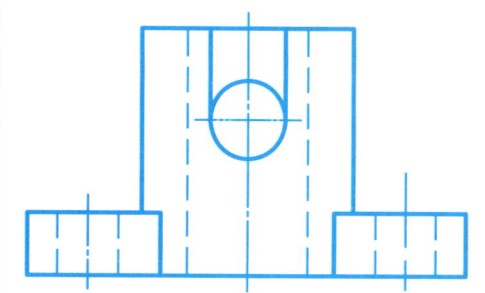

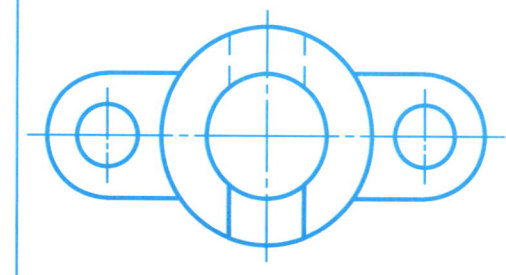

4. 已知主视图与俯视图，作左视图。

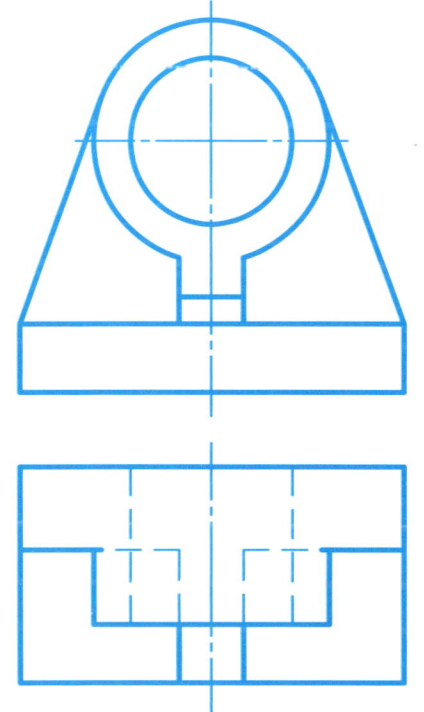

5. 作左视图。

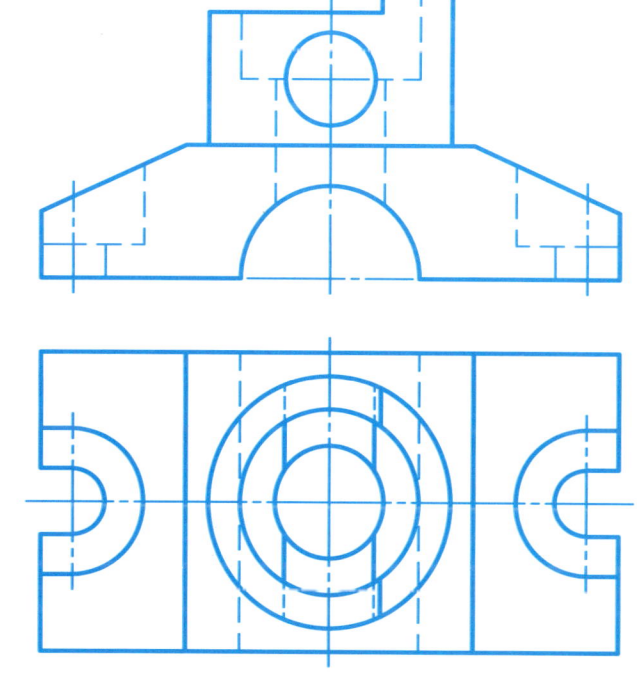

17 阶段性测试（六） 138

平时作业练习效果检测

检测单元：表示方法　　适用课程：近机类、非机类

时间：45 分钟　　成绩：_____

1. 已知主视图与俯视图，作全剖视的左视图。（选作）

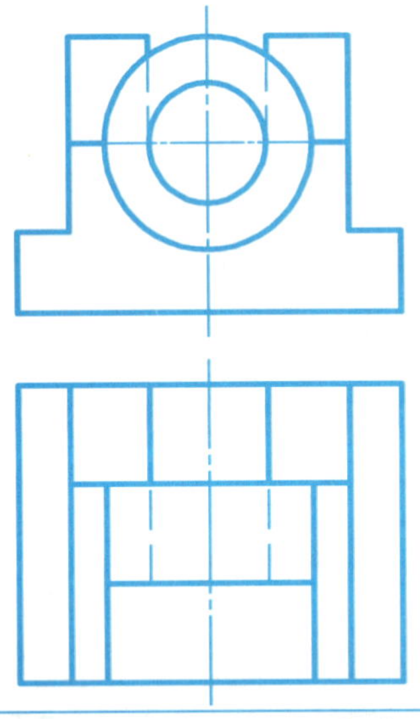

2. 已知主视图与俯视图，作全剖视的左视图。

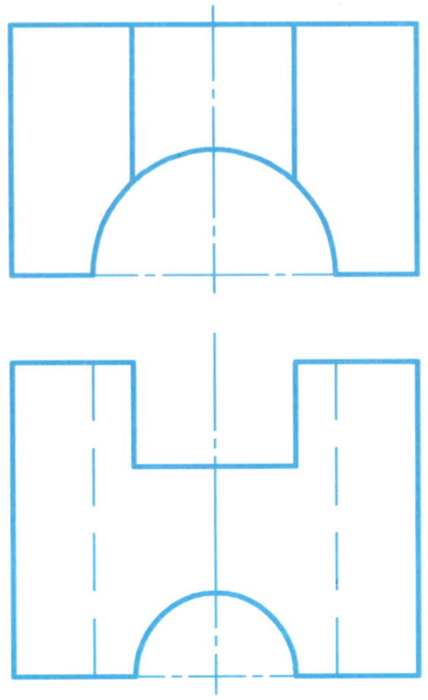

3. 已知主视图与俯视图，作全剖视的左视图。

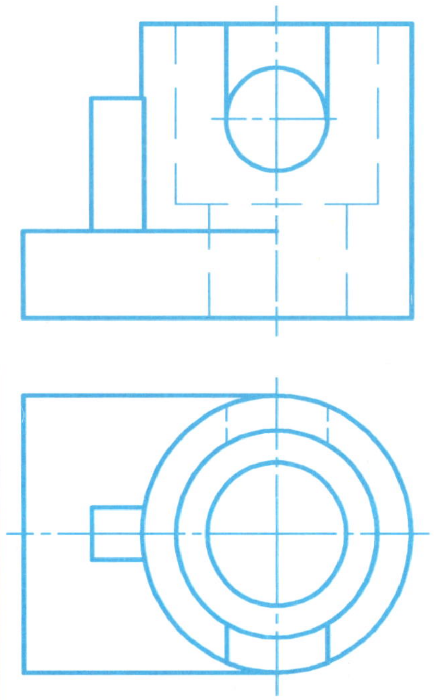

4. 已知主视图与俯视图，作半剖视的左视图。

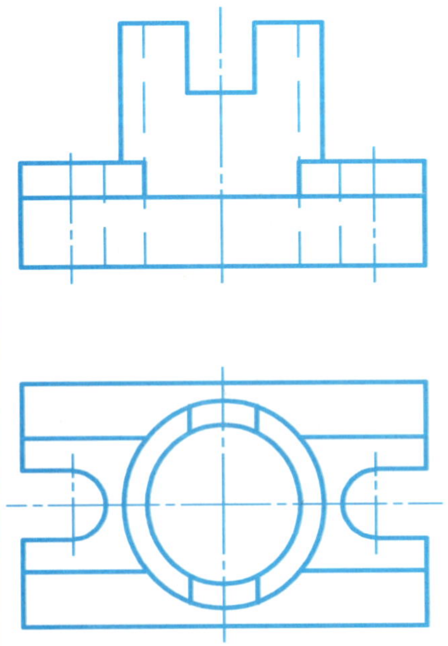

5. 已知主视图与俯视图，作半剖视的左视图。

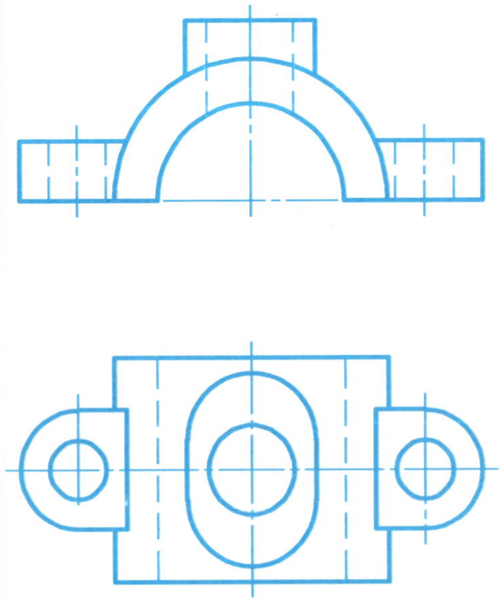

6. 已知主视图与俯视图，作半剖视的左视图。

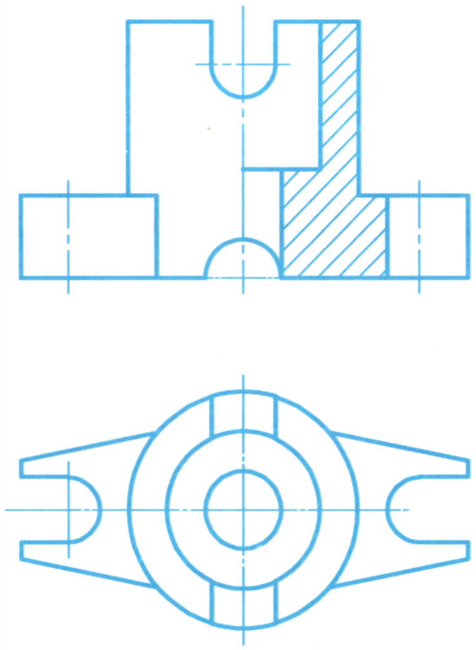

17 阶段性测试（七）

平时作业练习效果检测

检测单元：表示方法　　适用课程：机械类

时间：45 分钟　　成绩：_____

1. 已知主视图与俯视图，作全剖视的左视图。（选作）

2. 已知俯视图与左视图，作全剖视的主视图。

3. 已知俯视图与左视图，作全剖视的主视图。

4. 已知俯视图与左视图，作半剖视的主视图。

5. 已知主视图与俯视图，作半剖视的左视图。

17 阶段性测试（八）

| 班级 | 姓名 | 学号 | 审阅 | 140 |

平时作业练习效果检测

检测单元：**工程图样画法**　适用课程：**近机类、非机类**

时间：**45 分钟**　　成绩：＿＿＿＿

1. 按规定画法，绘制内螺纹的主、左视图（1:1）。M20，螺纹长30，孔深40mm。（主视图取全剖视）

2. 补画螺钉的主、左视图。已知螺纹规格为M12，螺钉的标准编号为GB/T 68-2016，公称长度为35，则螺钉标记为＿＿＿＿＿＿。

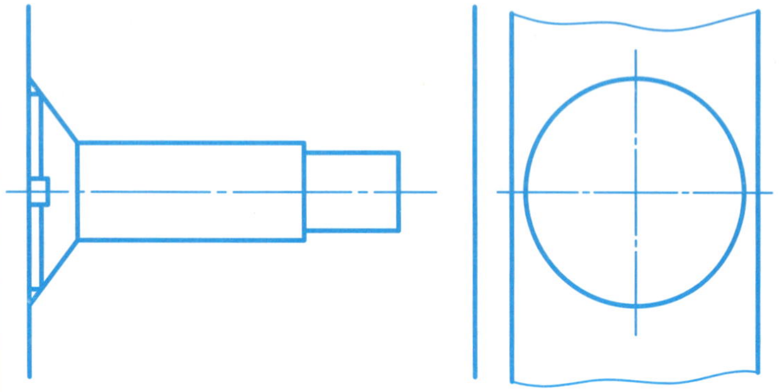

3. 画出圆柱齿轮的主、左视图，其主要参数为：模数 $m=3$，齿数 $Z=18$，齿宽 $B=18$，制有平键槽的轴孔直径 $D=22.5$。

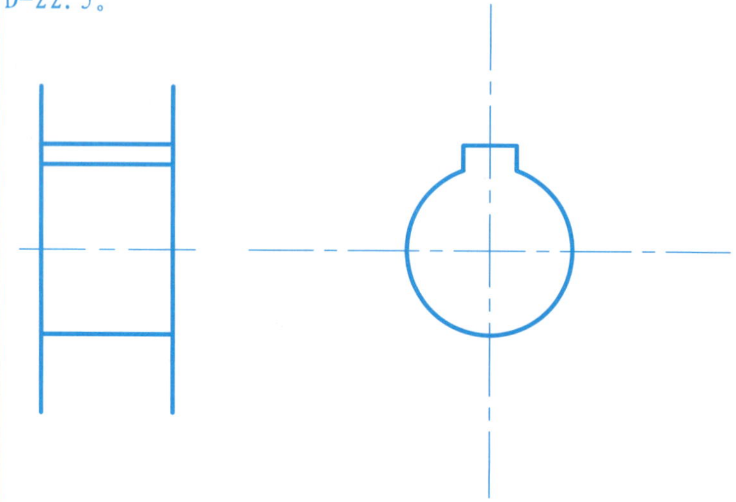

4. 分析下列错误画法，并将正确的图形画在空白处。

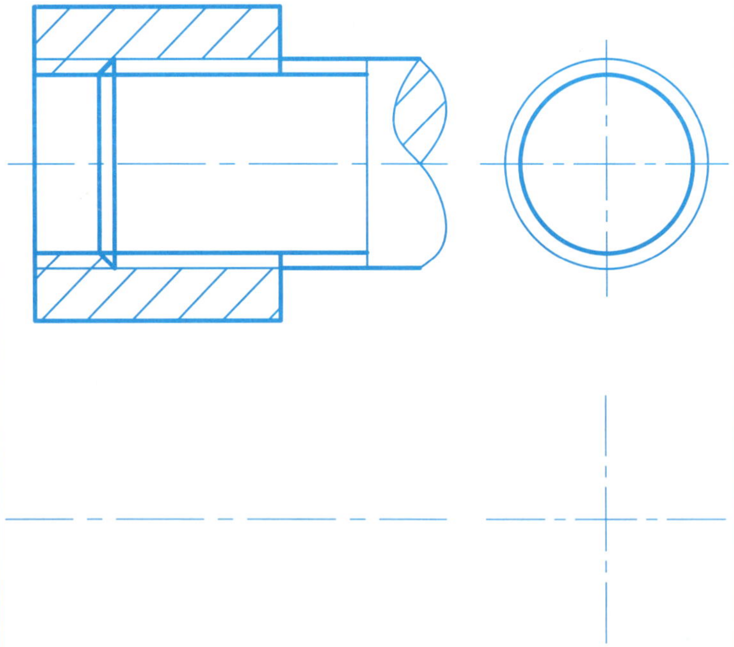

5. 读零件图，绘制其B-B断面图。

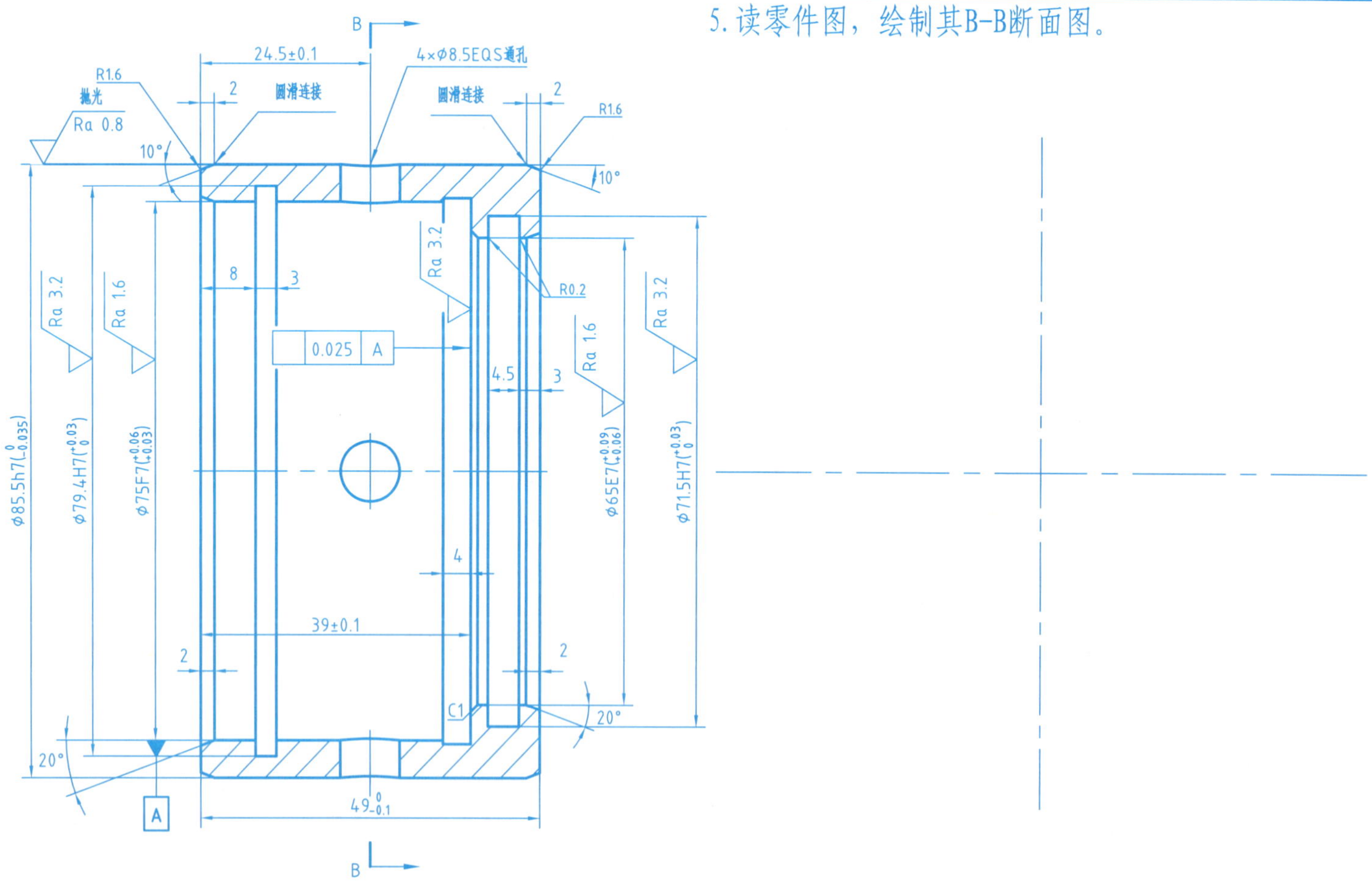

阶段性测试（九）

平时作业练习效果检测

检测单元：零件图　　适用课程：机械类

时间：45 分钟　　成绩：_____

1. 读托架零件图(托架零件图在第二页)，并完成下面问题。

（1）回答下面问题：

① 尺寸 φ38H6 的含义为：φ38 _____，H _____，6 _____。

尺寸 φ38H6 是 _____ 尺寸（定形、定位尺寸）。

② 零件 _____ 方向对称。

③ 零件上Ⅰ表面的粗糙度代号为 _____，Ⅱ表面的粗糙度代号为 _____。

④ 主视图是 _____ 剖切的 _____ 剖视图。

（2）画出C向视图（虚线省略不画）（画在下方指定位置中）。

C

2. 注全零件所缺尺寸，尺寸数字从图中1:1量取，取整数。

未注圆角R3

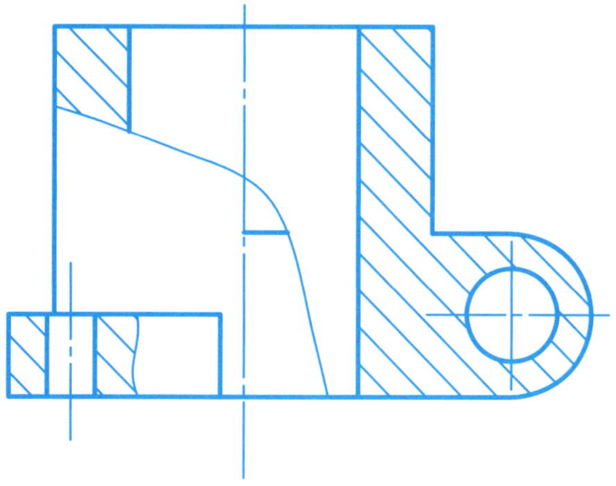

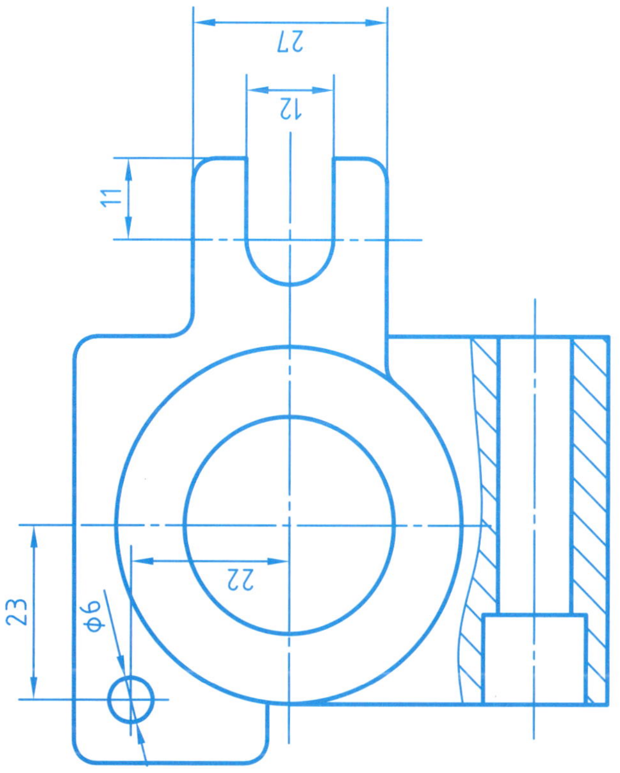

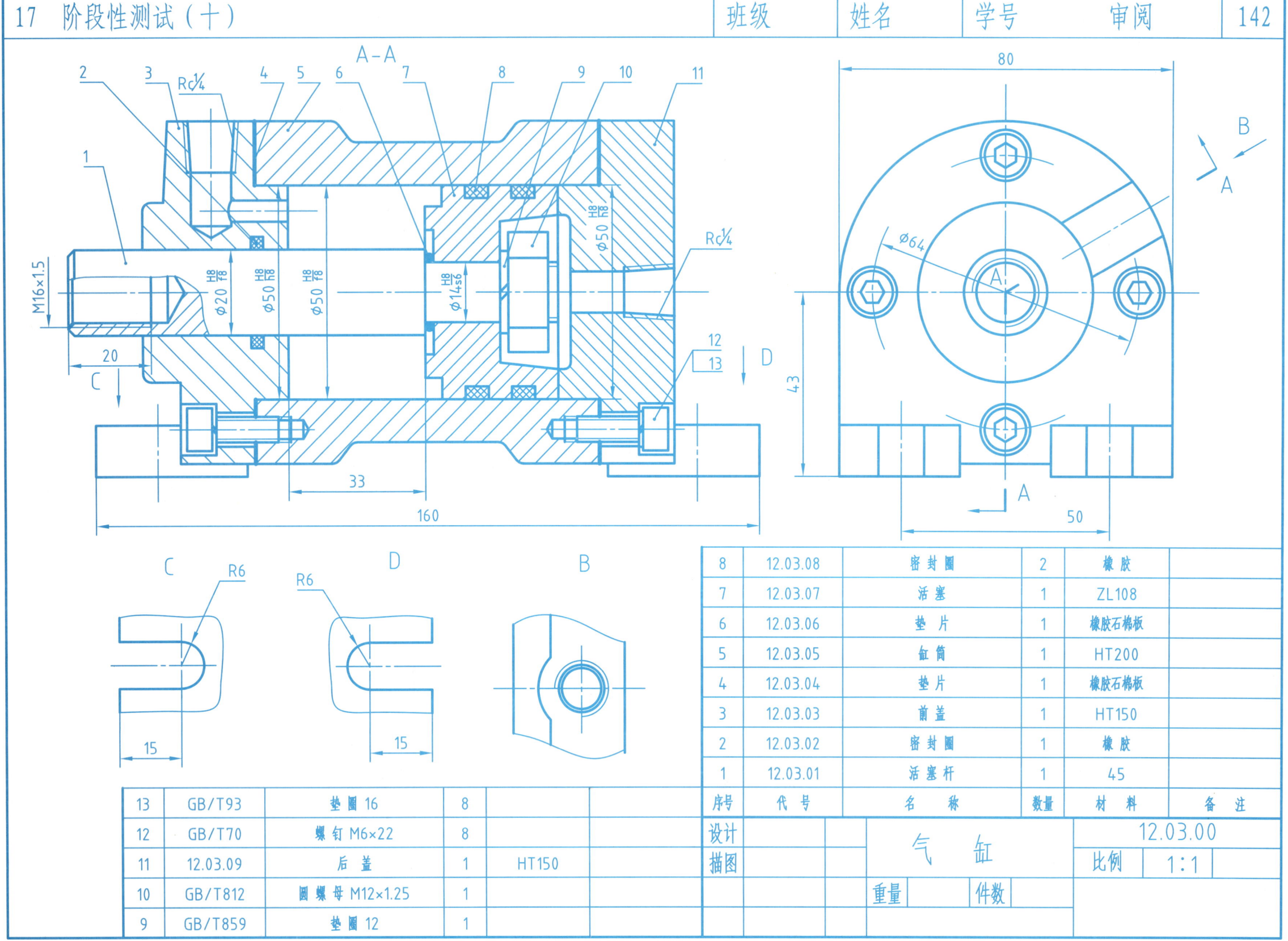

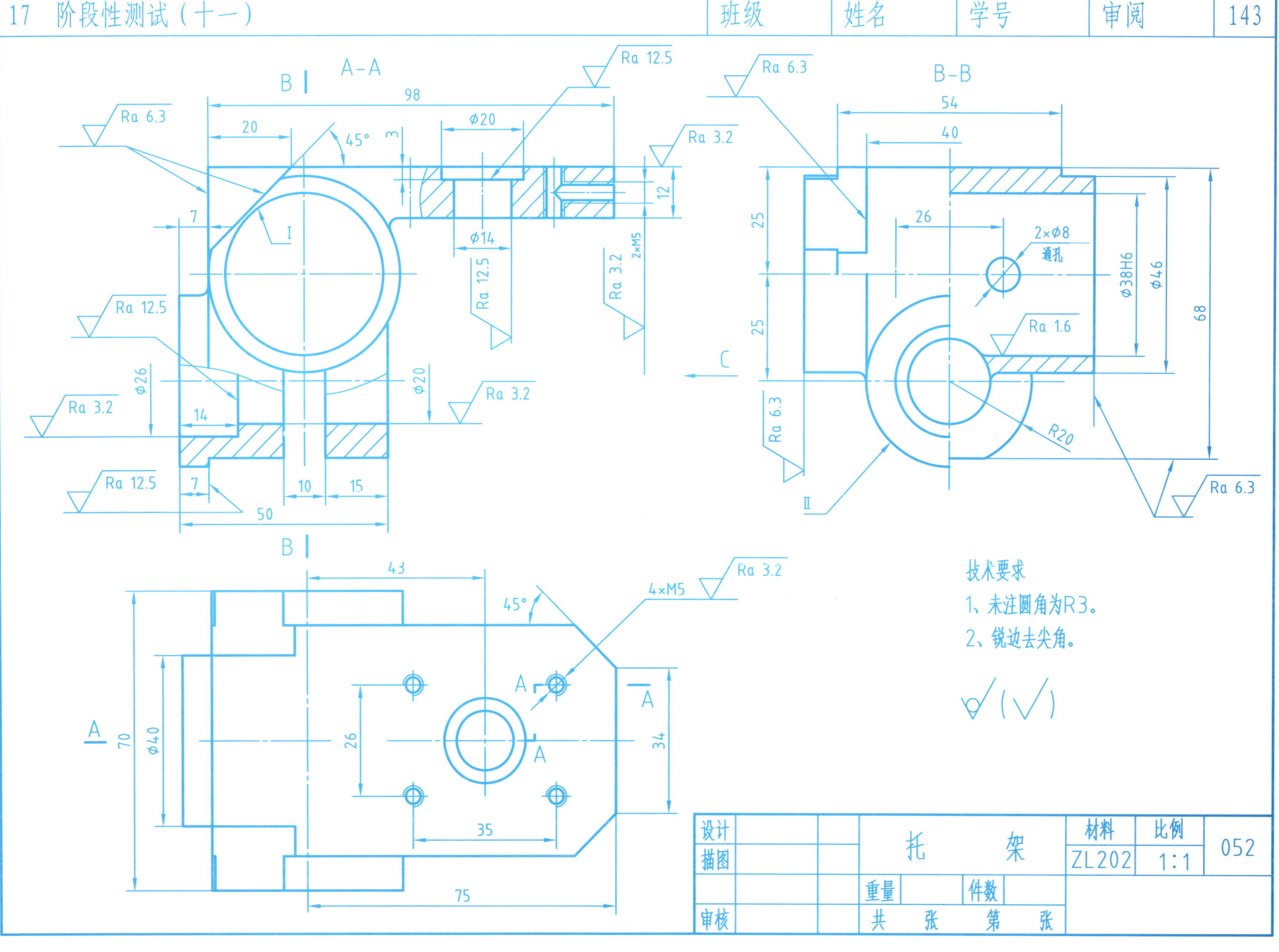

| 17 | 阶段性测试（十二） | 班级 | 姓名 | 学号 | 审阅 | 144 |

平时作业练习效果检测

检测单元：装配图　　　适用课程：机械类

时间：45 分钟　　　　成绩：_____

气缸工作原理：气缸是以压缩空气为动力做往复运动的机械装置。在气缸的前盖3、后盖11上各有一个Rc 1/4的螺孔，用来连接气路管道。当压缩空气由后盖11的螺孔进入时，推动活塞7和活塞杆1向左移动，从而使与活塞杆左端相连接的工作结构（图中未示出）也随着向左运动。这时气缸左腔中的气体通过前盖3上的螺孔排出。工作行程结束后，气路中的换向元件控制压缩空气从前盖3上的螺孔进入，便又推动活塞和活塞杆向右移动回到图中的位置，这时，气缸右腔中的气体通过后盖11上的螺孔排出。

1.读气缸装配图(装配图在第二页)，并完成下面问题。

（1）说明气缸配合尺寸φ50H8/h8属于_____配合。

（2）气缸有_____种零件。

（3）螺钉12的作用是_____。

2.气缸装配图(气缸装配图在第二页)，完成5号缸筒零件图(缸筒零件图画在下方空白处)，尺寸、表面粗糙度代号省略（视图要求，主视图全剖视，其他视图自定）。

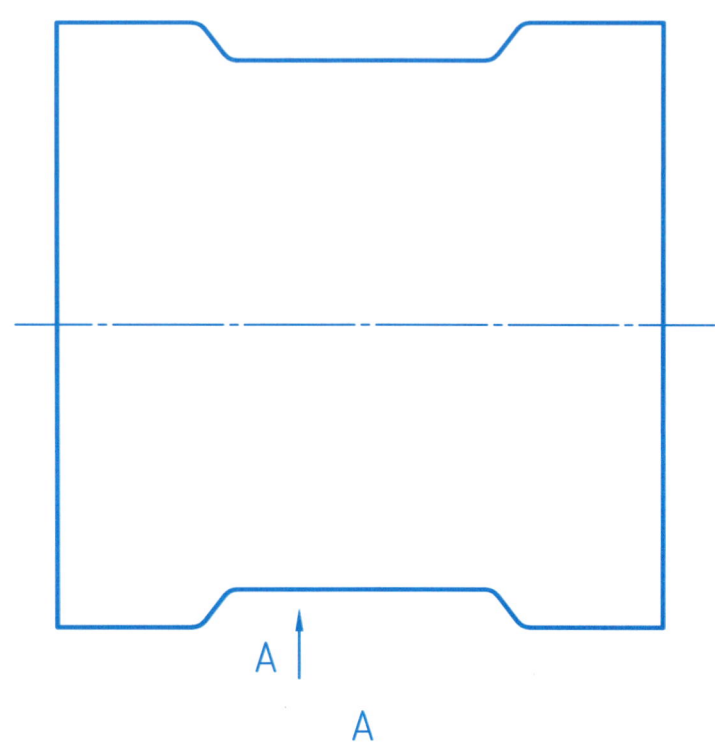

阶段性测试（十三）

平时作业练习效果检测

检测单元：标准件与常用件　　适用课程：机械类

时间：45 分钟　　成绩：＿＿＿＿

1. 粗牙普通螺纹：公称直径30mm、螺距2、单线、右旋，螺纹公差带：中径5g、大径6g，旋合长度属于中等的一组。根据给定的螺纹要素，标注螺纹的标记或代号。

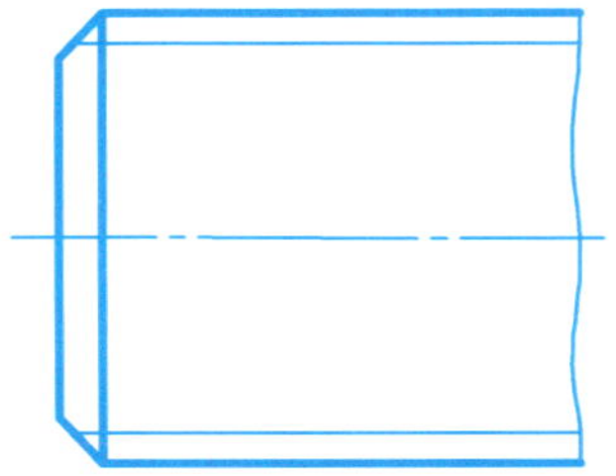

2. 绘制盲孔内螺纹。M16，孔深30，螺纹长25，倒角C2。

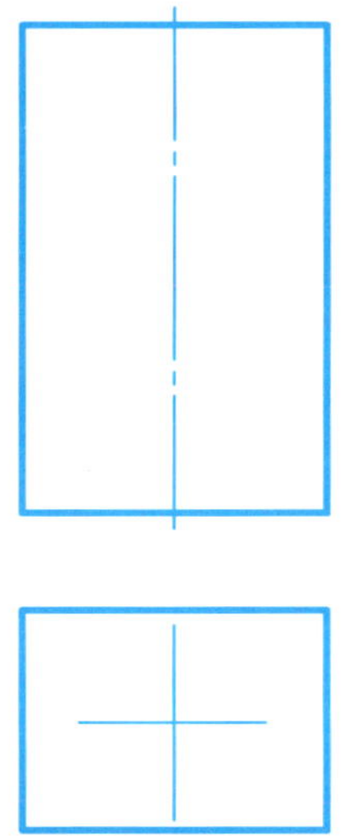

3. 完成下图键联结的画法。

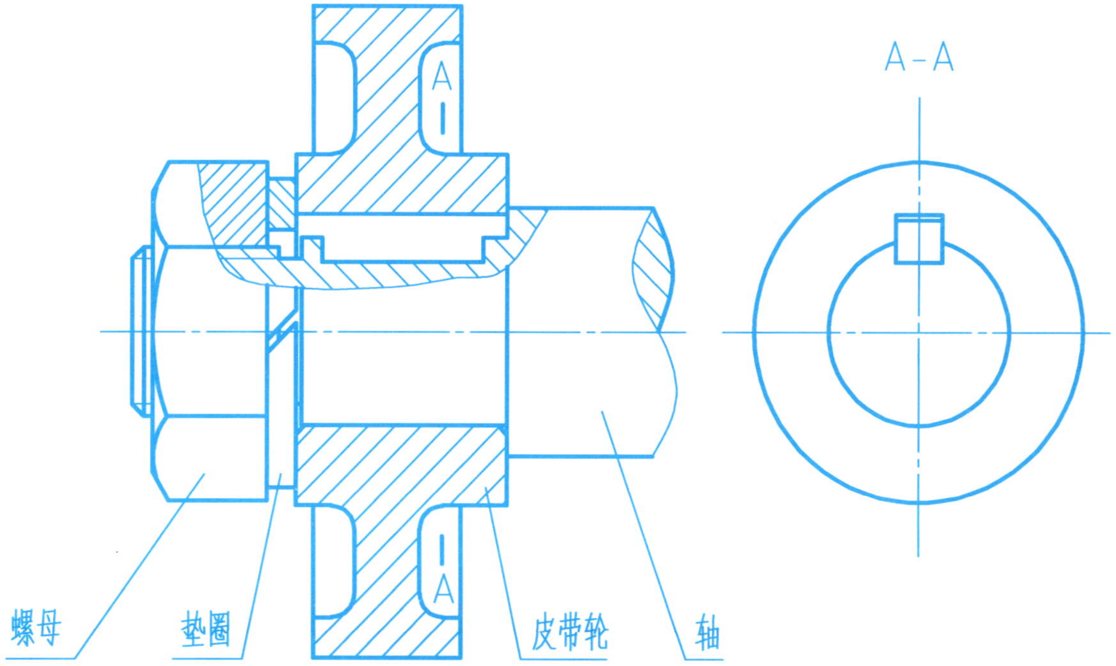

螺母　垫圈　皮带轮　轴

4. 指出下列图中的错误，并在下方画出正确的图形。

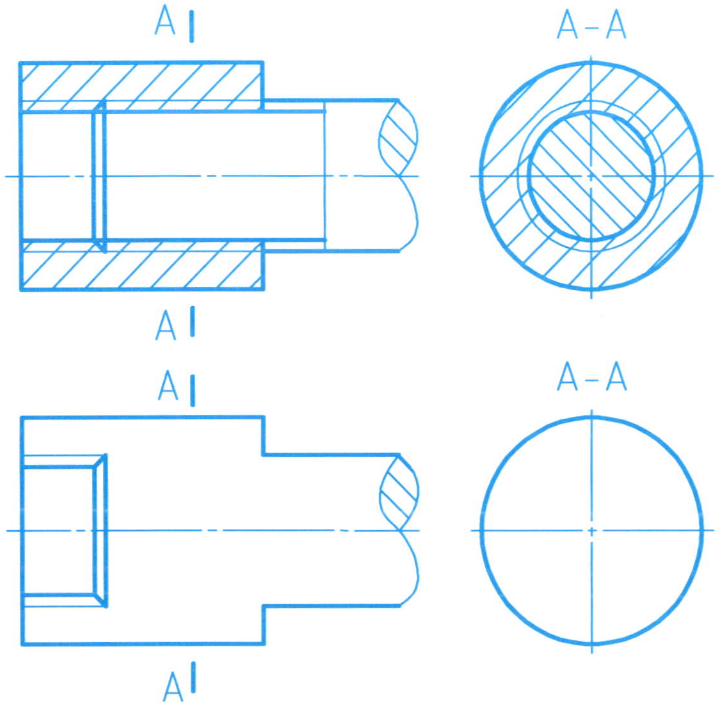

5. 指出下列图中的错误，并在其旁边画出正确的连接图。该螺栓的国标代号：GB/T 5782，螺栓杆长60，螺纹代号M16；该螺母的国标代号：GB/T 6170，分别写出它们的规定标记：＿＿＿＿＿＿＿＿＿＿

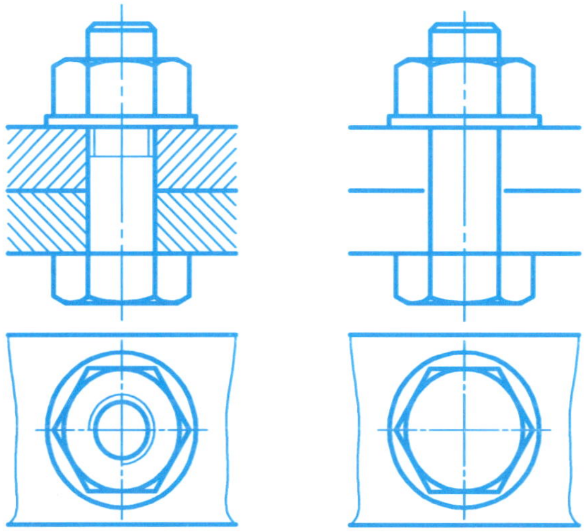

6. 完成下图两齿轮啮合的画法（主视图取全剖视）。

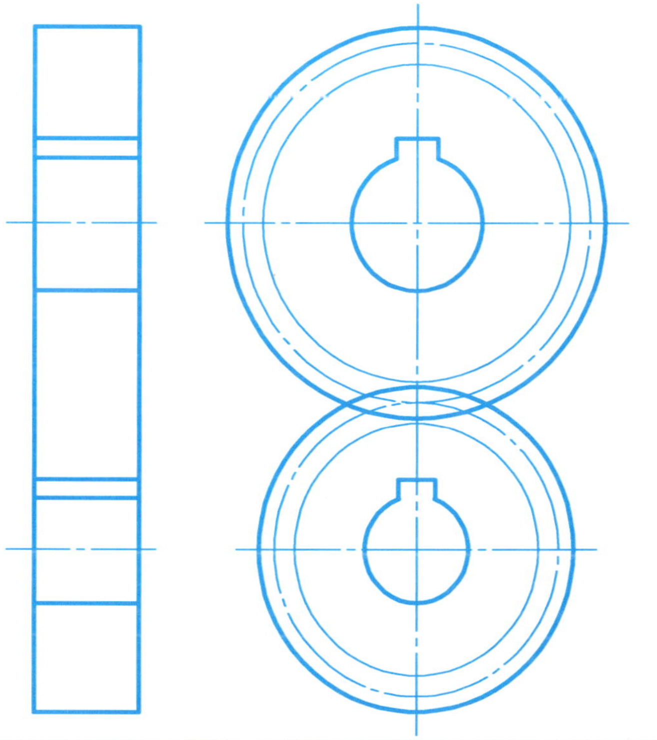